元素の

族周期	1	2	3	4	5	6	7	8	9
1	1.008 1 **H** 水素 1s¹ 13.60 2.20								
2	6.941 3 **Li** リチウム [He]2s¹ 5.39 0.98	9.012 4 **Be** ベリリウム [He]2s² 9.32 1.57							
3	22.99 11 **Na** ナトリウム [Ne]3s¹ 5.14 0.93	24.31 12 **Mg** マグネシウム [Ne]3s² 7.65 1.31							
4	39.10 19 **K** カリウム [Ar]4s¹ 4.34 0.82	40.08 20 **Ca** カルシウム [Ar]4s² 6.11 1.00	44.96 21 **Sc** スカンジウム [Ar]3d¹4s² 6.54 1.36	47.87 22 **Ti** チタン [Ar]3d²4s² 6.82 1.54	50.94 23 **V** バナジウム [Ar]3d³4s² 6.74 1.63	52.00 24 **Cr** クロム [Ar]3d⁵4s¹ 6.77 1.66	54.94 25 **Mn** マンガン [Ar]3d⁵4s² 7.44 1.55	55.85 26 **Fe** 鉄 [Ar]3d⁶4s² 7.87 1.83	58.93 27 **Co** コバルト [Ar]3d⁷4s² 7.86 1.88
5	85.47 37 **Rb** ルビジウム [Kr]5s¹ 4.18 0.82	87.62 38 **Sr** ストロンチウム [Kr]5s² 5.70 0.95	88.91 39 **Y** イットリウム [Kr]4d¹5s² 6.38 1.22	91.22 40 **Zr** ジルコニウム [Kr]4d²5s² 6.84 1.33	92.91 41 **Nb** ニオブ [Kr]4d⁴5s¹ 6.88 1.6	95.95 42 **Mo** モリブデン [Kr]4d⁵5s¹ 7.10 2.16	(99) 43 **Tc** テクネチウム [Kr]4d⁵5s² 7.28 1.9	101.1 44 **Ru** ルテニウム [Kr]4d⁷5s¹ 7.37 2.2	102.9 45 **Rh** ロジウム [Kr]4d⁸5s¹ 7.46 2.28
6	132.9 55 **Cs** セシウム [Xe]6s¹ 3.89 0.79	137.3 56 **Ba** バリウム [Xe]6s² 5.21 0.89	57〜71 ランタ ノイド	178.5 72 **Hf** ハフニウム [Xe]4f¹⁴5d²6s² 6.78 1.3	180.9 73 **Ta** タンタル [Xe]4f¹⁴5d³6s² 7.40 1.5	183.8 74 **W** タングステン [Xe]4f¹⁴5d⁴6s² 7.60 2.36	186.2 75 **Re** レニウム [Xe]4f¹⁴5d⁵6s² 7.76 1.9	190.2 76 **Os** オスミウム [Xe]4f¹⁴5d⁶6s² 8.28 2.2	192.2 77 **Ir** イリジウム [Xe]4f¹⁴5d⁷6s² 9.02 2.20

7	(223)
	87 **Fr**
	フランシウム
	[Rn]7s¹
	4.0 0.7
		(226)
		88 **Ra**
		ラジウム
		[Rn]7s²
		5.28 0.9
			89〜103
			アクチ
			ノイド
				(267)
				104 **Rf**
				ラザホージウム
				[Rn]5f¹⁴6d²7s²
				  1.3
					(268)
					105 **Db**
					ドブニウム
					[Rn]5f¹⁴6d³7s²
					  1.5
						(271)
						106 **Sg**
						シーボーギウム
						[Rn]5f¹⁴6d⁴7s²
						  1.7
							(272)
							107 **Bh**
							ボーリウム
							[Rn]5f¹⁴6d⁵7s²
							  1.9
								(277)
								108 **Hs**
								ハッシウム
								[Rn]5f¹⁴6d⁶7s²
								  2.2
									(276)
									109 **Mt**
									マイトネリウム
									[Rn]5f¹⁴6d⁷7s²

凡例:
- 原子番号 → 6 **C**(12.01 原子量ᵃ⁾, 炭素 元素名, [He]2s²p² 電子配置, 11.26 第一イオン化エネルギー(eV), 2.55 電気陰性度)
- □ は典型元素
- ▨ は遷移元素

ランタノイド:

138.9 57 **La** ランタン [Xe]5d¹6s² 5.58 1.10	140.1 58 **Ce** セリウム [Xe]4f¹5d¹6s² 5.54 1.12	140.9 59 **Pr** プラセオジム [Xe]4f³6s² 5.46 1.13	144.2 60 **Nd** ネオジム [Xe]4f⁴6s² 5.53 1.14	(145) 61 **Pm** プロメチウム [Xe]4f⁵6s² 5.58 1.13	150.4 62 **Sm** サマリウム [Xe]4f⁶6s² 5.64 1.27

アクチノイド:

(227) 89 **Ac** アクチニウム [Rn]6d¹7s² 5.17 1.1	232.0 90 **Th** トリウム [Rn]6d²7s² 6.08 1.3	231.0 91 **Pa** プロトアクチニウム [Rn]5f²6d¹7s² 5.89 1.5	238.0 92 **U** ウラン [Rn]5f³6d¹7s² 6.19 1.38	(237) 93 **Np** ネプツニウム [Rn]5f⁴6d¹7s² 6.27 1.36	(239) 94 **Pu** プルトニウム [Rn]5f⁶7s² 5.8 1.28

a) 原子量は有効数字 4 桁で示す（IUPAC 原子量委員会で承認ずみ）. 安定同位体がなく, 同位体の天然存在比が一定しない元素は, その元素の代表的な同位体の質量数を ( ) の中に示してある.

周　期　表

族→ ↓周期	10	11	12	13	14	15	16	17	18
1									4.003 2 **He** ヘリウム $1s^2$ 24.59
2				10.81 5 **B** ホウ素 $[He]2s^2p^1$ 8.30　2.04	12.01 6 **C** 炭素 $[He]2s^2p^2$ 11.26　2.55	14.01 7 **N** 窒素 $[He]2s^2p^3$ 14.53　3.04	16.00 8 **O** 酸素 $[He]2s^2p^4$ 13.62　3.44	19.00 9 **F** フッ素 $[He]2s^2p^5$ 17.42　3.98	20.18 10 **Ne** ネオン $[He]2s^2p^6$ 21.56
3				26.98 13 **Al** アルミニウム $[Ne]3s^2p^1$ 5.99　1.61	28.09 14 **Si** ケイ素 $[Ne]3s^2p^2$ 8.15　1.90	30.97 15 **P** リン $[Ne]3s^2p^3$ 10.49　2.19	32.07 16 **S** 硫黄 $[Ne]3s^2p^4$ 10.36　2.58	35.45 17 **Cl** 塩素 $[Ne]3s^2p^5$ 12.97　3.16	39.95 18 **Ar** アルゴン $[Ne]3s^2p^6$ 15.76
4	58.69 28 **Ni** ニッケル $[Ar]3d^84s^2$ 7.64　1.91	63.55 29 **Cu** 銅 $[Ar]3d^{10}4s^1$ 7.73　1.90	65.38 30 **Zn** 亜鉛 $[Ar]3d^{10}4s^2$ 9.39　1.65	69.72 31 **Ga** ガリウム $[Ar]3d^{10}4s^2p^1$ 6.00　1.81	72.63 32 **Ge** ゲルマニウム $[Ar]3d^{10}4s^2p^2$ 7.90　2.01	74.92 33 **As** ヒ素 $[Ar]3d^{10}4s^2p^3$ 9.81　2.18	78.97 34 **Se** セレン $[Ar]3d^{10}4s^2p^4$ 9.75　2.55	79.90 35 **Br** 臭素 $[Ar]3d^{10}4s^2p^5$ 11.81　2.96	83.80 36 **Kr** クリプトン $[Ar]3d^{10}4s^2p^6$ 14.00　3.0
5	106.4 46 **Pd** パラジウム $[Kr]4d^{10}$ 8.34　2.20	107.9 47 **Ag** 銀 $[Kr]4d^{10}5s^1$ 7.58　1.93	112.4 48 **Cd** カドミウム $[Kr]4d^{10}5s^2$ 8.99　1.69	114.8 49 **In** インジウム $[Kr]4d^{10}5s^2p^1$ 5.79　1.78	118.7 50 **Sn** スズ $[Kr]4d^{10}5s^2p^2$ 7.34　1.96	121.8 51 **Sb** アンチモン $[Kr]4d^{10}5s^2p^3$ 8.64　2.05	127.6 52 **Te** テルル $[Kr]4d^{10}5s^2p^4$ 9.01　2.1	126.9 53 **I** ヨウ素 $[Kr]4d^{10}5s^2p^5$ 10.45　2.66	131.3 54 **Xe** キセノン $[Kr]4d^{10}5s^2p^6$ 12.13　2.7
6	195.1 78 **Pt** 白金 $[Xe]4f^{14}5d^96s^1$ 8.61　2.28	197.0 79 **Au** 金 $[Xe]4f^{14}5d^{10}6s^1$ 9.23　2.54	200.6 80 **Hg** 水銀 $[Xe]4f^{14}5d^{10}6s^2$ 10.44　2.00	204.4 81 **Tl** タリウム $[Xe]4f^{14}5d^{10}6s^2p^1$ 6.11　2.04	207.2 82 **Pb** 鉛 $[Xe]4f^{14}5d^{10}6s^2p^2$ 7.42　2.33	209.0 83 **Bi** ビスマス $[Xe]4f^{14}5d^{10}6s^2p^3$ 7.29　2.02	(210) 84 **Po** ポロニウム $[Xe]4f^{14}5d^{10}6s^2p^4$ 8.42　2.0	(210) 85 **At** アスタチン $[Xe]4f^{14}5d^{10}6s^2p^5$ 9.5　2.2	(222) 86 **Rn** ラドン $[Xe]4f^{14}5d^{10}6s^2p^6$ 10.75
7	(281) 110 **Ds** ダームスタチウム $[Rn]5f^{14}6d^97s^1$	(280) 111 **Rg** レントゲニウム $[Rn]5f^{14}6d^{10}7s^1$	(285) 112 **Cn** コペルニシウム $[Rn]5f^{14}6d^{10}7s^2$	(278) 113 **Nh** ニホニウム $[Rn]5f^{14}6d^{10}7s^2p^1$	(289) 114 **Fl** フレロビウム $[Rn]5f^{14}6d^{10}7s^2p^2$	(259) 115 **Mc** モスコビウム $[Rn]5f^{14}6d^{10}7s^2p^3$	(293) 116 **Lv** リバモリウム $[Rn]5f^{14}6d^{10}7s^2p^4$	(293) 117 **Ts** テネシン $[Rn]5f^{14}6d^{10}7s^2p^5$	(294) 118 **Og** オガネソン $[Rn]5f^{14}6d^{10}7s^2p^6$

152.0 63 **Eu** ユウロピウム $[Xe]4f^76s^2$ 5.67　1.2	157.3 64 **Gd** ガドリニウム $[Xe]4f^75d^16s^2$ 6.15　1.20	158.9 65 **Tb** テルビウム $[Xe]4f^96s^2$ 5.86　1.2	162.5 66 **Dy** ジスプロシウム $[Xe]4f^{10}6s^2$ 5.94　1.22	164.9 67 **Ho** ホルミウム $[Xe]4f^{11}6s^2$ 6.02　1.23	167.3 68 **Er** エルビウム $[Xe]4f^{12}6s^2$ 6.11　1.24	168.9 69 **Tm** ツリウム $[Xe]4f^{13}6s^2$ 6.18　1.25	173.1 70 **Yb** イッテルビウム $[Xe]4f^{14}6s^2$ 6.25　1.1	175.0 71 **Lu** ルテチウム $[Xe]4f^{14}5d^16s^2$ 5.43　1.27	ランタノイド
(243) 95 **Am** アメリシウム $[Rn]5f^77s^2$ 6.0　1.3	(247) 96 **Cm** キュリウム $[Rn]5f^76d^17s^2$ 6.09　1.3	(247) 97 **Bk** バークリウム $[Rn]5f^97s^2$ 6.30　1.3	(252) 98 **Cf** カリホルニウム $[Rn]5f^{10}7s^2$ 6.30　1.3	(252) 99 **Es** アインスタイニウム $[Rn]5f^{11}7s^2$ 6.52　1.3	(257) 100 **Fm** フェルミウム $[Rn]5f^{12}7s^2$ 6.64　1.3	(258) 101 **Md** メンデレビウム $[Rn]5f^{13}7s^2$ 6.74　1.3	(259) 102 **No** ノーベリウム $[Rn]5f^{14}7s^2$ 6.84　1.3	(262) 103 **Lr** ローレンシウム $[Rn]5f^{14}6d^17s^2$	アクチノイド

化学はじめの一歩シリーズ 4

有機化学

工藤一秋・渡辺 正 著
Kazuaki Kudo & Tadashi Watanabe

化学同人

『化学はじめの一歩シリーズ』刊行にあたって
——「粒子の居心地」で解く化学現象——

　ナイロンは石炭と水と空気からできた——2001年度ノーベル化学賞に輝いた野依良治先生は，中学入学前の春休みに父上と出向いた化学企業の製品発表会でそのことを知り，進路を心に決められたとか．「化け学」パワーとの遭遇でした．いま必須アイテムの携帯電話も化学の知恵と技術から生まれ，機能部品のあれこれは，30種以上の元素を巧みに組みあわせた無機物質の群れだといえます．

　研究や製品開発の道に進む人は，物質世界にひそむ原理やルールをつかみ，それを新しい発見や創造につなげるのが仕事になります．また，身近には化学の製品があふれ，暮らしで出合う化学現象も多いため，どこかの段階で化学を離れる人も，つかんだ原理を以後の人生に活用できるはず．大学で学ぶ化学は，どちらの道をとる人にも役立つものであるべきでしょう．

　本シリーズは，入学直後の学生が本格的な教科書に挑む前の肩ならしができるよう，五つの領域に分けて化学の基礎原理を解説するものです．

　化学の基礎原理とは何か？　自然界には90種ほどの元素があって，原子どうしの働き合いが数千万種の物質を生み，さまざまな化学現象を起こす——そのことを心に置き，基礎原理を問いの形で表せば，次の4項目になりましょうか．

　　①ある原子は，なぜそういう性質をもつのか？
　　②原子どうしは，なぜつながりあうのか？
　　③ある化学変化は，なぜその向きに進むのか？
　　④ある物質は，なぜそういう性質をもつのか？

　あいにく日本の高校化学はこうした「なぜ？」をほとんど扱わないので，大学入学後に頭のリセットが欠かせません．高校——大学間の断絶によく配慮しつつ，大学1年生の頭のリセットを助け，広大な化学の領域を見晴らせる展望台を提供したい——それが執筆者一同の願いでした．

　原子がつながりあえば分子やイオンが生まれ，原子間の結合は電子がつくる．すると上記の①～④は，「原子の性質や化学変化のありさまは，電子のどんな性質で決まるのか？」という1個の問いに集約され，その答え（いわば化学の**大原理**）はこのようになりそうです．

　　　　　電子は，できるだけ居心地のいい状態になりたい．

　電子の居心地は「エネルギー」の値に翻訳でき，エネルギーが高いほど居心地が悪く（不安定＝活性），低いほど居心地がいい（安定＝不活性）．少なくとも上記の①と②は，そこに注目して考えると答えが導き出せます．

また③と④は，電子（や原子・分子・イオン．まとめて「粒子」）1個1個だけでなく，粒子集団全体の居心地がどうなるかという話になり，それを決めるのもやはりエネルギーの高低だといえます．

こうした事情はミクロ世界にとどまりません．水の表面が水平になり，川が低いほうに流れ，リンゴが下に落ち，地球が太陽のまわりを回るなど，目に見えるマクロ世界も同じです．どれも，物理法則に従って物体がいちばん安定な形となる，あるいは安定化しようとして現れる現象なのですから．

本シリーズの巻それぞれでは，以上のポイントをなるべく外さず，化学の本質を伝えようと心がけました．まず，やや「化学っぽさ」に欠ける『化学基礎』は，エネルギーの物理的イメージを明らかにするものです．

化学の大切な基本理論をじっくり説くのが『物理化学』で，暗記モノと思われがちな炭素化合物の性質および反応を解きほぐすのが『有機化学』．多様な元素が織りなす物質世界のルールを明るみに出すのが『無機化学』，沈殿生成や色変化，分離などを支配する原理を眺めるのが『分析化学』になります．

自然科学の他分野と比べて化学がわかりにくいのは，電子はむろんのこと，原子・分子・イオンなど主役を演じる粒子たちが目に見えないため，話を実感しにくいところです．そこは観念するしかないとはいえ，ミクロ世界のありさまをどれほどありありと想像できるかが，「化学力」の核心になります．**大原理**にからむ粒子の「居心地」や「エネルギー変化」を手がかりに想像力を養い，基礎力をつけていただければ，執筆者一同それに過ぎる喜びはありません．

2013年11月

執筆者を代表して　渡辺　正

まえがき

　高校のころ，有機化学を「暗記もの」と感じた人は多いだろう．だが有機化学は暗記科目ではなく，いくつかの「なぜそうなのか？」がわかれば，あとは応用にすぎない．だから大学では「なぜ？」に焦点を当てつつ有機化学を学ぶけれど，なにしろ分量が多くてポイントがつかみにくい．

　そこで，高校とのつながりも意識しながら，有機化学のエッセンスをやさしくまとめた．本格的な化学に進む読者の入門書としてはもちろん，そうでない読者も本書で本質をつかみ，暮らしに役立ててほしい．

　1章では有機化合物の表記法と分類を，2章では共有結合がなぜできるのかを学ぶ．単純な炭化水素の分子構造や性質を3章と4章で眺めたあと，官能基(5章)と芳香族化合物(6章)を調べ，7章は分子間相互作用の解剖にあてる．有機反応が進む理由をつかむ8章に続き，脂肪族化合物(9章)と芳香族化合物(10章)の反応を見る．11章では分子の立体構造を探り，終章では，有機化学と生命および暮らしのかかわりを考えよう．

　本書を読めば，基本的な有機化合物の性質や反応性がわかる．すると，望みの機能を示す有機材料をつくるにはどんな化合物を使えばよいかや，手に入る原料からその化合物をどうつくるかなどイメージがつかめる．さらには，身近な現象を有機化学の視点で考察できるようになるだろう．

　二酸化炭素は植物の光合成でグルコース分子になったあと，植物自身や植物を食べた動物の体内でさまざまな有機化合物へと変身する．そうした化合物が互いにかかわりあい，生命体と生態系をつくっている．そうした自然の妙を解き明かすのは，科学の大きな挑戦だといえる．生命の不思議を根元でつかむには，有機分子の性質や反応性の知識が欠かせない．つまり有機化学の学習は，「生命とは何か？」「私たちはなぜ生きているか？」という根源の問いを解く冒険に備える旅支度だともいえる．

　もともと有機化学は，生命現象の理解を念頭に歩んできた．有機化学の誕生以降，生体内反応を手本にして見つけた新しい反応を有用物質の生産につなげたり，生体分子と結合して病気を治す薬を開発したりと，科学から技術へと道を拡げながら発展してきた．そのワクワク感を，読者にもぜひ共有していただきたいと願う．

2015年10月

著 者

CONTENTS

序章 有機化学の世界 … 1
- 第1話 有機化学の歩み … 1
- 第2話 炭素の循環 … 3
- 第3話 有機化合物の分析 … 5

1章 構造式と分子モデル——有機化学のコトバ … 7
- 1.1 特異な元素 … 7
- 1.2 有機化合物の構造式 … 8
- 1.3 分子の立体構造 … 10
- 1.4 分子の動き … 12
- 1.5 分子の形をつかむ道 … 12
- 1.6 構造異性体 … 13
- 1.7 有機化合物の分類 … 14
- 1.8 有機化学反応 … 16
- 1.9 主役は電子 … 16
- 章末問題 … 18

COLUMN タンパク質分子 11／有機化合物の運命 18

2章 共有結合の形成 … 21
- 2.1 原子の成り立ち … 22
- 2.2 原子内で電子がもつエネルギー … 23
- 2.3 原子どうしはなぜつながる？ … 26
- 2.4 イオン結合 … 27
- 2.5 水素分子の共有結合 … 27
- 2.6 塩素分子の共有結合 … 29
- 2.7 異核二原子分子の共有結合 … 30
- 2.8 sp^3 混成軌道 … 31
- 2.9 配位結合 … 34
- 章末問題 … 35

COLUMN 印象派と量子力学 25／反結合性軌道 29／波の重ねあわせと軌道の重ねあわせ 30／分子軌道の計算 35

3章 脂肪族飽和炭化水素——アルカンとシクロアルカン … 37
- 3.1 アルカンの名称 … 38
- 3.2 直鎖アルカン分子の構造 … 39
- 3.3 鎖状アルカンの構造異性体 … 41
- 3.4 アルカンの性質と分子間力 … 42
- 3.5 分岐アルカンの性質 … 44
- 3.6 シクロアルカン … 44
- 3.7 シクロヘキサンの構造 … 45
- 3.8 シクロアルカンの性質 … 46
- 3.9 暮らしとアルカン … 47
- 章末問題 … 48

COLUMN ブタンのゴーシュ型とトランス型の割合 41

4章　脂肪族不飽和炭化水素──アルケンとアルキン，π共役系　49

- 4.1 エチレンにみる C＝C 二重結合の性格 …………………… 49
- 4.2 π 軌道と π 電子 ………………… 51
- 4.3 アルケン ……………………… 53
- 4.4 シス-トランス異性体 ………… 53
- 4.5 アセチレン …………………… 54
- 4.6 アルキン ……………………… 55
- 4.7 アルカンおよびアルケン，アルキンの比較 ………………… 56
- 4.8 炭素-炭素多重結合を複数もつ化合物 ………………… 57
- 4.9 π共役系をもつ化合物の分子軌道 ……………………………… 59
- 4.10 π共役系と光吸収の波長 ……… 60
- 4.11 暮らしと不飽和炭化水素 …… 60
- 章末問題 …………………………… 62

COLUMN　エチレン C_2H_4 の分子軌道　52／ポリアセチレン　61

5章　有機化学と官能基　63

- 5.1 おもな官能基と関連化合物 …… 63
- 5.2 電気陰性度と結合の極性 ……… 66
- 5.3 極性をもつ結合の強さ ………… 67
- 5.4 結合の極性と分子の極性 ……… 67
- 5.5 カルボニル基 …………………… 68
- 5.6 カルボン酸の解離 ……………… 69
- 5.7 アミンのプロトン化 …………… 71
- 5.8 ブレンステッドの酸・塩基 …… 72
- 5.9 置換基（官能基）と酸性・塩基性 ……………………………… 73
- 5.10 アミンの塩基性と置換基 ……… 74
- 章末問題 …………………………… 76

COLUMN　ニトロ基の姿　75

6章　芳香族化合物　77

- 6.1 ベンゼン ……………………… 77
- 6.2 芳香族性 ……………………… 79
- 6.3 芳香族化合物 ………………… 79
- 6.4 芳香族化合物の命名 ………… 81
- 6.5 フェノールの酸性 …………… 82
- 6.6 アニリンの塩基性 …………… 83
- 6.7 共鳴安定化の度合いと酸塩基の強さ ………………… 83
- 6.8 ベンゼン誘導体の極性 ……… 84
- 6.9 ベンゼン誘導体以外の芳香族化合物 ………………… 86
- 章末問題 …………………………… 88

COLUMN　ベンゼンの分子軌道　79／「芳香」族化合物　81／超共役　87

7章 官能基の効果──分子間力　89

- 7.1 ファンデルワールス力 …………… 89
- 7.2 水素結合 …………………………… 91
- 7.3 水への溶解度 ……………………… 92
- 7.4 溶媒の極性 ………………………… 94
- 7.5 両親媒性分子 ……………………… 97
- 7.6 芳香族化合物の性質 ……………… 98
- 7.7 芳香族化合物の酸性・塩基性 …………………………………… 100
- 7.8 芳香族化合物のイオン化エネルギーと吸収波長 ……… 104
- 章末問題 ……………………………… 106

COLUMN 水と油とテフロン　93／アミノ酸とタンパク質　96／表面張力　99

8章 有機化学反応──電子が主役　107

- 8.1 有機反応の姿 …………………… 107
- 8.2 反応の向き ……………………… 109
- 8.3 分子の目で見た置換反応 ……… 110
- 8.4 反応を左右する別の要因 ……… 111
- 8.5 脱離反応と置換反応 …………… 112
- 8.6 カルボニル化合物への付加 …… 114
- 8.7 C＝O 結合への求核攻撃 ……… 115
- 8.8 カルボニル化合物の 2 段階反応 …………………………………… 115
- 8.9 酸が進める反応 ………………… 117
- 8.10 エステル化反応 ………………… 118
- 8.11 不安定な X−C−OH ………… 120
- 8.12 有機反応と酸および塩基 ……… 121
- 章末問題 ……………………………… 122

COLUMN なぜ求核剤の HOMO と求電子剤の LUMO か？　112／ケト−エノール互変異性　121

9章 脂肪族化合物の反応　123

- 9.1 カルボニル化合物を求電子剤とする C−C 結合生成 …………… 123
- 9.2 カルボニル化合物を求核剤とする反応 ……………………………… 125
- 9.3 カルボニル化合物どうしの反応 …………………………………… 127
- 9.4 α,β-不飽和カルボニル化合物が求電子剤となる反応 …………… 128
- 9.5 分子内反応 ……………………… 129
- 9.6 求電子剤としてのエステルの反応 …………………………………… 130
- 9.7 求核剤としてのエステルの反応 …………………………………… 131
- 9.8 ケトンとエステルの反応 ……… 132
- 9.9 酸性条件での反応 ……………… 134
- 9.10 塩基および求核剤としてのアルケン …………………………… 135
- 9.11 どちらができる？ ……………… 136
- 9.12 もうひとつの大事な反応 ……… 138
- 章末問題 ……………………………… 141

COLUMN 有機反応式の簡略表記　124／ヨードホルム反応とエノラート　126／有機反応に使う強塩基　133

10章 芳香族化合物の反応 … 143

- 10.1 ベンゼンのニトロ化とスルホン化 …… 143
- 10.2 ベンゼンのハロゲン化 ………… 145
- 10.3 フリーデル-クラフツ反応 …… 145
- 10.4 置換ベンゼンへの求電子置換 … 147
- 10.5 フリーデル-クラフツアルキル化の特徴 ……………………… 148
- 10.6 アリルカチオンとベンジルカチオン ………………………………… 150
- 10.7 OH基やNH$_2$基をもつベンゼン環の合成 ……………… 152
- 10.8 芳香族の側鎖の酸化 ………… 156
- 10.9 ジアゾ化とアゾカップリング … 157
- 章末問題 ………………………………… 158

COLUMN ハロゲン分子を活性化させる酸 146／カルボカチオンの構造 150

11章 立体化学 … 159

- 11.1 立体配置と立体配座 ………… 159
- 11.2 エナンチオマー ……………… 160
- 11.3 ジアステレオマー …………… 162
- 11.4 RS命名法とEZ命名法 ……… 163
- 11.5 置換シクロヘキサンの立体配座 ………………………………… 165
- 11.6 エステルとアミドの立体配座 … 167
- 11.7 置換反応とカルボニルへの付加反応の立体化学 ………… 167
- 11.8 脱離反応の立体化学 ………… 169
- 11.9 光学活性体の調製 …………… 169
- 章末問題 ………………………………… 172

COLUMN 旋光性と旋光度 160／分子の立体構造を描くときの注意 162／分子モデリング用ソフト 163／メソ化合物 166

終章 暮らしと有機化学 … 175

- 1 消化の化学 …………………… 175
- 2 薬の化学 ……………………… 178
- 3 ヒトの化学 …………………… 180
- 4 機能性有機分子 ……………… 183
- 5 洗濯の化学 …………………… 185
- 6 香りの化学 …………………… 187
- 7 金属錯体触媒 ………………… 188

COLUMN 酵素分子の構造 177／薬の量 180／DNAの情報を読む 183／金属錯体触媒とノーベル賞 189

付録　有機化学の理解のために

1. シュレーディンガー方程式と原子軌道・分子軌道 ……… 191
2. 構造が複雑な化合物の命名例 …… 192
3. ディールス-アルダー反応：軌道の位相と有機反応 ……… 193
4. アミノ酸 ……………………… 194
5. DNAの塩基配列がコードするアミノ酸の一覧 …………… 194
6. 有機化学関連の年表 ………… 195

略解　197
索引　199
イラスト：鈴木素美(工房★素)

序章 有機化学の世界

第1話 有機化学の歩み

　化学では物質をじっくり調べる．物質の本質に迫るさまざまな側面のうちには，生物がつくる物質や，生物体の素材となる物質の素顔を突き止めるアプローチもある．有機化学のルーツはそこだった．

　自然界はいろいろな物質がつくり上げている．ある物質の素性を解き明かすには，まずその物質だけをとり出す．史上それを最初にやったのは，8～9世紀アッバース朝（現イラン）のゲベルスだという．彼は酢から酢酸，レモンからクエン酸[*1]，ワインから酒石酸をとり出した．

　その後，錬金術に明け暮れる時代になって，しばらくは化学の進歩が途絶えたが，1727年にオランダの医者で植物学者のブールハーフェがヒトの尿から尿素を取り出すのに成功，1776年にはボルタが沼地からメタンを採取し，また1825年にはファラデーが鯨油からベンゼンを得ている．後者2名は有機化学よりも電気化学で名高く，昔の科学者がいかに広い興味をもって自然に向きあっていたかがよくわかる．一方で，1811年にイタリアのアボガドロが，原子がいくつか結合してできた分子が物質の構成単位になっていることを提唱している．

　見つけた物質（有機物）は，つくってみたくなる．錬金術師の時代は誰も成功しなかったため，有機物は生物だけがつくるという「生気説」が普及した．けれど1828年，ドイツのヴェーラーが無機物のシアン酸アンモニウムを尿

*1　クエンの漢語（枸櫞）は「レモン」を意味する．

A. ボルタ
（1745～1827）

M. ファラデー
（1791～1867）

A. アボガドロ
（1776～1856）

F. ヴェーラー
（1800～1882）

ヘルマン・コルベ
(1818〜1884)

*2 その染料（モーベイン）の分子構造は，1世紀以上あとの1994年にようやく判明した．

W. パーキン
(1838〜1907)

F. A. ケクレ
(1829〜1896)

J. ファン・ト・ホッフ
(1852〜1911)

J. ル・ベル
(1847〜1930)

ゲオルク・ウィッティヒ
(1897〜1987)

素（尿の成分）に変え，生気説は否定された．さらにその弟子のコルベは1845年，煤と硫化鉄からできる二硫化炭素をスタートにして，多段階の反応で酢酸をつくり出した．彼はその後，エタンやサリチル酸の合成にも成功していて，標的化合物を意図的につくる，という意味ではコルベが有機合成化学の創始者だといってよい．

1856年にはパーキンが，石炭由来のアニリンを酸化するとできる紫色の色素*2が絹や綿を染めることを発見．まだ王立化学大学の学生だった彼は，大学を辞めて染料の工場を設立した．それが有機化学工業の始まりだ．これに前後して，ケクレがベンゼンの六員環構造を提案，ファン・ト・ホッフとル・ベルが独立に炭素の正四面体構造説を提唱し，分子構造のイメージもより明確になってきた．

20世紀には分析手段が進化して，分子構造がくわしくわかるようになる．その結果，有機化合物の反応機構や合成法についての知見がたまり，有機化学という広大な分野が拓けた．1900年代前半から中盤にかけて，現在人名反応で知られるグリニャールやウィッティヒが活躍し，後半になると複雑な分子骨格をもった天然有機化合物（医薬の候補）が次つぎと合成されるようになった．一方で，有機化合物の分子構造と機能の関係も明らかになり，有機化学の原理や理論は産業に応用され，ディスプレイ用の液晶，病気を治す医薬，きれいなインキや塗料，清潔を保つシャンプーや洗剤などが生まれ，便利で豊かな暮らしを支えている（終章参照）．

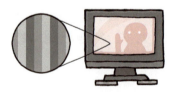

生命現象も有機化合物の反応や分子間相互作用で説明できるとわかり，古い「生命 → 有機物」観は「有機物 → 生命」観へと進化した．生物と外界を仕切る生体膜も，食物（むろん有機物）を分解してエネルギーをとり出す酵素も，筋肉をつくるタンパク質も，ごく微量で生命活動の潤滑剤となるホルモンも，遺伝情報をつかさどるDNAも，みな有機物にほかならない．

炭素の循環

　有機化学は「炭素化合物の化学」だといえる．炭素という元素がどこにあり，地球上でどのようにめぐっているのか（炭素循環）を図①に描いた．

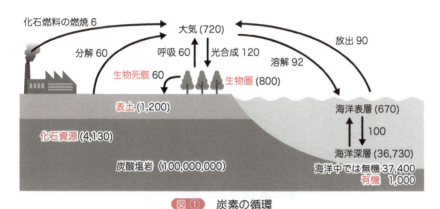

図①　炭素の循環

値は10^9トン単位．カッコ内は存在量．

　無機の炭素（二酸化炭素や炭酸塩）を黒，有機の炭素（有機物）を赤にした．すぐわかるとおり，「有機 → 無機」変換のルートはいろいろでも，「無機 → 有機」変換は植物の光合成しかない．光合成の産物を糖（グルコース）とみよう．糖は，植物自身にも，植物を食べる動物にも栄養源となるほか，生存に欠かせない多種多様な物質の合成原料ともなる．つまり地球上の全生命を支えるのは，植物の光合成だといってよい．

光合成に欠かせないクロロフィル

　どんな物質も固有の化学エネルギーをもち，エネルギーが低い物質ほど安定だといえる．あらゆる単体の化学エネルギー（正しくは「標準生成ギブズエネルギー」）をゼロとみたとき，有機化合物の化学エネルギーは，図②のようになる．化学エネルギーは炭素原子の数で変わるから，炭素原子1 molあたりで比べた．

　図②から，炭素原子1個あたりの酸素原子数が多いほど，物質は安定だとわかる（二酸化炭素が最安定[*3]）．だからこそ図①でも，あちこちに「有機炭素 → CO_2」の流れがある．

　水が位置エネルギーの「高 → 低」を目指して流れるのと同じく，化学反応

[*3] 海洋中では，CO_2より安定な炭酸水素イオンHCO_3^-（-587 kJ mol^{-1}）の形をとる．

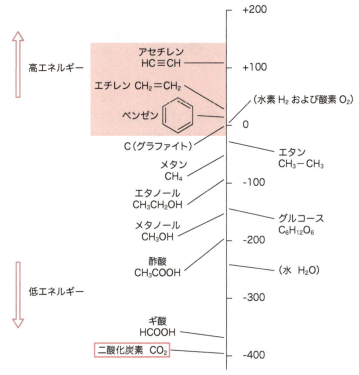

図② 炭素原子 1 mol あたりの標準生成ギブズエネルギー（kJ）

*4 昨今，光合成をまねた人工的な「光 → 化学エネルギー」変換法の研究に注目が集まる．その「人工光合成」は，化学者に課された大きな課題だといえよう．

も「高エネルギー化合物 → 低エネルギー化合物」の向きに進む．燃料を燃やし，有機化合物が二酸化炭素に変わるときに「余る」エネルギーを，私たちは暖房や発電に利用している．

かたや，二酸化炭素（と水）からグルコースをつくる光合成は，自然な向きに逆行する．ビーカーに入れた二酸化炭素と水蒸気に太陽光を当てても，何も起こらない．植物は多彩な機能分子を組み合わせ，みごとなしくみで「光 → 化学エネルギー」変換を進める*4．

図②を再び眺めてみよう．炭素と水素だけの炭化水素なら，多重結合をもつもののほうが高エネルギーだとわかる．つまり，多重結合をもつ炭化水素は反応性が高い．有機化学工業は，「高い反応性を利用し，多重結合化合物を有用な物質に変える営み」だといってよい．昔は出発原料に石炭由来のアセチレンを使ったが，いまは石油由来のエチレンやベンゼンをよく使う．

第3話 有機化合物の分析──見えない分子の姿をつかむ

有機合成化学は，有機化学反応を使う「ミクロ世界のものづくり」だといえる．マクロ世界のものづくりなら，「できばえ」は誰でもわかる．だが分子だとそうはいかず，何かの方法で「できばえ」を調べなければいけない．

高校化学でも，アルコールの酸化によるアルデヒドの合成や，酢酸とエタノールからのエステル合成など，有機化学の合成実験に少しだけ出合う．たいていの場合，合成の首尾は「色やにおい（視覚と嗅覚）」で確かめる．色が変わり，沈殿ができ，原料とはちがうにおいがしてくれば，「分子に何かが起こった」とわかる．だが，それだけでは足りない．反応が起こっただろうとわかっても，「どれほど進み」「何ができたか」はわからない．しかも有機化学反応には，色もにおいも変わらないものが多い．

反応の進みぐあいは通常，クロマトグラフィー（クロマトグラフ法）で確かめる．

ペーパークロマトグラフィーを経験した読者もいるだろう．ろ紙を使う簡単な方法を図③に描いた．黒のサインペン（水性）でろ紙の上に描いた点が，毛管現象で動く水につられて動くうち，いくつかの色の成分に分かれていく．色の成分それぞれは別べつの分子からできていて，水への溶けやすさやろ紙とのなじみやすさがちがうのでこのようになる．クロマトグラフィーの種類は多彩だが，根元の原理は図③に同じだと思ってよい．

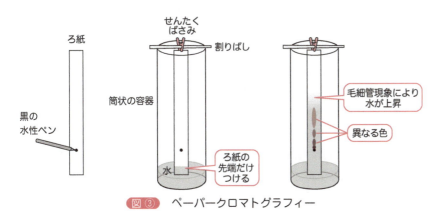

図③　ペーパークロマトグラフィー

ある反応がうまくいっているかどうかをみるにも，反応混合物を少量とってクロマトグラフィーを行う[*5]．反応前の物質と並べてみればわかりやすい．図④(b)のようなら反応はまだ途中だとわかり，図④(c)のようなら終了したといっていい[*6]．図④(d)のようになったら，想定外の反応も起こったことになる[*7]．

*5 ろ紙のかわりにシリカゲル塗布ガラス板を，水のかわりに有機溶剤を使うことも多い．

*6 たいていの有機化合物は無色だから，分離のあといろいろな方法で発色させる．

*7 実のところ「新しい有機化学反応」は，このような「想定外の生成物」の発見から始まるものが多い．

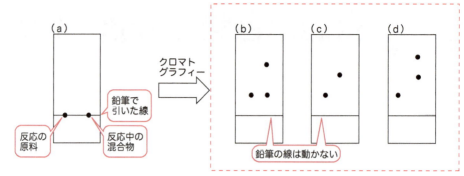

図 ④　クロマトグラフィーによる反応追跡

ただし反応の「できばえ」を見るのに，クロマトグラフィーだけでは足りない．図④(c)のような分析結果も，「原料が消えて何かができた」ことしか教えないからだ．アルコールとカルボン酸を反応させれば，エステルが「できるはず」だとは知っていても，生成物がほんとうにそうなのかどうかは別問題になる．決定的な証拠はどうやってつかむのだろう？

まず，別のやりかたで得られた標準品と比べる手がある．純物質は，決まった融点や沸点，屈折率，溶解度などを示す．自分がつくったものの性質を標準品とじっくり比べ，どの性質もまったく同じなら，同じ物質だと考えてよい．

標準品が手に入らないときは，分析化学の出番になる．古くからある分析法に，化合物を完全燃焼させたときできる水と二酸化炭素の質量から，化合物の元素組成を割り出すやりかた（元素分析）がある．

元素の組成がわかっても，分子の構造まではわからない．分子構造をつかむには，分子と電磁波との相互作用を利用する測定法を使う．分子は構造に応じて，特定波長の電磁波を吸収（や放出）する．吸収・放出波長と分子構造の関係は，理論の裏づけもあるし，膨大なデータの蓄積もある．測定結果を標準データと比べるか，理論に照らして考察すれば，分子の構造も「見えて」くる．当てる電磁波の波長（や振動数）と，吸収（放出）度合いの関係を「スペクトル」とよぶ．そうしたスペクトルから，分子構造を「読みとる」作業をスペクトロスコピー（分光法）という[*8]．

有機化学は，物質の合成とスペクトロスコピーを車の両輪とした営みを通じ，大きな潮流を生んできた．

[*8] おもなものには核磁気共鳴分光法（NMR），赤外線吸収分光法（IR），紫外－可視吸収分光法（UV-Vis）などがある．

1章 構造式と分子モデル——有機化学のコトバ

- 分子の構造はどう表すのがよいか？
- 分子の形はどのようにイメージするとよいか？
- 構造異性体とは何か？
- 有機化合物はどのように分類できるか？
- 有機化合物をつくる炭素はどこから来たのか？

1.1 特異な元素——炭素

　有機化学では，有機化合物（炭素化合物）の構造，反応，合成などを体系的に学ぶ．いま有機化合物は，5000万種以上が知られる．100種類を超す元素のうち，これほどの化合物をつくるのは炭素しかない．

　炭素Cのそうした特異性は，原子どうしがつながった状態の安定さからくる．結合の強さを「結合解離エネルギー」で表すと，C–Cの350 kJ mol^{-1}に対し，窒素N–Nは160 kJ mol^{-1}，酸素O–Oは140 kJ mol^{-1}，ケイ素Si–Siは225 kJ mol^{-1}と，ずいぶん小さい（結合が切れやすい）．

　周期表上でCと同族のSiは，Cと同じく結合の「手」を4本もつから，結合は弱いにせよ，「ケイ素の有機化合物」もたくさんあってよさそうだが，現実はちがう．SiはOとの親和性が高く，Si–Oの結合解離エネルギーは464 kJ mol^{-1}と大きい．だから，Siがつながる化合物をつくっても，少なくとも地球上では，空気に約20％も含まれる酸素がSi–Si結合のあいだに入りこみ，Si–O–Siになってしまう[*1]．

　「ケイ素生物」が出てくるSFもあるが，無酸素の星でないと生きにくいだろう．なお無機物の代表に，Si–O結合を単位とする三次元ネットワーク構造をもつ岩石（ケイ酸塩）がある．同族のCとSiがそれぞれ有機物と無機物の世界をつくるのは，たいへんおもしろい現実だといえよう．

[*1] 原子サイズが（Cより）大きいSiはp軌道どうしが重なりにくく，π軌道（後述）をつくりにくい事実も，Cとの決定的な差を生む．

1.2 有機化合物の構造式

前述のとおり炭素は結合の「手」を4本もつ．その手で相手と握手するのが化学結合だと思えばよい（図1.1）．このように，原子どうしの結合がわかる形で分子を描いたものを，構造式という．

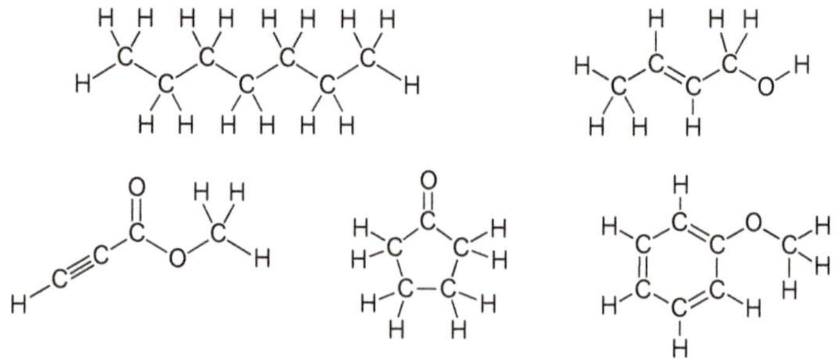

図1.1 いろいろな分子の構造式

どのC原子からも，計4本の線が出ている．一方，酸素Oは手が2本，水素Hは手が1本しかない（理由は2章で説明）．原子間の手が1本なら単結合，2本なら二重結合，3本なら三重結合という．炭素は三重結合までつくる．

図1.1の描きかたはわかりやすいが，描くのに手間がかかる．だから通常，構造式は省略形で描く．たとえば図1.2の省略形なら，「化合物中の全元素を元素記号で表し，単結合しかないHとの結合は線を省き，ほかの結合を線で描く」というルールに従っている[*2]．

*2 炭素Cの元素記号を書くと決めたら，水素Hも書く．つまり，$CH_3-CH_2-CH_3$ を C−C−C と描いてはいけない．

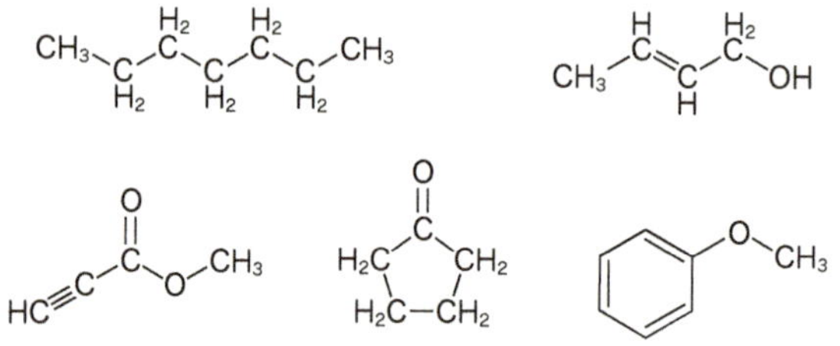

図1.2 いろいろな分子の構造式（簡略表記その1）

少しすっきりした．なお，最後の化合物だけ描きかたが少しちがう．六角形の部分構造（ベンゼン環）ではCやHの記号も省略した．ベンゼン環は有機化学で頻出する分子骨格だから，ふつう図1.2の姿を標準にする．

ベンゼン環のような省略を分子全体に使う，さらに簡潔な表記法もある（図1.3）．この場合，「元素記号のない頂点と末端にはC原子があり，そこから出る線の本数が n なら，C原子は $(4-n)$ 個のHと結合している」と解釈する．なお，図1.3の上段右にあるとおり，C以外の元素に結合したHは省略しない[*3]．

*3 C原子1個の化合物はこのように描けないし，2個の場合も，「−」や「=」がエタン CH_3-CH_3 やエチレン $CH_2=CH_2$ のことなのか，マイナスやイコールの記号なのかと混乱しないよう，図1.3の簡略表記は避ける．

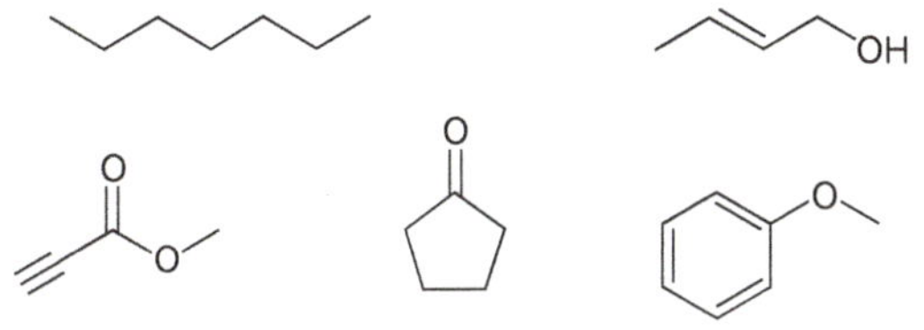

図1.3 いろいろな分子の構造式（簡略表記その2）

別な描きかたとしては以下のように，1行で描く構造式もある（線状の化合物にはよいけれど，環構造をもつ化合物には適さない）．

$CH_3CH_2CH_2CH_2CH_2CH_2CH_3$ または $CH_3(CH_2)_5CH_3$

$CH_3CH=CHCH_2OH$　　　$HC≡CC(=O)OCH_3$ または $HC≡CCOOCH_3$

このように分子構造の表記は，場合に応じて使い分ける[*4]．

*4 文書をつくるワープロに似て，フリーウェアのBKChem や ChemSketch など（2015年現在），「化学構造式のワープロソフト」もある．パソコンを使える人はダウンロードし，自分で化学構造式を描いてみよう．

【例題 1.1】 次の表には，化合物4種を複数の方法で描いた．同じ段は同じ化合物を表す．**A〜F** に当てはまる構造式を描け．なお窒素Nは結合の「手」を3本もつ．

元素記号と（H以外の）結合をすべて描く方法	CとCに結合したHを省く方法	1行で描く方法
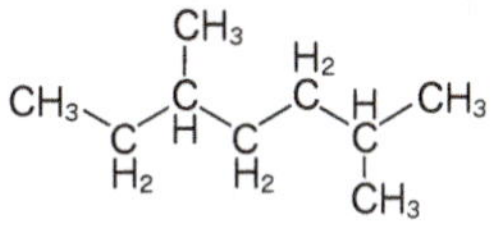 （構造式）	**A**	**B**
C	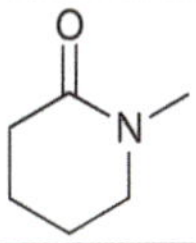 （構造式）	—
D	**E**	$CH_3CH(CN)COOH$
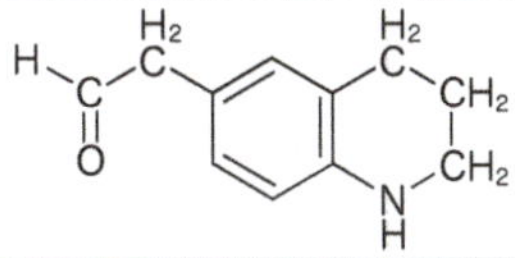 （構造式）	**F**	—

【答】

A （構造式）　**B** $CH_3CH_2CH(CH_3)CH_2CH_2CH(CH_3)_2$　**C** （構造式）

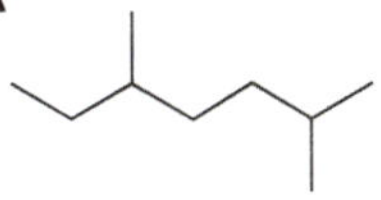

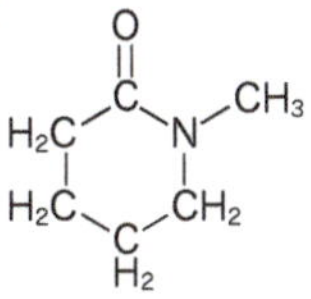

D （構造式）　**E** （構造式）　**F** （構造式）

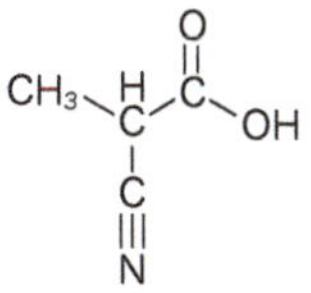

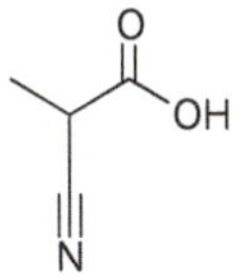

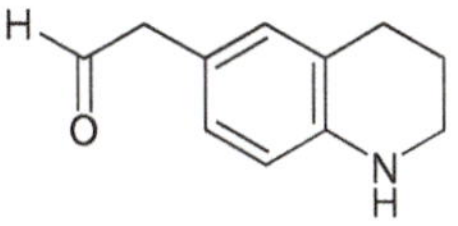

（注）基本ルールだと構造 **F** の左手にある H は描かないが，H−C(=O)− という構造は例外（H を省略しない）．

以上から想像できるとおり，有機化学には暗黙の了解事項がいくつかある．了解事項をわきまえているかどうかが，有機化学の「わかりぐあい」を左右するので注意しよう（本書の各所に関連事項を盛りこんである）．

1.3 分子の立体構造

ここまでは，どの分子構造も平面上に（二次元で）描いた．しかし現実の分子は，原子がみな同じ平面上にあるわけではなく，立体（三次元）構造をもつ．分子の性質や反応には立体構造が大きく効くため，立体構造の知識は欠かせない．上で例示した分子のうちいくつかの三次元構造を眺めよう．

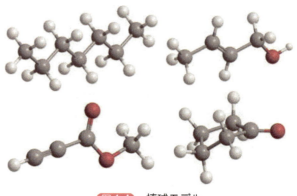

図1.4　棒球モデル

図1.4のモデルは，球が原子を，球どうしをつなぐ棒が結合を表し，棒球モデル（ボール・アンド・スティック・モデル）とよぶ．

図ではややわかりにくいが，炭素原子がもつ4本の単結合は，正四面体の重心にCを置き，そこから各頂点へ伸ばした直線になる（理由は2章で説明）．二重結合をもつ炭素原子なら，結合の線は平面正三角形の重心から頂点へ向かい，三重結合だと直線構造になる（3章）．

分子モデルは，ほかにもいくつかある．以下で，それぞれ順に眺めよう．

ワイヤーフレームモデル

原子の球をとり去って，結合を細くしたモデル．複雑な分子を表現するときに重宝する．

図1.5　ワイヤーフレームモデル

スティックモデル

棒球モデルから原子の球だけとり去ったもの．これもワイヤーフレームモデルと同様，かなりわかりやすい．

図 1.6　スティックモデル

空間充填モデル

原子の球を，ファンデルワールス半径（仲間分子がそれ以上は近寄れない仮想的な球の半径）まで上げて描いたモデル．分子をまとめ上げている電子の雲がどこまで広がっているかの目安となる．

図 1.7　空間充填モデル

Column！　タンパク質分子

ヒトを含む生物の体内では，多彩なタンパク質が働く．タンパク質は有機化合物の仲間で，アミノ酸という小分子が（おおむね 100 個以上）つながりあってできる．分析技術が進み，タンパク質のような巨大分子の三次元構造もわかってきた．

スティックモデルで描いたタンパク質分子（アミノ酸 269 個，分子量 29000 以上）を左図に示す．釣り糸が絡まったようなものに見えても，じつは決まった規則に従ってきれいに折り畳まれ，同じタンパク質ならどの分子もぴったり同じ形をしている．自然の摂理には驚かされる．

また同時に，タンパク質は「巨大分子」だとはいえ，顕微鏡では見えないサイズ（毛髪の太さの千分の一〜一万分の一）なので，こうした分子構造を突き止めてきた人類の英知も称賛に値しよう．タンパク質の構造解明は医薬の設計につながるため，科学面ばかりか実用面の意義もたいへん大きい．

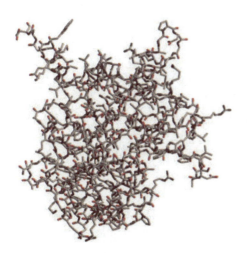

1.4 分子の動き

「分子の動き」という言葉は，分子が空間を飛び交うイメージをもつ．むろんそれは正しく，液体や気体の分子も，ほかの分子とぶつかりながら，しじゅう動き回っている．

有機分子の動きはほかにもある．上で見た三次元構造も，分子がとるさまざまな姿のひとつにすぎない．図1.1中の構造式で，1本線の結合はみな回転できる．ヘプタン $CH_3(CH_2)_5CH_3$ を例に，スティックモデルで「さまざまな姿」を鑑賞しよう（図1.8）．

図1.8　ヘプタン分子のさまざまな姿（どれも同じ分子）

室温くらいの熱エネルギーがあれば，同じ分子でも，結合が回転するためいろいろな形をとれる．温度が上がると回転も速くなる．

それだけではなく，分子は振動もしている．原子間の結合はバネのように伸び縮みするし，ある原子から出る結合2本のつくる角度（結合角）も，大きくなったり小さくなったりしている（分子内振動．毎秒1兆～10兆回）．分子によっては，振動の度合いも高温ほど激しい．

だからといって，身構えるには及ばない．本書でこうした「動き」も考える話題は少なく，大半は「決まった形の二次元構造」で説明できる．現実の分子はじっとしていないということだけを，頭の隅に入れておけばよい．

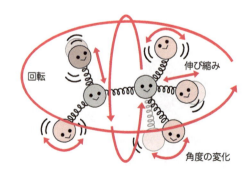

1.5 分子の形をつかむ道

平面上に立体構造を描くのには，むろん限界がある．そこで学習の補助に，① 分子模型や，② 分子モデリングソフトウェアの2種類をよく使う．

分子模型には，棒球モデル，スティックモデル，空間充填モデルにあたる

ものがある．筆者が使う棒球モデルでは，直径1cmほどのプラスチック玉（原子）に穴が開けてあり，そこにプラスチック棒（結合）を刺して次々とつなぐ．炭素なら，棒でつないだとき正しい分子の形になるような向きに四つの穴が開けてあり，玉を棒でつないでいけば分子モデルが完成する．

現実の分子がもつ結合の長さは，原子の組み合わせで変わるが（C－H結合はC－C結合よりも短い），それに合わせ，結合用の棒にもとりどりの長さがある．分子モデル全体を回して眺めたり，棒のまわりで分子の一部を回転させたりもでき，分子がとるいろいろな形を考察するのに役立つ．

いままで載せた分子の立体図は，どれも分子モデリングソフトウェアでつくった．ソフトを使えば，画面上に映した分子の3Dモデルを回転させるなど，分子模型と似たことができる．操作には，化学知識と慣れを少し要する．化学構造式のワープロソフトと同様，ウェブサイトからダウンロードできるものがあるので，試してみることをおすすめする．2015年現在，WinmosterやAvogadroというソフトが無償で使える．

1.6 構造異性体

有機化合物が多彩なのは，炭素Cが結合の手を4本もつうえ，Cどうしがどこまでも長くつながれるからだと，本章の冒頭に述べた．もうひとつ，有機化合物はCとH以外の元素も含む事実がある．そこで簡単なゲームをひとつ．炭素4個，酸素1個，水素10個でできる化合物をみな描き出せばどうなるか？　答えは図1.9のようになる．

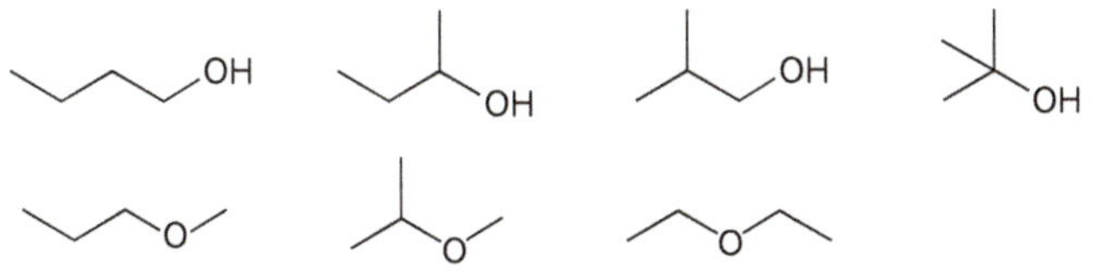

図1.9　$C_4H_{10}O$ の構造異性体

このように，同じ分子式 $C_4H_{10}O$ なのに別べつの化合物を，構造異性体（また単に異性体）という．CとHだけの化合物にも異性体はあるが，ほかの原子[*5]も入ってくると，異性体の種類は激増する．

酸素Oは，有機化合物がよく含むヘテロ元素の代表だといえる．次に多いのが窒素Nや硫黄Sで，あとは塩素Cl，臭素Brなどハロゲン元素や，ぐっと珍しいリンPとなる．それぞれ周期表上の位置を確認しておこう．ごくまれには，さらに別の元素を含む有機化合物もある．

なお，ある化合物が含むヘテロ元素は1個とはかぎらない．同じヘテロ原子を複数個もつ分子もあり，別べつのヘテロ原子をもつ分子もある．

ここでゲームの続きをしよう．水素の数を2個だけ減らし，C_4H_8O にしたらどうか．水素の数が減ったので，異性体も減るのだろうか？

減るどころか，異性体はなんと3倍以上の22種にもなった！

*5 有機分子が含むCとH以外の元素を「ヘテロ元素」と総称する．

*6 図1.10には，

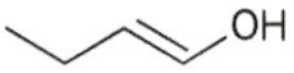

という化合物を含まない．この化合物は不安定で，反応途中に一瞬だけできたとしても，たちまち

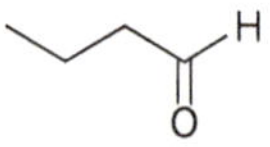

に変わるので入れなかった．このように，「手の数ルール」だけでは説明できないこともある．

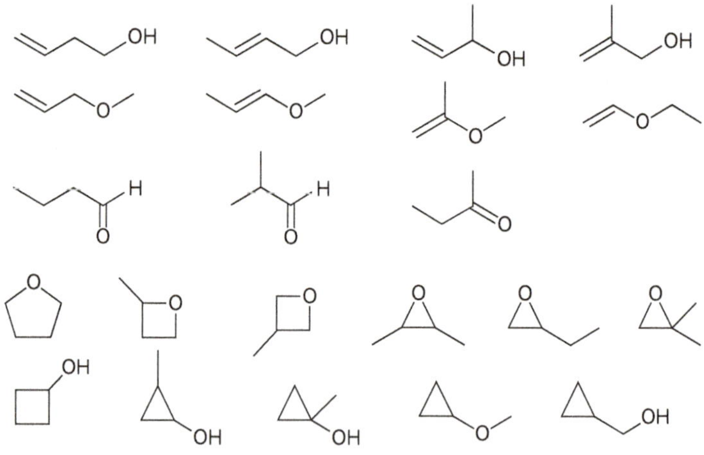

図1.10 C_4H_8O の構造異性体*6

水素の数を減らして異性体が増えたのにはわけがある．図1.10の化合物はみな，二重結合か環構造をもつ．そうでないものと比べ，二重結合が分子のどこにあるか，環のサイズがどうか，環のどこから結合の手が出るかなど，選択の幅が広がる結果，異性体が増えたのだ．一般に，分子式上で2個のHを外せば，二重結合ないし環構造が1個できる．

【例題 1.2】 図1.10で示した C_4H_8O からさらに水素を減らした C_4H_6O だと，以下四通りの可能性ができる．

① 二重結合を2個もつもの
② 三重結合を1個もつもの
③ 二重結合1個と環を1個もつもの
④ 環を2個もつもの

それぞれに相当する分子を1個だけ描いてみよ．

【答】 化合物の例：

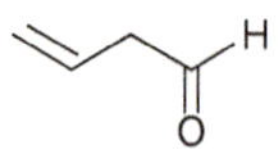

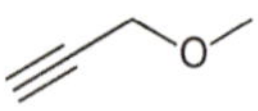

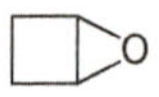

（注） どれも一例にすぎない（ほかにもいろいろ考えられる）．

1.7 有機化合物の分類

たいていの場合，目の前にある大量のものは，何かの特徴をもとに分類する．散らかった書類を片づけるなら，仕事の書類か私的な書類か，あるいは自分のものか家族のものか，というように分類するだろう．分類すれば情報が整理され，ものごとの見通しがつきやすくなる．

有機化合物も，一定の基準をもとに分類できる．図1.9で見た $C_4H_{10}O$ の

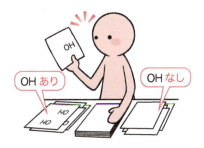

　異性体なら,「OHがあるものと,ないもの」に分類してもよい.OHの有無で反応性や物性は大きくちがうため(5章,7章),その分類は大きな意味をもつ.このように,とりわけヘテロ原子を含む化合物につき,特徴ある原子団(複数の原子からなる部分構造)の有無に注目するやりかたを,「官能基による分類」という.

　別な観点として,炭素骨格(C原子どうしのつながりかた)をもとにした分類を考えよう.その際は,頭のなかで構造式からC以外の原子を消してみるとよい.ここまでに扱った化合物を思い出せば,まず次のことに気づく.

　① 鎖状の分子と,環構造をもつ分子がある.
　② 同じ鎖状分子にも,分岐(枝分かれ)があるものと,ないものがある.
　③ 二重結合や三重結合(多重結合)があるものと,ないものがある.
　④ ベンゼン環を含むものがある.

現実の分類もそういう視点で行われ,結果は次のようになる.

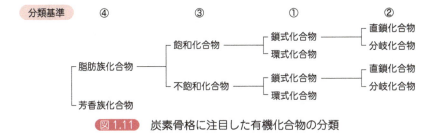

図 1.11 炭素骨格に注目した有機化合物の分類

　ベンゼン環を含む芳香族化合物と含まない脂肪族化合物は,反応性や物性に大差があるため,分類基準④を最上位に置く.

　そのあと多重結合の有無(基準③)で分類し,多重結合があるものを不飽和,ないものは飽和という.多重結合は高い反応性と独特の性質をもつから,その分類は有機化学で意味が大きい.なお,図1.11では炭素間の多重結合だけを考え,C=OやC≡Nなど,ヘテロ原子の結合は考えていない.

　続いて基準①・②の順に使い,分類が完成する.

【例題 1.3】 図1.11にまとめた分類で次の各項にあたるものを1個ずつ,いままでに扱った化合物から選んでみよ.
　① 脂肪族化合物-飽和化合物-環式化合物

② 脂肪族化合物-不飽和化合物-鎖式化合物-分岐化合物
③ 芳香族化合物

【答】 化合物の例：

①   ②   ③

1.8　有機化学反応——有機化学の心臓部

　5000万を超す有機化合物の大半は，人間が合成した．つまり有機化学の目覚ましい特徴に，「おびただしい化合物をつくり出せる」点がある．そのため有機化学の学習では，有機化学反応の理解が欠かせない．化合物が縦糸なら，反応は横糸をなす．高校化学でも若干の有機化学反応を扱うけれど，反応どうしの関連性を説明しないため覚えるしかなく，「理解」からはほど遠い．反応が「なぜ」起こるかを学ばないので，応用力が何もつかない．そこを本書の後半で補おう．

1.9　主役は電子

　やや唐突ながら，肝心なひとことをいっておこう．有機化合物の性質も，反応性や反応の向きも，電子が決める．まずは，次に示したわずか二つの原則を覚えてほしい．

【原則1】同符号の電荷は反発しあい，異符号の電荷は引きあう．
【原則2】どんな変化も，物質の居心地がよくなる（安定になる）向きに進む．

　【原則1】は，いわゆるクーロンの法則〔式(1.1)〕をいう．

$$F = k \frac{q_1 q_2}{r^2} \tag{1.1}$$

q_1, q_2 は電荷（単位 C），r は距離（単位 m）を意味する（k は比例係数）．F は力の大きさ（単位 N）で，値が負なら引力，正なら斥力となる．つまり電気力は，電荷の大きさと符号，電荷どうしの距離で決まる．

　高校化学でも学ぶように，原子は正電荷をもつ核と，そのまわりを運動する負電荷の電子からなる（くわしくは2章）．クーロンの法則は原子系にも当てはまる．ただし，原子1個のなかでも，陽子-電子の引きあいのほか電子どうしの反発もあるし，ある原子のそばに別の原子がくれば，原子それぞれの外側を運動している電子どうしの反発も働く．そうした事情により，ある電子に働く力の正確な記述はできないが，定性的なイメージだけでも，いろいろなことをつかむ助けになる．

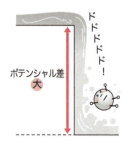

　【原則2】は，物質のエネルギーにからむ．物質は，エネルギーが低い（安

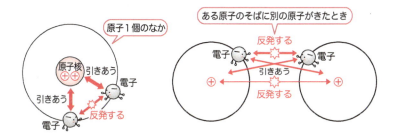

定な)ほど居心地がいいとみなす．ダムの水が低いほう（位置エネルギーの小さいほう）へ落ちるように，ミクロ世界の粒子も安定化を目指す．なお，粒子の居心地をよくする要因として，次の二つを念頭に置こう．

まず，何かに引かれている状況がある．ふつうはクーロン力だけ考えればよい．たとえば水素原子の電子を陽子から引き離し，陽子の電荷を感じない無限遠まで遠ざけるには，13.6 eV[*7]のエネルギーを要する．13.6 eV は，互いに引きあう電子と陽子の「居心地のよさ」を表す数値だと考えよう．一方で電子どうしは静電反発しているが，何かの拍子に反発力が減れば，それも電子の居心地を増すことになる．

もうひとつ，運動する空間のサイズがある．決まった空間内を運動する粒子は，空間のサイズが大きいほどエネルギーが低い（居心地がよい）．そのことは熱力学から導かれ，クーロンの法則のように単純な式では説明できない．実生活でも，部屋が狭いと落ち着かず，広いとのびのびする．それと似たようなものだと思えばよい．

*7 eV（電子ボルト）はミクロ世界（粒子1個）のエネルギー単位で，値は 1 eV = 1.6 ×10^{-19} J となる．それにアボガドロ定数 N_A（約 6.0×10^{23} mol^{-1}）をかけるとマクロ世界のエネルギー単位 kJ mol^{-1} になり，1 eV = 96.5 kJ mol^{-1} の換算が成り立つ．

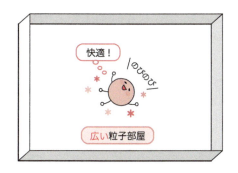

つまり粒子は，「引力が増す（斥力が減る）」ときや，「運動空間が広がる」ときに居心地がよくなる．ミクロ世界には2種類の粒子（核と電子）が登場するけれど，電子は核よりずっと軽く，居心地のよい場所へサッと移れるため，主役は電子だとみてよい．

実のところ，有機化学で扱うさまざまな側面（化合物の物性や反応性，反応機構など）も，「電子の居心地」が決める．本書では可能なかぎりその観点に立ち，有機化学を解説するよう心がけたい．

COLUMN! 有機化合物の運命——炭素の循環

ゴミが燃えると体積が激減するから，有機化合物とは「燃えてなくなるもの」に思える．ゴミになる紙もレジ袋も，プラスチックトレイもみな有機化合物だ．落ち葉や薪など植物体も，大半が有機化合物だからよく燃える．遺体を火葬すればほぼ骨だけになるため，人間も（骨を除き）有機物からできている．

ただし原子は消滅しないので，燃えても「なくなる」わけではない．おもに炭素 C と水素 H からなる有機化合物が，気体の二酸化炭素 CO_2 と水蒸気 H_2O に変わって飛び去るだけの話．CO_2 と H_2O は，生物が呼吸するときも発生する．

その CO_2 は，植物が光合成で糖（グルコース）に変える．糖は全生物のエネルギー源になるほか，生物体内でアミノ酸や脂肪など，大事な生体分子の素材になる．

動物の死骸はじわじわ腐って骨だけになる．腐敗とは，微生物による有機物の摂取（分解）をいう．微生物の死骸も，ほかの微生物が食べる．また，枯れた植物の茎や葉がまだ含む有機物は，土に棲む微生物の栄養になる．そんな微生物が植物の生育の助けとなる有機物をつくり，それを植物が根から吸う．炭素はこのように地球上を循環していく．

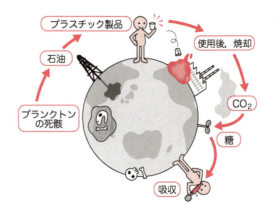

微生物の棲めない環境ならどうか．湖底や海底にたまった死骸は，果てしない時間の中で堆積作用や地殻変動により地中へと運ばれたあと変成作用を受け，石油・石炭・天然ガスなどの化石燃料になった．

太古を生きたプランクトンの死骸が石油に変わり，それを人間が掘ってプラスチック製品の素材に使う．製品は使用後に焼却されて CO_2 となり，一部が植物にとりこまれて糖になる．糖を含む植物体を人間が食べて体の素材にする‥‥というふうに，炭素は地球上をいつもめぐっている．

(a) (b) (c)

図① 生体内分子の例
(a) グルコース，(b) アミノ酸の一種アラニン，(c) 脂肪分子の例．

1. 原子量を，炭素 12，水素 1，酸素 16，窒素 14 とする．本章に登場した化合物どれかについて，次のことを確かめてみよ．
   ① 窒素を含まない化合物の分子量は，必ず偶数になる．

② 窒素を1個だけ含む化合物の分子量は，必ず奇数になる．

2. 窒素を含まない有機化合物では，化合物の炭素数に1を足したあと，水素数の半分を引いたものを不飽和度という．不飽和度は，化合物がもつ二重結合の数と環の数を足した値になる．たとえば化合物 C_4H_6O の不飽和度は $4 + 1 - \frac{6}{2} = 2$ となり，例題 1.2 の化合物はみな，二重結合の数と環の数の合計が2だとわかる（三重結合は二重結合2個分とみる）．以下の化合物につき，不飽和度を計算せよ．また，可能な分子構造2種類を描き，それぞれ，二重結合の数と環の数の合計が不飽和度と一致するのを確かめよ．

① C_5H_{12}　　② $C_5H_{10}O_2$　　③ C_6H_6O

3. 分子模型やモデリングソフトが手元になくても，「立体視」できれば分子の立体構造がつかめる．横に並んだ絵二つを，右の絵は右目で，左の絵は左目で眺めつつ，徐々に焦点をずらしていくと，やがて二つの絵が重なり，ひとつの立体像が見える．下の分子2種類を立体視してみよ（長時間やりすぎないよう）．

① グルコース分子

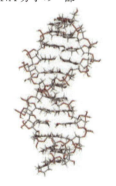

② DNA 分子の一部

2章 共有結合の形成

- 原子はどんなつくりをしているのか？
- 原子どうしはなぜ，どのようにつながるのか？
- 電子の軌道とは何か？
- 混成軌道とは，どのようなものか？
- 配位結合とは何か？

　高校では，いちばん単純な有機化合物のメタン CH_4 を，図 2.1 のテトラポッド型（正四面体型）モデルで紹介する．球が原子，棒が結合を表す．

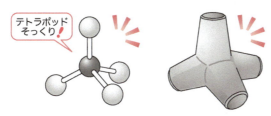

図 2.1　メタン分子の棒球モデル

　C−H 結合は電子のペア（電子対）がつくり，その電子 2 個は，モデル図の「棒のあたり」を猛スピードで動き回っている…と想像しよう．核（原子核）をつくる陽子は正電荷をもつため，結合電子は，炭素原子 C の核と水素原子 H の核の両方に引きつけられている．電子対が C の核と H の核をつなぎとめている，といってもよい．

　メタン分子の形を見てみよう．中心の C 原子に，「いちばん楽な形になるよう，4 個の H 原子と結合せよ．H との距離は一定だが，角度は自由でよい」と命じたとする．結合をつくる電子対どうしは，クーロン反発を最小にするため，なるべく離れたいだろう．4 本の結合が互いに最も遠ざかるのが，テトラポッド型にほかならない．そのとき結合間の角度は 109.5° になる．

　しかしまだ，「なぜ C と H が結合をつくるのか」や，「なぜ C は結合を 4 本つくり，H は 1 本しかつくらないのか」という根源の問いには答えていな

い．そこで以下，原子のつくりから始め，共有結合の成り立ちや分子の構造を眺めよう．

2.1　原子の成り立ち

万物をつくる原子は，「陽子＋中性子」の核と，まわりを高速で運動する電子からなる．粒子3種の性質を表2.1にまとめた．

表2.1　原子の構成成分

	質量	電荷
陽子	1.673×10^{-27} kg	$+1.602 \times 10^{-19}$ C
中性子	1.675×10^{-27} kg	0
電子	9.11×10^{-31} kg	-1.602×10^{-19} C

質量でみると，陽子と中性子はほぼ同じだが，電子は陽子の1/1840しかない．また陽子と電子は，符号は正と負でも，絶対値の同じ電荷をもつ．ミクロ世界の粒子には，くっきりした「果て」がないため，表にサイズは書いていない．陽子と中性子の直径はおよそ10^{-15} mで，電子は陽子の1/1000より小さいとみてよいけれど，そこから先はわからない．とはいえ，有機化学を理解するのに電子のサイズはさほどの問題ではなく，「負電荷の小粒」とだけわきまえていればすむ．

原子がもつ陽子の数を原子番号といい，原子番号が元素の種類を決める．中性子は陽子と同数かやや多い．いま元素は，113番ニホニウムも含め，118番オガネソンまでが名前をもつ．どの原子でも陽子と電子の数は等しい（電気的に中性[*1]）．核のまわりを高速で動く電子は，核の正電荷に引きつけられているため，どこかに飛んでいってしまう心配はない．

いちばん簡単な水素Hの原子は，陽子1個（核）と電子1個からなる．高校では電子の居場所を電子殻とよんだ．「殻」という語は三次元の曲面を連想させるが，現実の電子は曲面上を運動するわけではなく，核-電子の距離はたえず変わる．H原子の「静止画」が撮れたとして，何千枚も重ねあわせれば電子の居場所がわかるけれど，結果は曲面というより雲に似て，その雲を電子雲という．電子殻は，「電子雲のなかで電子が見つかる確率の高い場所を囲む曲面」だと考えよう．

[*1]　人間の目線で見た原子は，正負の電荷が打ち消しあって中性だが，原子サイズに縮小した体で別の原子を見たとすれば，外側を動く電子のほうが，原子核よりも目につきやすい．つまり原子は，「負電荷の衣をまとった粒」に近い．原子や分子のふるまいを考えるときは，そんな姿をいつも思い浮かべよう．

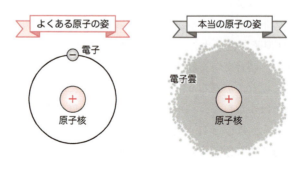

「安静な」H原子の電子1個は，半径 0.53 Å（1 Å = 10^{-10} m，陽子サイズの約 1000 倍）の球形をした電子殻（K殻）を運動すると考えてよい．そのイメージを最初に提案した人の名から，0.53 Åをボーア半径とよぶ．原子が東京ドームなら，中心に置いた直径 2～3 mm の砂粒が核（陽子）にあたる．動き回る電子の雲は中心部で濃く，外野席や天井に向かうほど薄くなる．

ほかの原子はどうだろう．原子番号が大きいほど，核内の陽子と中性子は多い．電子は核に近い電子殻から，K殻（定員2），L殻（定員8），M殻（定員18），…の順に入っていく．核に近いほどクーロン力による安定化度が高く，居心地がよいのでそうなる．

ニールス・ボーア
（1885～1962）

【例題 2.1】 水素原子がもつ陽子-電子間の力を考えよう．質量をもつ2個の物体は重力 $F_g = G\dfrac{Mm}{r^2}$ で引きあい，陽子と電子なら正・負電荷のクーロン力 $F_C = \dfrac{Q_1 Q_2}{4\pi\varepsilon_0 r^2}$ でも引きあう（G は重力定数，$M \cdot m$ は陽子・電子の質量，r は相互の距離，$Q_1 \cdot Q_2$ は陽子・電子の電荷，ε_0 は真空の誘電率）．定数の値を文献やインターネットなどで調べて代入し，クーロン力と重力の比 F_C / F_g を計算せよ．

【答】 2.3×10^{39}（重力は無視できる）
[$F_C / F_g = Q_1 Q_2 / (4\pi\varepsilon_0 G M \cdot m)$ に，表 2.1 の Q_1, Q_2, M, m と，$\varepsilon_0 = 8.85 \times 10^{-12}$ C^2 J^{-1} m^{-1} および $G = 6.67 \times 10^{-11}$ m^3 kg^{-1} s^{-1} を代入する]

2.2 原子内で電子がもつエネルギー

核の電荷に引かれている電子も，紫外線やX線から十分なエネルギー（イオン化エネルギー）をもらったら飛び出す（光電効果）．いくつかの元素のイオン化エネルギーを表 2.2 にまとめた．なお，水素の燃焼熱（燃料電池車の駆動力）は 0.237 MJ mol^{-1} だから，表 2.2 にからむ電子はみな，それより強いエネルギーで核に引かれているとわかる．

表 2.2 原子のイオン化エネルギー（MJ mol^{-1}）[†]

元素	原子番号	K殻	L殻		M殻	
		1s	2s	2p	3s	3p
H	1	1.31(1)				
C	6	28.6(2)	1.72(2)	1.09(2)		
N	7	39.6(2)	2.45(2)	1.40(3)		
O	8	52.6(2)	3.12(2)	1.31(4)		
Ne	10	84.0(2)	4.68(2)	2.08(6)		
Na	11	104(2)	6.84(2)	3.67(6)	0.50(1)	
S	16	239(2)	22.7(2)	16.5(6)	2.05(2)	1.00(4)
Cl	17	273(2)	26.8(2)	20.2(6)	2.44(2)	1.25(5)

エネルギー値が同じ電子の個数を（ ）内に示す．
[†] カチオン（陽イオン）になりやすい Na でさえ，電子を奪うにはエネルギーを要する（原子の電気的中性を破るのはむずかしい）．

*2 表 2.2 では, 電子殻の記号 K, L, M を数字 1, 2, 3 に変えたうえ, 副殻の記号を添えて 1s, 2s, 2p などと書いた.

イオン化エネルギーは, 同じ原子だと K 殻 ＞ L 殻 ＞ M 殻[*2] の順に激減していくため, 核に近い内殻電子ほど安定だとわかる. また, 表 2.2 を縦にたどれば, 同じ K 殻の電子でも, 元素ごとのエネルギー値に大差がある. 核がもつ正電荷の大きさがちがうのでそうなる. さらに, L 殻の電子には性質の異なる 2 種があることも推定できる. その 2 種を副殻とよんで 2s, 2p と書く (電子の定員はそれぞれ 2, 6). 定員 18 の M 殻には, 3s, 3p のほか 3d (定員 10) もあるが, ここでは扱わない.

高校化学までを学んだ人には, 2s 軌道と 2p 軌道は「半径に少し差がある球」のイメージだろう. たしかに 1s や 2s は球形だが, 2p 電子の動く軌跡 (原子軌道) はちがう. 量子力学で扱うと原子軌道は, ミクロ粒子の運動を表すシュレーディンガー方程式 (巻末付録) の解として得られる. 明確な曲面ではなく, 波動を表す関数が解になる (波動関数の 2 乗が電子の存在確率)[*3]. 空間をこまかく区切り, 各部分を電子の存在確率に応じた濃さに塗ったものが, 電子雲にほかならない.

*3 電子は粒子でも波でもあるため, 電子のふるまいは「波動関数」で書ける. 日常感覚には合わないけれど, ミクロ世界はそんなものだと受け流そう.

水素原子の 1s 軌道は, 図 2.2 の姿をもつ. 原子軌道を考える際, いつもこういうぼやけた図を描くとむしろわかりにくいため, ぐっと簡略化して図 2.3(a) のように描く. 同様に, 2s, 2p 軌道を簡略化して描くと図 2.3(b) および (c) ができる. 2p 軌道の色分けは, 核の両側で「位相」が異なることを表す. 原子どうしや分子どうしの軌道の重なりを考える際は, 位相が重い意味をもつ (後述).

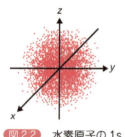

図 2.2 水素原子の 1s 軌道：電子雲のイメージ

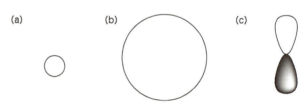

図 2.3 簡略表記の 1s 軌道 (a), 2s 軌道 (b), 2p 軌道 (c)

量子力学は, 以下のことも明らかにした.
① p 軌道には, 互いに直交する 3 種 (p_x, p_y, p_z 軌道) がある (図 2.4).

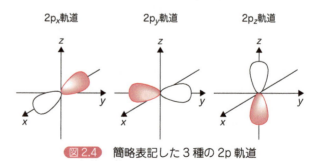

図 2.4 簡略表記した 3 種の 2p 軌道

② 軌道 1 個は, スピン (「自転」に似た性質. 磁性と関連) が逆向きの電子 2 個を対として収容できる.

③ 各軌道は固有のエネルギー値をもち，図 2.5 のような相互関係にある．図 2.5 は，副殻も含めた電子のエネルギー値（表 2.2）をうまく説明する．

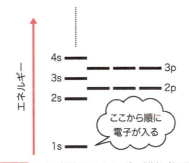

図 2.5　各軌道のエネルギー準位（概略）

②を補足しよう．同じ軌道に 2 個の電子が入るのは，クーロン反発のため不利なのだが，逆符号のスピンどうしが（磁石の N 極と S 極が引きあうように）引きあいの分だけ安定化するため，そのようになる（本シリーズ 1 巻『化学基礎』参照）．スピンを矢印で書き，スピンが逆平行になった状況を「逆向き矢印」のペアで描けばわかりやすい（図 2.6）．

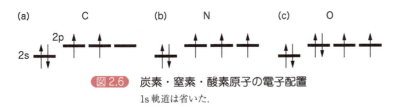

図 2.6　炭素・窒素・酸素原子の電子配置
1s 軌道は省いた．

有機化学の主役となる炭素 C の原子では，図 2.5 の下側の軌道から順に電子が 6 個まで入る．低エネルギーの 1s および 2s 軌道に 2 個ずつ入ったあと，

COLUMN！　印象派と量子力学

原子内の電子は，古典力学なら核から一定距離の明確な「殻」上を運動する粒子に描くが，量子力学では電子を，もやもやした「雲」に描き直した．一方で，絵画の世界は 19 世紀後半に，それまで写実的な手法が主流だったところ，光の移ろいを反映させ，対象物に明確な輪郭を描かない印象派の画風が現れた．科学と芸術の共通点を見るようで興味深い．

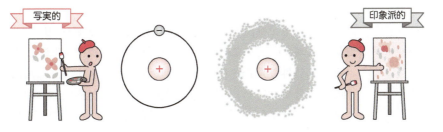

残る2個は，ひとつの2p軌道にペアで入るのではなく，二つの2p軌道に1個ずつ入る（図2.6a）．事情が許すなら，電子は「ひとり」でのびのびしたいのだ（フントの規則）．同様に窒素Nと酸素Oでは，図2.6(b)および(c)のように電子が入っていく．

2.3 原子どうしはなぜつながる？——オクテット形成

いよいよ分子の話に入ろう．分子は原子がつながったものだから，まず，「原子はなぜつながりあうのか？」がポイントになる．先に答えをいってしまうと，「つながれば安定化するから」だ．ただし，周期表の右端に並ぶ貴ガスは，原子のままで十分に安定だから，ふつうつながりあわない[*4]．

*4 キセノン Xe だけは，安定な化合物をいくつかつくる．

図2.7には元素の第一イオン化エネルギー I_1 を描いた．I_1 は，最外殻電子を叩き出すのに必要なエネルギーをいう（表2.2の各元素なら，それぞれ右端の数値）．貴ガスの I_1 は，電子の安定さ（居心地のよさ）を反映し，前後の原子よりずっと大きい．貴ガスはどれも，最外殻に8個（ヘリウムは2個）の電子をもち，s軌道（2個）とp軌道（6個）を満杯にしている．その状況が格別に安定だと心得よう．

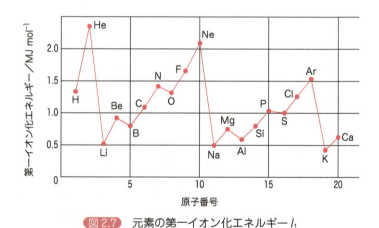

図2.7 元素の第一イオン化エネルギー I_1

というわけでほかの元素も，最外殻の電子を8個（ヘリウムに近い元素は2個）にしたい．そのことをルイスが見つけ，オクテット則と名づけた[*5]．

貴ガス以外の原子がオクテット則を満たすときは，電子の増減を必ず伴う．仲間どうしでそれをすると原子の電荷バランスが崩れ，エネルギー面で不利になる．それならと，「互いに得する相手」を見つけ，相手と電子をやりとりするのが，化学結合の本質だといえる．

*5 オクテット（octet）のoct-は，octopus（タコ）やoctave（音楽のオクターブ）などと同じく「8」を表す．ちなみにOctober（10月）は，いまの3月を「第1の月」とみたローマ暦の名残．

2.4 イオン結合

ある原子が他の原子と電子1個をまるごとやりとりし,両方ともオクテット則を満たしたとしよう.そのときできる正負のイオンは,原子だったときよりエネルギーが高い(不安定).しかし,生じた両イオンがクーロン力で引きあえば,ぐっと安定化する.その「収入」がイオン化する際の「支出」分より大きいなら,両原子とも「得」をする.イオン結合はそうやってできる.

たとえば,ナトリウム Na(最外殻電子1個)から塩素 Na(7個)に電子1個が移れば,オクテット則に合う正負イオンができ,互いに引きあうイオン結合で塩化ナトリウム NaCl になる.

では,有機化学で主役になる炭素はどうか.イオン結合したいなら,電子4個を出すか,もらうかする.しかし,そのときできる4価イオンは,正負の電荷バランスが悪すぎて不安定きわまりないため,炭素はイオン結合にはまったく向かない.そのかわり,共有結合という奥の手でオクテット則を満たそうとする.

2.5 水素分子の共有結合

共有結合をつかむため,まずは簡単な水素分子 H_2 を考えよう.

図 2.8 (a)のように二つの水素原子が近づけば,原子 A の電子 e_A は原子 B の核(陽子)p_B に引かれ,e_B は p_A に引かれる.一方,e_A-e_B 間と p_A-p_B 間には斥力が働く.だがそれだけなら差し引き0で,結合はできそうにない.

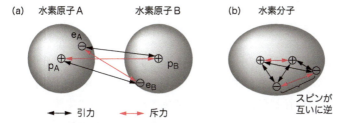

図 2.8 水素原子間(a)と,水素分子 H_2 内(b)の粒子間に働く力

なお,実際の水素分子 H_2 内の電子対は二つの水素原子核のあいだにいる確率が高い.

原子内では,負電荷どうし反発しあうのに,逆スピンどうしが引きあえるため,2.2 節で述べたとおり軌道1個に電子2個が入るのだった.逆スピンの電子が引きあう性質は,別べつの原子がもつ電子2個にも当てはまる.不対電子のスピンは固定されているわけではなく,相手に「調子を合わせて」逆向きになれる.その「引きあう電子ペア」が糊のように働いて核2個をつなぐ結果,水素分子ができ上がる.

また,図 2.8(b)のように分子ができれば,電子それぞれは,原子内にいたときより広い空間を動き回れる.それが電子の「居心地」をよくする効果も,分子の形成に効く.

なお，H原子2個が近づくほど，e_A-p_B間とe_B-p_A間の静電引力が増すものの，近づきすぎるとp_A-p_B間の静電反発も高まる．そのため，ある距離で引力と斥力がつりあう結果，共有結合の長さが決まる．水素分子では，ボーア半径の2倍（1.06 Å）より3割がた小さい0.74 Åが結合長になる．

以上は大ざっぱなイメージにすぎず，分子になったあとの電子の運動までは説明できない．原子内の電子を量子力学で解析するのと同様，分子内の電子のふるまいは，量子化学計算[*6]から出る分子軌道をもとに考察する．

量子化学計算によると，**分子軌道は電子と同じ数だけできる**．水素H_2なら，電子は2個なので，分子軌道も二つできる．ひとつの軌道には2個の電子が入るため，軌道のひとつ（半分）が被占軌道，残りが空軌道となる（図2.9）．もとの軌道（原子軌道）と比べたエネルギーは，被占軌道で低く，空軌道で高い．むろん電子2個は，居心地のよい低エネルギーの被占軌道に逆スピンで入る．だから被占軌道を結合性軌道とよぶ．

*6 量子化学とは，量子力学を化学現象に応用する学問分野をいう．

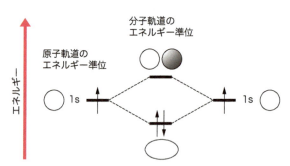

図2.9 水素分子H_2をつくる原子軌道と，できた分子軌道のエネルギー相関
左右にあるのは水素原子の1s軌道．真中の上下にあるのが結合によってできた水素分子の分子軌道．電子はよりエネルギーの低いほうの分子軌道に対をつくって収まる．

被占軌道と結合形成の関係を，もう少し掘り下げよう．結合形成は，分子軌道の形にからむ．結合性軌道は，水素原子2個の1s軌道が同位相（波なら「山どうし」や「谷どうし」）で重なって生まれ，核2個の中間部分で電子の存在確率が高い．そんな電子ペアが「糊」となり，核と核を結びつけるのだ．

先ほど原子軌道をs軌道やp軌道とよんだ．分子軌道にも名前がある．水素分子の結合性分子軌道のように，結合軸のまわりに回転させても見た目が変わらない軌道を，sにあたるギリシャ文字でσ（シグマ）軌道という．σ軌道に電子が入ってできる結合をσ結合，その電子対をσ電子とよぶ．

水素分子ができたあと核それぞれは，電子を2個もっていると「感じる」だろう．電子1個を得たのだが，自分の1個を差し出したから，差し引きで電荷は生じない（イオン結合との大差）．こうしてできる結合を共有結合といい，水素分子なら共有結合をH−Hのように書く[*7]．

水素原子2個が水素分子H_2になるのは，安定化する（エネルギーが下がる）からだった．では，どれほど安定化するのだろう？ 前後で核のエネルギーは不変とみてよいため，結合エネルギーをみな電子のエネルギーとみなす．

*7 H:Hという表記（ルイスの表記，ルイス構造）もよく使う．なお，「H・」などをよぶのに高校で使う用語「電子式」は，大学以上になると使わないし，文部科学省の『学術用語集（化学編）』に載ってもいない．

COLUMN　反結合性軌道

　水素分子の量子化学計算をすると，エネルギーが高い空の軌道も解になる．その軌道は，原子軌道2個を逆位相で重ねあわせた姿をもち，核と核のあいだに実体がほとんどない．だから，そこに入った電子対は「糊」にならず，結合形成に寄与しない．また，そもそも「素材」の原子軌道よりエネルギーが高いため，何かの拍子に入ってきた電子対も，居心地のよいもとの原子にさっさと戻る．

　つまり，その軌道に電子が入ると結合は不安定化し，切れてしまう．核間で位相が逆転するそんな軌道を「反結合性軌道」とよび，記号 * を添えて表す．水素分子の場合，反結合性軌道は結合軸まわりに回転対称をもつから σ 軌道に属し，σ*（シグマスター）軌道という．

　図2.9の水素をヘリウム He で置き換えてみよう．ヘリウム原子は 1s 軌道に電子を2個もつので，計4個を分子軌道に入れると，2個が σ 軌道に，残る2個が σ* 軌道に入る．するとエネルギー変化は差し引き0だから，ヘリウムは分子 He_2 をつくらない．

　いずれくわしく見るとおり，化学反応は「結合の組み替え」にほかならない．すると反応の駆動力は，「切れる結合の反結合性軌道に電子対が入ること」だといえる．

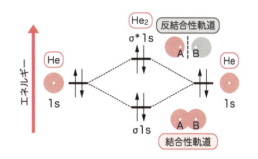

　水素分子 H_2 をバラバラの水素原子2個にするエネルギー（結合解離エネルギー）は $0.436\ MJ\ mol^{-1}$ で，両方の H 原子に均等配分したら $0.218\ MJ\ mol^{-1}$ となる．表2.2の数値と比べれば，もともと水素原子の電子がもっていたエネルギーのうち約 17% だけが，分子になるときに下がったとわかる．

2.6　塩素分子の共有結合

　ナトリウム Na が相手ならイオン結合する塩素原子 Cl も，仲間どうしは共有結合して塩素分子 Cl_2（Cl–Cl）になる．水素分子 H_2 をつくるのは 1s 電子のペアだったけれど，塩素分子 Cl_2 では，3p 軌道[*8]の電子がペアをつくる（図2.10）．

*8　3p 軌道のつくりは 2p 軌道より複雑だが，「形と向きは 2p 軌道と同じ，サイズがひとまわり大きい」くらいの理解でよい．

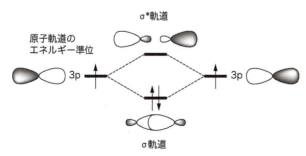

図2.10　塩素分子 Cl_2 の分子軌道と，素材の原子軌道

Cl_2 の分子軌道は，H_2 とは明確にちがうものの，結合軸まわりの回転対称性があるため，やはり σ 軌道や σ* 軌道とよぶ．核を中心に位相の正負が対称だった原子軌道から，やや「いびつ」な分子軌道ができている．

2.7 異核二原子分子の共有結合

異種原子どうしも共有結合し，やさしい例に，H と Cl が結合した塩化水素 HCl（H–Cl）がある[*9]．原子軌道のエネルギー準位は H の 1s と Cl の 3p でちがうけれど，分子軌道形成の本質は変わらない．H–Cl 結合も，結合軸まわりの回転対称性をもつ σ 結合だとわかる（図 2.11）．

[*9] 塩酸は強酸だからイオン化合物のイメージがある HCl も，実体は共有結合化合物だと心得よう．水中のイオン解離（電離）は，水和がイオンを大きく安定化させるので進む．

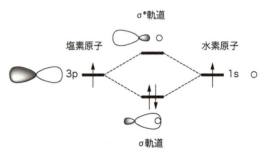

図 2.11 HCl の分子軌道と，素材の原子軌道

H–Cl の結合距離とエネルギー（表 2.3）は，H–H と Cl–Cl の平均値（1.37 Å，336 kJ mol^{-1}）に近くはなくて，結合は意外に強い．H–Cl の結合電子が，

COLUMN！ 波の重ねあわせと軌道の重ねあわせ

波の重ねあわせを考えよう．波 A と B を重ねあわせると，互いに強めあって C になる．かたや波 A と D を重ねれば，打ち消しあってなくなる．そのとき波 A と B は同位相，波 A と D は逆位相だという．

軌道の重ねあわせもそれに似て，同位相ならローブ（突起部）が太り，逆位相なら縮まる．電子はなるべく広い範囲を運動して居心地をよくしたい．それには，同位相の部分どうしがなるべく大きく重なるよう近づけばよい．だから，p 軌道どうしや，s 軌道と p 軌道が相互作用する際は，下図のような向きではなく，図 2.10 や図 2.11 に描いた向きから近づきあう．

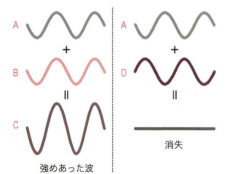

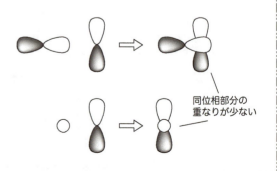

電気陰性度の大きいCl側にかたよっているのでそうなる[*10]. かたよる結果, 塩素は少し負電荷を, 水素は少し正電荷を帯び, そうした過剰電荷の引きあいが加わって結合は強く, 短くなるのだ.

表2.3 いろいろな σ 結合の性質

	結合距離(Å)	結合エネルギー(kJ mol^{-1})
H−H	0.74	432
Cl−Cl	1.99	239
C−C	1.54	351
H−Cl	1.27	428
C−H	1.10	408
C−Cl	1.78	328

[*10] 実のところ「電気陰性度の大きい原子側に電子がかたよる」は, 因果関係が逆立ちしている. ポーリングは, さまざまな共有結合の結合解離エネルギーの大小が, 元素に特有な数値(それが電気陰性度)を使った式ででうまく説明できるのを見つけた.

2.8 sp³混成軌道

共有結合の数は, 原子1個あたり1本とはかぎらない. 酸素原子O, 窒素原子N, 炭素原子Cはそれぞれ2個, 3個, 4個のH原子と共有結合をつくり, 水 H_2O, アンモニア NH_3, メタン CH_4 になる.

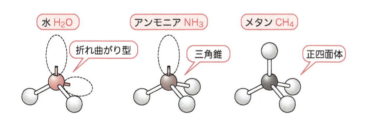

だが原子の電子配置(図2.6)を思い起こせば, OとNはよいとしても, 炭素Cは少々おかしい. C原子の電子配置だと, まだ「単身」の2p軌道は二つだから, 共有結合は2本しかできそうにない. 共有結合を2本つくった結果の CH_2 は, Cの最外殻電子が6個だからオクテット則を満たさない. そこでC原子は, 2s軌道にある電子2個のうち1個を空の $2p_z$ 軌道に移し, 「単身」の軌道二つを新たにつくる. 以上四つがそれぞれHと共有結合をつくれば, めでたくオクテット則を満たすメタンになる.

では, そのメタン分子は正四面体なのか？ 上記のとおり, C原子の2s, $2p_x$, $2p_y$, $2p_z$ 軌道に1個ずつ入った電子を使い, H原子と4本の共有結合をつくるとした場合, 結合電子対どうしの反発が分子の形を決めるだろう. ただし, 2sを使うC−H結合と2pを使うC−H結合は別物のはずだから, 正三角錐のような姿にはなっても, おそらく正四面体にはならない.

そこでポーリングは「sp³混成軌道」というものを考え, 「正四面体」を説明した. sp³混成軌道とは, 2s軌道1個と2p軌道3個の波動関数の足し引きで生じる四つの新しい軌道をいい, 2sの波動関数を $\phi(2s)$, $2p_x$ の波動関数

を $\phi(2p_x)$ などとして，式(2.1)のように書き表される．

$$\Psi(1) = 1/2\{\phi(2s) + \phi(2p_x) + \phi(2p_y) + \phi(2p_z)\}$$
$$\Psi(2) = 1/2\{\phi(2s) + \phi(2p_x) - \phi(2p_y) - \phi(2p_z)\}$$
$$\Psi(3) = 1/2\{\phi(2s) - \phi(2p_x) + \phi(2p_y) - \phi(2p_z)\}$$
$$\Psi(4) = 1/2\{\phi(2s) - \phi(2p_x) - \phi(2p_y) + \phi(2p_z)\} \quad (2.1)$$

$\Psi(1)$ を例に，混成軌道ができるようすをイメージしよう．まず $\phi(2p_x)$ と $\phi(2p_y)$ の混合を考える．「電子波」だから同位相の部分では強めあい，逆位相の部分では打ち消しあう結果，図 2.12 のようになる．

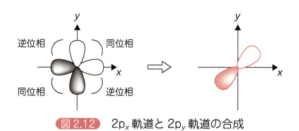

図 2.12 $2p_x$ 軌道と $2p_y$ 軌道の合成

次に，その結果を $\phi(2p_z)$ と混合すれば，図 2.13 の姿ができる．

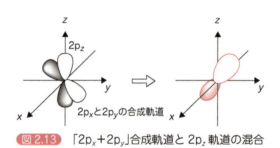

図 2.13 「$2p_x + 2p_y$」合成軌道と $2p_z$ 軌道の混合

以上の結果を，さらに 2s 軌道と混合する．そのときは，軌道の向きを保ったまま，位相に応じてローブ(突起部分)の大きさが変わる(図 2.14)．

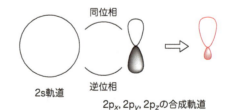

図 2.14 「$2p_x + 2p_y + 2p_z$」合成軌道と 2s 軌道の混合

2p 軌道のなかでは，2s 軌道と逆位相の部分(図 2.14 では灰色の部分)が 2s 軌道に「飲みこまれて」消えそうに見える．しかし実のところ 2s 軌道の内部には，位相が逆転する領域があり(断面が図 2.15)，「重なり分」がしっかり残るから，実体が消えてしまうことはない．

図 2.15 2s 軌道の断面

こうして，2s 軌道 1 個と 2p 軌道 3 個が合成できた．図 2.14 の $\Psi(1)$ がもつ大きいほうのローブは，三次元座標の $(+1, +1, +1)$ の向きに伸びる．$\Psi(2)\sim\Psi(4)$ は，負号つき軌道の位相を反転させたものから出発して同様に考えると，それぞれ $(+1, -1, -1)$，$(-1, +1, -1)$，$(-1, -1, +1)$ の向きに伸びる．

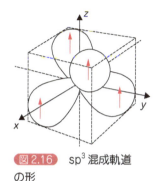

図 2.16　sp^3 混成軌道の形

見やすくするため，小さいほうのローブを省いて 4 個の混成軌道を描けば図 2.16 ができる．形もサイズも同じ 4 個の軌道が，正四面体の重心から各頂点のほうへ伸びている．それぞれに水素原子 1 個が結合すれば，メタン分子ができ上がる．

sp^3 混成軌道をつくるときは，2s 軌道の電子 1 個を 2p 軌道にもち上げた．それにはエネルギーの投入が必須だから，孤立した炭素原子なら，混成軌道をつくったりはしない．けれど水素原子がそばにいれば，結合したときに，「支出」よりずっと大きい「収入（エネルギー低下）」が手に入るため，混成軌道をつくってメタン分子になる．

混成軌道の形から，アンモニア NH_3 の ∠H−N−H (106.7°) も，水 H_2O の ∠H−O−H (104.5°) も説明できる．じつは N も O も sp^3 混成軌道をつくり，∠H−X−H (X = N, O) の基本はメタンと同じ 109.5° なのだが，何かの理由で少し小さくなっている，と考えればよい．そこに効くのが，N 原子や O 原子がもつ非共有電子対（ローンペア）だ．

NH_3 の場合，sp^3 混成軌道のうち 1 個は，非共有電子対が占めている．非共有電子対は σ 電子とはちがい，他原子の核がもつ正電荷に束縛されない．だから σ 電子より運動範囲が広い「負電荷のかたまり」としてふるまう．その結果，N−H 結合をつくる σ 電子が非共有電子対に「押され」，∠H−N−H が少しせばまる．H_2O だと，O 原子のもつ非共有電子対二つが強く反発しあい，結合電子を「押す」力もさらに増すため，∠H−O−H は ∠H−N−H より小さくなる．

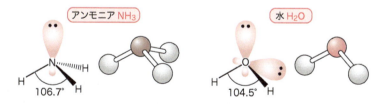

【例題 2.2】　有機化学で主役となる C 原子と H 原子が結合する際，孤立原子だったときと比べ，電子はどれほどのエネルギー低下（安定化）を受けるか．

【答】　C−H の結合解離エネルギー (0.408 MJ mol^{-1}) を半々ずつ C と H に振り分け，表 2.2 の値と比べる [Ⓗ 0.204 ÷ 1.31 = 15.5725 ≒ 16%，Ⓒ 0.204 ÷ 1.405 = 14.519 ≒ 15%]．比べてみると，C の L 殻電子は平均で 15%，H の電子は 16%，それぞれ安定化したとわかる．

2.9 配位結合

共有結合は，二つの原子が1個ずつ電子を出しあってできるのだった．じつは，原子の片方だけが電子2個（電子対1個）を出す（相手は出さない）共有結合もあり，それを配位結合という．たとえば，NH_3 とプロトン（水素イオン）$H^{\oplus}$ は配位結合してアンモニウムイオン $NH_4^{\oplus}$ になる（図2.17）[*11]．窒素が電子対の供給元だとわかるよう，N原子上に「：」を描く．

*11 本書では（有機化学では一般に）水素イオンを $H^{\oplus}$ と書く．

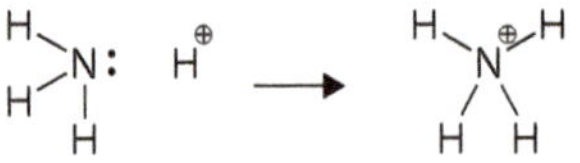

図2.17 アンモニウムイオンの形成

窒素原子Nにとっては，結合してもしなくても最外殻電子の数は同じだから，結合する動機はなさそうに思える．しかしNの場合は，酸素Oやフッ素Fより核電荷が少なく，非共有電子対を静電力で安定化させる力がいまひとつ弱い．非共有電子対を $H^{\oplus}$ とシェアすれば，$H^{\oplus}$ の核（陽子）が電子の居心地をよくしてくれる．だから配位結合などというものができる．

なお，いったん配位結合ができると，メタンと同じ正四面体構造になり，どのN-H結合も等価だから，もともと $H^{\oplus}$ だったH原子がどれかはわからなくなる．

ふつう $NH_4^{\oplus}$ の構造は，図2.17に示したようにN上にプラスの記号を添えて描く[*12]．電子を1個ずつ共有して結合がつくれるよう，あらかじめ電子をやりとりしたと考えればわかりやすい．Nは電子1個を失って相対的に+1の電荷を帯び，かたや $H^{\oplus}$ は，Nから電子1個をもらって+1の電荷を失い，中性の原子になる．そんな両者が共有結合するとみなせば，正電荷はN上ということになる．

*12 こう描くのは，電子の出所を明示してわかりやすくするためで，正電荷が窒素上にあることを意味しているわけではない．

お気づきの読者もいよう．以上は，塩基（NH_3）と酸（$H^{\oplus}$）の反応にほかならない．いまの例にかぎらず酸と塩基の反応では，いつも塩基が電子2個を供出して配位結合をつくる．その事実は，いずれ本書の後半で扱う有機化学反応の中核をなすので覚えておこう．

【例題2.3】 L殻に電子を3個もつホウ素Bは，その3個を最大限に使う共有結合をつくっても，最外殻電子は6個にしかならない．そのため，ほかの化合物と配位結合してオクテットになる．たとえば，三フッ化ホウ素 BF_3 とジメチルエーテル CH_3OCH_3 が配位結合した化合物が知られる．その化合物の平面構造式を描け．

【答】

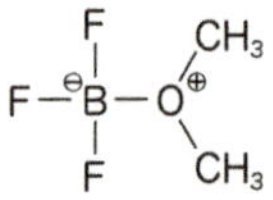

COLUMN! 分子軌道の計算

　原子軌道や分子軌道の計算では，何から何を求めるのだろう？　じつは，電荷の集団がどうふるまうかを表す式から出発し，核のまわりにいる電子が，核の影響を受けてどう運動するのかをつかむ．H原子なら，陽子（正電荷）の影響を受けた電子の運動を見る．電子が2個のヘリウム He だと，ある電子（Aとする）の運動を記述するには，核の正電荷に加え，別の電子Bの負電荷が及ぼす影響も考えなければいけない．

　電子Bの運動も，電子A（負電荷）の影響を受ける．電子よりずっと重いとはいえ，核も電子AとBの影響を受けて運動する．このように，三つ以上のものが影響を及ぼしあいつつ行う運動の扱いは「多体問題」といい，解析的には解けないとわかっている．Heくらい単純な原子でも，電子の運動を正確には記述できないのだ．

　Heでさえそうなら，有機分子などとんでもないという話になる．とはいえ，有機分子の構造や分子軌道がわかれば，性質や反応性も予測できるため，およそでもいいから知りたいという欲求も強い．だから，大幅な近似を使う形で計算が行われる．たとえば，核は電子よりずっと重いので静止しているとみたり，ある電子に他の電子が及ぼす影響を（個別に計算するのは諦めて）平均的なもので代用したり，分子軌道を表す関数を「原子軌道の線形結合（足し引き）」とみる…というような近似を使う．

　分子軌道計算をすると，入力した初期構造にいちばん近くてエネルギーが極小になる分子の構造（最適化構造）や，分子軌道を表す波動関数とエネルギー準位がわかる．そんな結果を使い，分子の生成エネルギーや電子密度，電荷のかたより，双極子モーメントなどを見積もる．

　ただし，① 計算の結果はエネルギー極小の構造で，エネルギー「最小」の構造とはかぎらない，② 計算でわかるのは真空中にある分子1個の姿で，他分子や溶媒との相互作用は含まれない，③ 近似計算だから，結果は必ず現実の値とはちがう‥‥などに注意したい．「計算だけで分子のふるまいがわかる」のは，まだまだ先の話になる．

1. 図2.9を参考に，ヒドリド $H^{\ominus}$ とプロトン $H^{\oplus}$ が結合して H_2 分子ができるようすを描いてみよ．

2. 同じ原子の組合せなら，結合性軌道に入る電子が反結合性軌道に入る電子より多ければ，結合ができるとわかっている．次のうち，結合をつくるのはどの組合せか．
　① プロトンとプロトン　　② プロトンと水素原子　　③ ヒドリドと水素原子
　④ ヒドリドとヒドリド　　⑤ ヘリウムとヘリウム陽イオン $He^{\oplus}$

3. ある軌道に電子が入っているとき，正確な場所はわからなくても，空間全体で存在確率の総和（積分）をとれば1になる．たとえば $2p_x$ 軌道なら次式が成り立つ．

$$\int \phi(2\mathrm{p}_x)\phi(2\mathrm{p}_x)\mathrm{d}x\mathrm{d}y\mathrm{d}z = 1$$

また,「ある電子が $2\mathrm{p}_x$ 軌道と $2\mathrm{p}_y$ 軌道の両方に存在することはない」ことを,次のように表す.

$$\int \phi(2\mathrm{p}_x)\phi(2\mathrm{p}_y)\mathrm{d}x\mathrm{d}y\mathrm{d}z = 0$$

上式を軌道の「直交性」という(「90°で交わる」という意味ではない).たとえば,2s, $2\mathrm{p}_x$, $2\mathrm{p}_y$, $2\mathrm{p}_z$ は互いに直交する.

炭素の sp^3 混成軌道を表す式 (2.1) からどれか二つを選び,互いに直交することを確かめよ.また,ある1個の波動関数は,2乗の積分が1になる.それも確かめてみよ.

4. メタンの ∠H−C−H が 109.5° になることを,正四面体の幾何計算で確かめてみよ.

5. 水中の $\mathrm{H}^\oplus$ はその姿では存在できず,必ずヒドロニウムイオン $\mathrm{H}_3\mathrm{O}^\oplus$ の形をとる.ヒドロニウムイオンの形をおおまかに描いてみよ.

3章 脂肪族飽和炭化水素 ──アルカンとシクロアルカン

- アルカン分子は，どんな形をしているのか？
- アルカンはどんな性質をもつのか？
- アルカン分子のあいだには，どんな力が働くのか？
- 環状アルカンのうち，シクロヘキサンが特別なのはなぜか？
- アルカンは何に使うのか？

　メタン CH_4 の C–H 結合 1 本を切ると生じるメチル基 CH_3 は，炭素の最外殻電子が 7 個だから，安定ではない．しかし CH_3 が 2 個ある場合，C–C 間に σ 結合をつくってエタン CH_3–CH_3 になれば，両方の C がオクテット則を満たす．さらにエタンから 1 個の H 原子が外れ，残りがまた CH_3 と共有結合したら，炭素 3 個のプロパン $CH_3CH_2CH_3$ ができる．

　こうして生じる一般式 C_nH_{2n+2} の化合物群を，脂肪族飽和炭化水素やアルカン（alkane）という[*1]．アルカンには，C 原子が鎖状につながった直鎖アルカンと，途中に枝分れをもつ分岐アルカンとがある（図 3.1）．同じ炭素数なら，直鎖アルカンも分岐アルカンも分子式は等しい．石油は多様なアルカンの混合物で，燃えたときに出るエネルギーが暮らしを支える．

*1　C と H は電気陰性度が近く（それぞれ 2.20, 2.55），分子内の局所的な極性も低いアルカンは，反応性がたいへん低い（熱濃硫酸や沸騰 NaOH 水溶液，強酸化剤の $MnO_4^{\ominus}$ とも反応しない）．そのため，ラテン語の *parum*（ほとんどない）と *affinis*（親和性＝反応性）から，通称を paraffins（パラフィン類）ともいう．

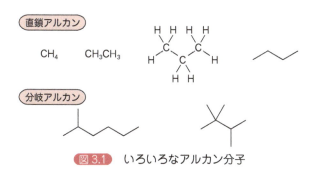

図 3.1　いろいろなアルカン分子

3章 脂肪族飽和炭化水素——アルカンとシクロアルカン

3.1 アルカンの名称

直鎖アルカンはそれぞれ固有の名称をもつ．炭素数1〜4のものは慣用名でよび，それ以上は「ギリシャ語の数詞＋アン(-ane)」の形でよぶ（表3.1）．

表3.1 直鎖アルカンの名称†

炭素数	名称	炭素数	名称
1	メタン	11	ウンデカン
2	エタン	12	ドデカン
3	プロパン	13	トリデカン
4	ブタン	14	テトラデカン
5	ペンタン	15	ペンタデカン
6	ヘキサン	20	イコサン
7	ヘプタン	21	ヘンイコサン
8	オクタン	22	ドコサン
9	ノナン	23	トリコサン
10	デカン	30	トリアコンタン

† 片仮名の物質名はドイツ語読みに従う（英語読みなら，エタンは「エセイン」に，ブタンは「ビューテイン」に近く，2章の章末問題で使ったヒドリドも「ハイドライド」に近い）．

アルカンの末端炭素からH原子が外れ，Cの最外殻電子が7個になったものをアルキル基といい，アルカンの語尾アンをイル(-yl)に変えてよぶ．炭素数1，3，5のアルキル基は，それぞれメチル基，プロピル基，ペンチル基となる[*2]．表記の際，たとえばプロピル基は$CH_3CH_2CH_2-$と書く．

末端ではない炭素からHが外れたものも，アルキル基とみなす．その場合は2-ペンチル基や3-ペンチル基など，Hの外れた炭素がわかるよう，炭素の位置番号を添える[*3]．

分岐アルカンは，直鎖アルカン内の炭素に(Hではなく)アルキル基が結合したとみて命名する．最長の炭素鎖を母体として末端炭素から1, 2, 3…と番号を振り，アルキル基の結合位置を示す．その際，番号はなるべく小さい数になるようにする．同じ置換基が2, 3, 4個あれば，冒頭にジ，トリ，テトラをつける．複数種の置換基はアルファベット順に並べる（図3.2）．

*2 ときにメチル基はMe，エチル基はEt，プロピル基はPr，ブチル基はBuと略記する．

*3 末端炭素からHが外れたものは，位置番号(1-)をつけずによぶ．なお2-プロピル基はイソプロピル基（略号iPr）ともいう．

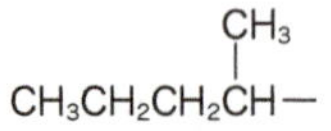

$CH_3CH_2CH_2CH-$
2-ペンチル

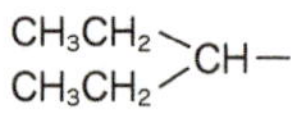

$\begin{matrix}CH_3CH_2\\CH_3CH_2\end{matrix}CH-$
3-ペンチル

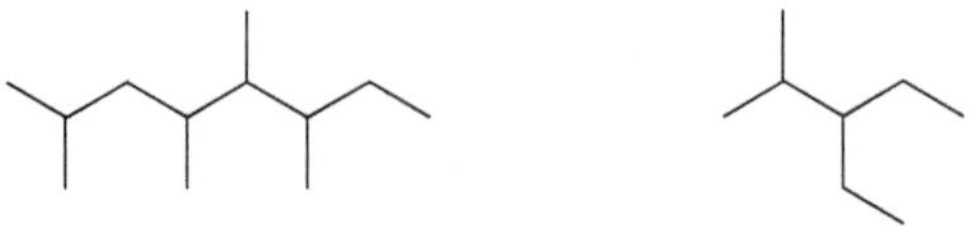

2,4,5,6-テトラメチルオクタン
(3,4,5,7-ではない)

3-エチル-2-メチルペンタン
(3-(2-プロピル)ペンタン，
3-イソプロピルペンタンも可)

図3.2 分岐アルカンの名称の例

【例題 3.1】 次のアルカンを命名せよ．

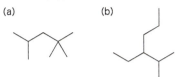

【答】 (a) 2,2,4-トリメチルペンタン(2,4,4-ではない)，(b) 3-エチル-2-メチルヘキサン，3-(2-プロピル)ヘキサン，3-イソプロピルヘキサン(2-メチル-3-プロピルペンタンではない)．

3.2 直鎖アルカン分子の構造

エタンのC原子2個は，メタンと同じくsp^3混成にあり，それぞれがH原子3個，C原子1個とσ結合している．

C−C結合は，結合原子の双方ともがsp^3混成している点で，C−H結合とはちがう．メチル基2個は，電子間の反発を最小にしつつ，軌道の重なりが最大となるように近づくだろう．sp^3混成軌道の軸をそろえ，逆向きに近づくのがよい．その結果生じるC−Cのσ結合は，結合軸まわりに回しても軌道の重なりは変わらない(自由回転できる)．エタンのC−C軸が回転すれば，それぞれのCはH原子3個を伴って動くため，回転するにつれ分子の姿が変わる(図3.3a)．

自分の体が分子サイズになったと考え，C−C結合の延長上で分子を眺めながら，結合を回したと想像しよう．ある一瞬を描けば，図3.3(b)(ニューマン投影図)になる．手前のC原子を点，向こう側のC原子を大きな円にし，向こう側のC−H結合は，円から外に向かう線で描いた．

1回転のうち3回(二面角θが0°，120°，240°のとき)，手前のC−Hと向こう側のC−Hが重なる．そのときC−H結合の電子対はいちばん近く，クーロン反発力が最大(エネルギー面で最も不安定)になる．

かたや，C−Hがぴったり互い違いになる3回(θ = 60°，180°，300°)は，

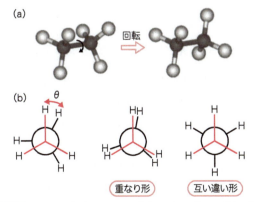

図3.3 C−C結合の回転に伴うエタン分子の形の変化

安定性がいちばん高い。横軸を回転角 θ, 縦軸をエネルギーにしてエタンの相対的エネルギーを描けば図 3.4 ができ, C–C 結合の回転には 11.8 kJ mol^{-1} の「山越え」が必要だとわかる。室温の熱エネルギーでも 80 kJ mol^{-1} 程度までの山は越せるため, エタンの C–C 結合は 1 秒間に数百万回も回転を繰り返している。

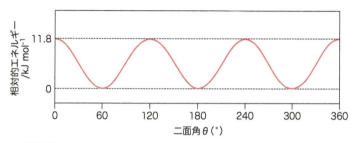

図 3.4　C–C 結合の回転に伴うエタン分子のエネルギー変化

ブタン分子 CH$_3$CH$_2$CH$_2$CH$_3$ だと, 話が少し複雑になる。中央の C–C 結合が回転するとしよう。エタンと同様, エネルギーは互い違い形で極小, 重なり形で極大だけれど, 2 個のメチル基の位置関係に応じ, エネルギーの値が変わる（図 3.5）。つまり, 重なり形にも互い違い形にも 2 種類あって, うちメチル基どうしの近いほうが不安定になる。

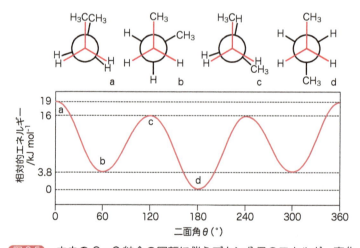

図 3.5　中央の C–C 結合の回転に伴うブタン分子のエネルギー変化

メチル基 CH$_3$ がもつ電子は, H 原子より広い空間に張り出し, 電子間のクーロン反発が強まるのでそうなる。その状況を,「一定の大きさをもつ置換基が近くにあると邪魔」といった感覚でとらえ,「メチル基どうしは立体反発する」といい表す。

互い違い型のうち, メチル基どうしが立体反発しあう $\theta=60°$ や $300°$ の形をゴーシュ型〔仏語 gauche（ゆがんだ）由来〕, $\theta=180°$ の形をトランス型とよぶ[*4]。どちらもエネルギーが極小だから安定に存在でき, トランス型とゴー

*4　トランスは transport（輸送）という言葉が含むとおり,「空間的に離れた」の意味合いをもつ（いまの例ではメチル基どうしが離れている状況）。トランス型はアンチ型（anti ＝ 反対の）ともいう。

シュ型の比率はエネルギー差 ΔE が決める．

分子内にあるどのC-C結合にも，「トランス型が安定」という事実は成り立つ．だから直鎖アルカンは，横から見れば図1.2のジグザグ型が最安定構造になる．構造式の簡略表記（図1.3）でアルキル鎖をジグザクに描くのも，分子の最安定な姿を反映する．ただし，下記コラムのとおり，現実の分子が「その姿だけをとる」わけではない．

3.3 鎖状アルカンの構造異性体

炭素数3までのアルカンは，それぞれ1種類しかない．しかし炭素数4なら，図3.6の2種類がある．このように分子式が同じでもC原子のつながりかた（炭素骨格）がちがう化合物どうしを，構造異性体という．

構造異性体の数は炭素数とともに増え，ペンタン，ヘキサン，ヘプタン，オクタンならそれぞれ3，5，9，18種あり，ドデカンだと355種，テトラデカンだと1858種にもなる．有機化合物の種類が多い理由のひとつは，構造異性体があるからだと心得よう．

$CH_3CH_2CH_2CH_3$
ブタン

$CH_3CH(CH_3)CH_3$
2-メチルプロパン

図3.6　炭素数4のアルカンの異性体

【例題 3.2】 C_5H_{12} の構造異性体3種類を描き，それぞれ命名せよ．
【答】

ペンタン　　2-メチルブタン　　2,2-ジメチルプロパン

COLUMN！　ブタンのゴーシュ型とトランス型の割合

ゴーシュ型とトランス型のエネルギー差 ΔE = 3.8 kJ mol^{-1} を，ΔE と平衡定数 K を結ぶ次式（化学熱力学の基本式）に当てはめよう．

$$\Delta E = -RT \ln K$$

気体定数 R = 8.31 JK^{-1} mol^{-1} を代入すれば，室温（T = 298 K）なら K = 0.215，つまり「トランス型：ゴーシュ型 = 1：0.215」となる．なお，360°回転するうちにトランス型を一度，ゴーシュ型を二度とるため，実際の存在確率は 1：(2 × 0.215) ≒ 70：30 だとわかる．つまり室温のブタンは，7割がトランス型，3割がゴーシュ型で存在する．

ただし，ゴーシュ型はゴーシュ型のまま，トランス型はトランス型のままだという意味ではない．C-C結合は自由回転しているから，ある瞬間のブタン分子集団がその個数比を示す（1個の分子を観察し続けると，時間の7割はトランス型，3割はゴーシュ型にある）ことを意味する．

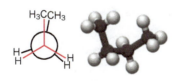
ゴーシュ型

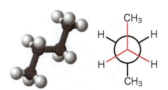
トランス型（アンチ型）

3.4 アルカンの性質と分子間力

アルカンの物理的性質（物性）を眺めよう．直鎖アルカンの沸点と融点を図3.7に示す．室温なら，炭素数1〜4が気体，5〜17が液体，それ以上が固体の姿をもつ．炭素数が多い（分子量が大きい）ものほど沸点が高い．また，液体アルカンの密度は，炭素数5, 6, 7, 8でそれぞれ0.63, 0.66, 0.68, 0.70 g cm^{-3}と，やはり炭素数とともに大きくなる．なぜそうなるのだろうか？

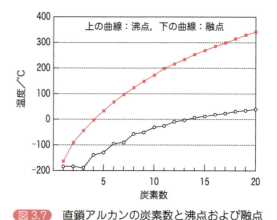

図3.7　直鎖アルカンの炭素数と沸点および融点

見た目は関連のなさそうな沸点と密度は，ともに分子間力の強さで決まる．沸騰とは分子間力を断ち切って分子がバラバラになる現象をいい，炭素数が大きいほど分子間力が強いため，沸点が高い．また液体状態なら，分子間力が強いほどぎっしり詰まる．

共有結合をつくる電子2個は，結合した2原子のすき間を高速で運動している．時間平均をすれば原子間で均等に分布しているものの，ある一瞬を見れば，どちらか一方の原子側にかたよっているだろう．

ある瞬間，分子Aの一部（たとえばC–H結合）を見たら，図3.8（a）左辺のように電子がかたよっていたとしよう．平均的な状態より電子密度が低い場所をδ+，高い場所をδ−と表した．

δ+の部分には，そばの分子Bがもつ電子が引かれ，つられて分子B全体も引かれる．電子は高速で動いているから，その引力はほんの一瞬だけ働く．

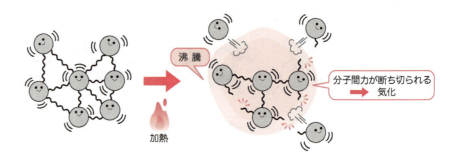

次の瞬間には電子の分布が変わり，たとえば図3.8(b)左辺のようになっていよう．すると今度は，分子B内の電子が負電荷を避ける方向に動き，正負が逆転した形の静電引力が生まれる．

そうやって生じる分子間力を，Londonの分散力という．高校で学ぶファンデルワールス力は，大半がLondonの分散力だと考えてよい[*5]．

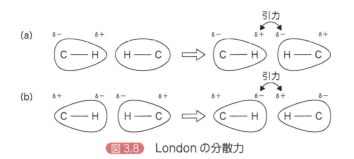

図3.8 Londonの分散力

Londonの分散力は，共有結合のエネルギーより2〜3桁も小さいが[*6]，どんな分子のあいだにも働く．電子数が多い（サイズが大きい）分子間では，いくつもの場所でLondonの分散力が同時に働くため，引力（凝集力）も大きい．

アルカンの沸点や密度のほか，蒸発エンタルピー（蒸発熱），粘性率（ねばりけ），表面張力（表面積を極小にしようとする力）などもみな，Londonの分散力を基礎にした分子間力の大きさが決める（表3.2）．

Londonの分散力は分子間距離の6乗に反比例し[*7]，距離が2倍になると64分の1に減ってしまう．だから，ごくそばにある分子間にだけ働くと考えてよい．

表3.2 アルカンの物理的性質

	モル質量 g mol^{-1}	蒸発エンタルピー kJ mol^{-1}	密度[a] g cm^{-3}	粘性率[b] μPa s	表面張力[a] mN m^{-1}
ペンタン	72	25.8	0.626	0.23	16.05
ヘキサン	86	28.9	0.659	0.29	18.43
ヘプタン	100	31.7	0.684	0.38	20.14
オクタン	114	35	0.703	0.51	21.62
ノナン	128	37.8	0.718	0.71	22.85
水	18	40.7	0.998	1.00	72.75

a) 20℃での値．b) 25℃での値．

アルカンの融点は，炭素数とともに沸点と似た変化をするが，よく見れば単調増加ではない（図3.7）．両者の差は，沸騰という現象と融解という現象のちがいからくる．

融解のとき分子は，結晶中にある分子間力を断ち切り，動きの自由度が大きい液体状態に移る．結晶中の分子は三次元的にすき間なくきれいに並び，その並びかたが分子どうしの接触度を，ひいては分子間力の大きさを左右する．炭素数のちがうアルカンは結晶中での並びかたもちがい，それが融点に

F. W. ロンドン
（1900〜1954）

[*5] ファンデルワールス力には，Londonの分散力，双極子-誘起双極子相互作用，双極子-双極子相互作用の三つがある（後者二つは8章参照）．

[*6] 直鎖アルカンだとLondonの分散力は，−CH$_2$−の1単位あたり約7 kJ mol^{-1}と見積もられている．

[*7] Londonの分散力だけが働く分子間の相互作用は，レナード・ジョーンズ型ポテンシャル（下図）で表せる．近づく分子どうしは引きあうが，一定値を超えて近づけば，電子間反発が強烈な斥力を生む．

$U(r) = U_0 \left\{ \left(\frac{r^*}{r}\right)^{12} - \left(\frac{r^*}{r}\right)^6 \right\}$

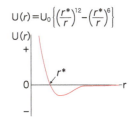

反映される．炭素数が少ないほど，並びかたの差が目立ちやすい．

水は分子量わずか18なのに，アルカンと比べ，いろいろな物性がずいぶんちがう．水分子どうしが強い水素結合（8章）で引きあうからそうなる．水-アルカン間のファンデルワールス力は，水分子どうしの水素結合よりずっと弱いため，水分子はアルカンと混じりあわない（水と油の関係）．

液体アルカンはみな密度が水より小さいから，容器にアルカンと水を入れると二層に分かれる（アルカンが上層）．また，アルカンどうしは，どんな割合でも混ざりあう．

3.5 分岐アルカンの性質

アルカンが枝分れすると，性質はどう変わるのだろう？ ペンタンの異性体3種の物性値を表3.3に，分子モデルを図3.9に示す．ファンデルワールス力は近距離の相互作用で，分子表面の接触面積がおおいに効く．そのため枝分れが激しいほど，分子間力は小さい．そのことが図3.9からよく想像できるだろう．

表 3.3 炭素数5のアルカンの物性

化合物	沸点/℃	密度/g cm^{-3}	分子の表面積/Å^2
ペンタン	36	0.63	123.0
2-メチルブタン	28	0.62	117.6
2,2-ジメチルプロパン	10	0.61	116.1

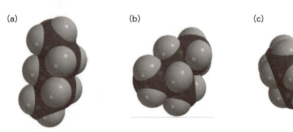

図 3.9 C$_5$H$_{12}$の異性体3種の空間充塡モデル

左からペンタン，2-メチルブタン，2,2-ジメチルプロパン．球の大きさは分子がもつ電子殻のサイズをおよそ表し，そこより内側に他の分子は入りこめない．

3.6 シクロアルカン

直鎖アルカンの両末端のC原子から1個ずつHが外れ，CとCが共有結合すればシクロアルカンになる（シクロは「環」）．直鎖アルカンC$_n$H$_{2n+2}$が水素原子2個を失うため，シクロアルカンの一般式はC$_n$H$_{2n}$と書ける．シクロアルカンは，同じ炭素数のアルカン名に「シクロ」をかぶせてよぶ．

nは3以上のどんな値もありうるが（$n=3$の骨格が「三員環」），天然物にも合成物にも六員環（シクロヘキサン類）と五員環（シクロペンタン類）が多く，四員環（シクロブタン類）や三員環（シクロプロパン類）がそれに次ぐ[*8]．七員環より大きいシクロアルカン類は少ない．

*8 抗生物質のペニシリンは，分子内に珍しい四員環をもつ．ひずんで不安定な四員環が，薬理作用で主役を演じる．

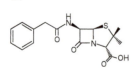

シクロアルカンは直鎖アルカンより「窮屈な」分子だといえる．環構造だからC–Cまわりの回転に制限があり，各C–C結合は必ずしも互い違いになれない分だけ，アルカンよりエネルギーが高い(不安定)．また，三員環や四員環は，炭素まわりの結合角がsp^{3}本来の109.5°より小さな値を無理やりとらされるから，それが不安定さの増加につながる．

逆に，サイズの大きいシクロアルカンだと，構造式では離れているように見えるC原子どうしが，実際は空間的に近く，立体反発が生じる状況もある．以上によるエネルギーの増加(不安定化)分を「環ひずみ」という．環ひずみの大きさは，燃焼熱から推定できる．

表3.4より，六員環は環ひずみがまったくないとわかる．内角は正五角形が108°，正六角形が120°で，五員環のほうが正四面体の中心角(109.5°)に近いため，なんとなく意外な感じがする．

表3.4　シクロアルカンの燃焼熱と環ひずみエネルギー[†]

炭素数	燃焼熱 / kJ mol^{-1}	環ひずみ / kJ mol^{-1}
3	697.1	38.5
4	686.2	27.6
5	664.0	5.4
6	658.6	0
7	662.3	3.8
8	663.6	5.0
鎖状化合物	658.6	—

[†] 1個のCH$_2$あたり．

その謎は，環をつくるC原子が「同一平面上にあるわけではない」ことに気づけば氷解する．シクロアルカンのCがみな同一平面上なら，どのC–C結合も重なり形になり，エネルギーが上がってしまう．そのためシクロアルカンは，なるべく平面構造を避けようとするのだ．

3.7　シクロヘキサンの構造

シクロヘキサンは，図3.10の構造をとる．

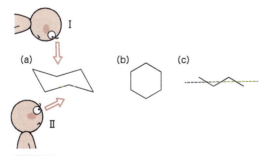
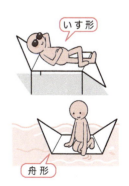

図3.10　いろいろなシクロヘキサンの表しかた
(a)が「いす形」構造．(a)を上(Ⅰの方向)から見たものが(b)，横(Ⅱの方向)から見たものが(c)．点線はⅠに垂直な平面を表す．

どの炭素も正四面体構造をとり，どのC–C結合も互い違い形になっている．だからシクロヘキサンには環ひずみがない．図3.10の形は，デッキチェアに似ているため「いす形」という．

シクロヘキサンは，環反転というおもしろい性質をもつ．デッキチェアの頭の側が足の側になり，足の側が頭の側になるよう，C原子が位置を変えることをいう．環反転のエネルギー障壁は約 50 kJ mol^{-1} と小さいから，室温ではしじゅう反転が起こっている（図3.11）．

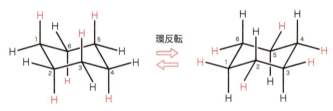

図3.11 シクロヘキサンの環反転

シクロヘキサンの構造を，もう少し掘り下げよう．今度はH原子の向きに注目する（図3.12）．各Cに結合したH原子2個のうち，1個は環平面に対し，互い違いに上下方向へ突き出る．そんなHをアキシアル（axial ＝ 軸の）水素という．ほかのHは，おおむね環の横方向へ突き出る（真横ではない）．それをエクアトリアル（equatorial ＝ 赤道の）水素とよぶ．環反転の際，アキシアル水素はみなエクアトリアル水素に変わり，エクアトリアル水素はみなアキシアル水素に変わる．

図3.12 シクロヘキサンのアキシアル水素（左図で橙色，右図で黒色）とエクアトリアル水素（その逆）

環反転のとき，各CがもつH原子2個の相対位置は変わらない．

3.8 シクロアルカンの性質

*9 次のような，複数の環をもつシクロアルカンもある．

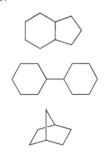

炭素数の同じ直鎖アルカンと比べてシクロアルカン[*9]は，沸点が10〜15℃ほど高く，密度が大きい．直鎖アルカンだとC–C結合が自由回転し，丸まった（表面積の小さい）構造をとる分子も一部あるため（1章），それが分子間力を下げる．かたやシクロアルカン分子は，表面積の大きな構造にほぼ固定されるため，分子間力が強いと考えればよい．

表3.5 シクロアルカンの沸点と密度

化合物名	炭素数	沸点/℃	密度/g cm^{-3}
ペンタン	5	36	0.626
シクロペンタン	5	49	0.746
ヘキサン	6	69	0.659
シクロヘキサン	6	81	0.779
メチルシクロペンタン	6	72	0.749

3.9　暮らしとアルカン

　そうと気づかない人もいるようだが，私たちは暮らしにアルカンをずいぶん使っている．アルカンは気体燃料と液体燃料の主成分だからだ．

　気体燃料には，天然ガス由来のメタンやエタン，原油が含むプロパンやブタンがある．メタンは都市ガスに使い，プロパンとブタンはLPガスや携帯用コンロの燃料に使う（使い捨てライターの燃料は加圧液化させたブタン）．また液体燃料は大半が石油（原油）からくる．

　アルカンが燃えて二酸化炭素と水になるときに出るエネルギーは，料理や暖房，車や飛行機，船の動力，火力発電につながり，快適な暮らしを支える．アルカンにかぎらず有機物の燃焼（酸化）はみな発熱反応だが，同じ重さなら，アルカンの燃焼で出る熱がいちばん多い．

　燃焼時の発熱量は，結合エネルギーから計算できる．たとえば天然ガスの主成分メタンの燃焼は，次の反応式(3.1)に書ける．

$$CH_4 + 2\,O_2 \rightarrow CO_2 + 2H_2O \tag{3.1}$$

　メタンのC－H結合（結合エネルギー 408 kJ mol^{-1}）4本と，酸素2分子のO＝O結合（498 kJ mol^{-1}）が切れ，二酸化炭素のC＝O結合（803 kJ mol^{-1}）2本と，水2分子のO－H結合（463 kJ mol^{-1}）2本ができる．結合を切るには必ずエネルギーを要し，結合ができるときは必ずエネルギーが出る．メタン1 molなら，反応物（反応式の左辺）がもつ結合の全部を切るには2628 kJを要し，バラバラの原子が生成物になれば3458 kJのエネルギーが出るため，差額の830 kJがとり出せる[*10]．

　水1 Lを沸騰させるのに必要なエネルギーは $(100-25)\times 1000 = 75000$ cal $= 75$ kcalとなる．メタンの分子量16と燃焼熱 830 kJ mol^{-1} = 198 kcal mol^{-1} より，もし熱効率が100%なら，メタンわずか6 gの燃焼でお湯が沸かせる勘定になる．

　原油は炭素数1〜40（C$_1$〜C$_{40}$）の直鎖および分岐アルカンからなる液体の飽和炭化水素とみてよい．人間はそれを掘り，エネルギー源や化学工業原料

メタン
都市ガス

プロパン＆ブタン
コンロ燃料
LPガス

[*10] 反応性がたいへん低いアルカン（パラフィン．p.37）も，結合エネルギー差の大きい燃焼（酸化）はしやすい（ただし引き金 = 点火が必須）．また，強い結合が生じるなら置換反応もする．つまりアルカンのおもな反応は，燃焼と置換だと考えてよい．

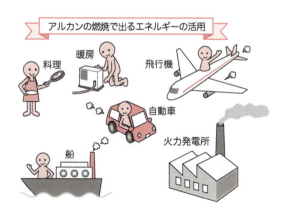
アルカンの燃焼で出るエネルギーの活用
料理　暖房　飛行機　自動車　火力発電所　船

に使う．アルカンどうしはよく混ざりあうため，単独なら気体の$C_1 \sim C_4$化合物も，固体状態をとるC_{18}以上の化合物も，液体部分に溶けこんでいる．

掘った原油は，沸点の差を利用する蒸留でおおまかな留分に分ける[*11]．気体成分のうちプロパンとブタンは，加圧した液化石油ガス（LPG）の形で家庭用やタクシーの燃料に，$C_5 \sim C_{12}$のガソリンは自動車に，$C_{10} \sim C_{15}$の成分は灯油やジェットエンジン燃料にする．ディーゼル燃料の軽油は$C_{10} \sim C_{20}$の直鎖アルカンおよび分岐アルカン混合物で，特性に応じて使い分ける．350 ℃まで熱しても飛ばない重油は，船の動力や発電に使う．なお，ガソリンの一部は有機化学工業の原料になり，そのときは「ナフサ」という特別な名でよぶ．

[*11] 純粋なアルカンもシクロアルカンも無色透明だが，不純物のせいで原油は真っ黒に見える．

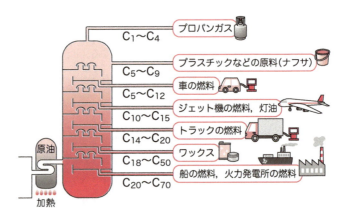

章 末 問 題

1. ヘキサンの構造異性体5種を描き，それぞれ命名せよ．いちばん沸点が高いのはどれだろうか．

2. 100 ℃で，ブタンのゴーシュ型とトランス型の比率はどうなるか．

3. 下図のメチルシクロヘキサンが環反転した構造を描け（室温では環反転が激しく起こっているため，化合物それぞれは分離できない）．

4. テトラデカンは次のように燃え，二酸化炭素と水になる．

$$CH_3(CH_2)_{12}CH_3 + \frac{43}{2} O_2 \rightarrow 14CO_2 + 15H_2O$$

灯油をテトラデカンとみなす．灯油を燃やし，25 ℃の水 250 L を 42 ℃（風呂の温度）にしたい．結合エネルギー（表2.3）を使い，必要な灯油は何Lか計算せよ．灯油の密度を 0.75 g cm^{-3} とし，燃焼熱の80％が水の昇温に使われるとせよ．

4章 脂肪族不飽和炭化水素
——アルケンとアルキン，π共役系

- π結合とは，どんな結合なのか？
- 分子軌道とは何か？
- 共役とはどんな状態なのか？
- π共役系の長さと吸収波長には，どんな関係があるか？
- アルケンやアルキンは，何に使うのか？

　C＝C二重結合をもつ化合物は平面構造，C≡C三重結合をもつ化合物は直線構造で，どちらも反応性が高い…と高校で学んだ．なぜだろうか？

4.1　エチレンにみるC＝C二重結合の性格

　C＝C二重結合をもつ化合物のうち，いちばん単純なものをエチレンという（図4.1）．エチレン分子をつくっている原子は，みな同じ平面にある．C＝Cまわりの回転には $268\ \mathrm{kJ\ mol^{-1}}$（C–C結合の10倍以上）ものエネルギー障壁があるため，C＝Cはまず回転しない．ほかの安定化要因も効く結果，二重結合をはさんで向かい合う2個のC–H結合どうしは，エネルギー的に不利なはずの重なり型をとる．

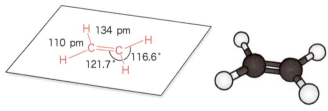

図4.1　エチレンの構造

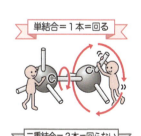

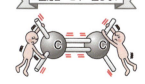

　C＝Cの線2本が，「回転しにくさ」をよく表す．C原子の「団子」2個を串でつないだとしよう．串が1本（単結合）なら串まわりに団子は自由回転できるけれど，串が2本だと回転できない．

　ただし実のところ，C＝Cと「団子の2本串」は同じではない．結合2本の

うち1本はアルカンと同じσ結合でも，あと1本はまったくちがう．その理由をつかむには，「sp²混成軌道」の発想を要する．

メタンのsp³混成軌道は，Cの外殻電子4個がs軌道ひとつとp軌道三つに分かれて入るイメージだった．かたやsp²混成軌道は，$2s^1 2p_x^1 2p_y^1 2p_z^1$という配置をつくるところまでは同じだが，うち$2p_z$軌道はそのままにして残りの軌道を混成させ，等価な三つの軌道をつくる[*1]（図4.2）．

*1 周囲にH原子が十分あればC原子はsp³混成でメタンCH_4になりたいところ，H原子が少ない「酸化的環境」だからHの「入手」を諦めて，仲間のCと結合する（エチレンになる），と考えればよい．

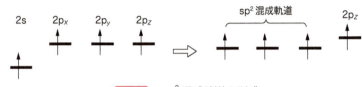

図4.2 sp²混成軌道の形成

このようにしてできる軌道三つは，互いにいちばん遠ざかり，しかも$2p_z$電子との反発を最小にしたい．その結果として図4.3の姿ができる．sp²混成したC原子2個が，軌道二つでH原子と，残るひとつで仲間のC原子と結合すれば図4.4(a)の形になり，C原子に$2p_z$軌道の電子が1個ずつ残る．

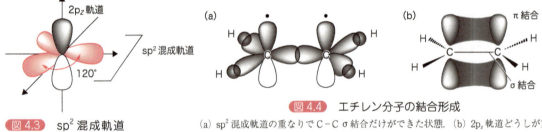

図4.3 sp²混成軌道の形

図4.4 エチレン分子の結合形成
(a) sp²混成軌道の重なりでC–Cσ結合だけができた状態．(b) $2p_z$軌道どうしが重なってπ結合もできて二重結合が完成した状態．

C原子それぞれは，最外殻電子が7個だからオクテットではない．そこで，$2p_z$軌道二つの重なりに注目する．まず，電子は一定の曲面上を動くわけではないため（2章），図4.3から，$2p_z$軌道の「電子雲」を想像しよう．C原子2個がもつ$2p_z$軌道の向きが合っていれば，軌道どうしに電子雲の重なりができる．その重なりを通じ，$2p_z$電子どうしが行き来できるようになると，共有結合ができるだろう（図4.4b）．

この新しい共有結合の軌道は，σ結合とはちがい，核と核を結ぶ直線の向きではなく，直線と直交する向きに広がりをもつ．そんな結合をπ結合とよび，π結合をつくる電子をπ電子，π電子の雲をπ軌道という．πは英字pにあたるギリシャ文字で，π軌道はp軌道の姿を反映している．

以上でわかるとおり，**二重結合の線2本は，性質のちがう2種の結合を表す**．二重結合を見るたびにそれを思い起こせば，二重結合をもつ分子の性質やふるまいがありありとわかってこよう．

π結合とσ結合の強さはどうか．結合エネルギーでは，エタンのC–Cが$378\,\mathrm{kJ\,mol^{-1}}$のところ，エチレンのC=Cは$728\,\mathrm{kJ\,mol^{-1}}$となる．エネルギー

差分の 350 kJ mol^{-1} を π 結合に割り振れば，π 結合は σ 結合より 8% ほど弱い．π 結合をつくる 2p$_z$ 軌道の重なりが，σ 結合より少し小さいからそうなる．

ただし 350 kJ mol^{-1} は，二重結合をはさんで隣りあう C–H が重なり形になるときの所要エネルギーより 2 桁も大きい．つまり，① sp^2 軌道が平面構造をもち，② 2p$_z$ 軌道が平面と垂直な向きに伸び，③ C 原子 2 個の 2p$_z$ 軌道が重なって結合ができる…という 3 要因がエチレンを平面構造の分子にする．

4.2 π軌道とπ電子

2p 軌道が 2s 軌道より空間的に広がっているのと同様，π 軌道も，σ 軌道より空間的に広がっているため，核による束縛は，σ 電子より π 電子のほうが弱い．つまり π 電子は安定化の度合いが低いので，相対的にエネルギー準位が高い（図 4.5）．

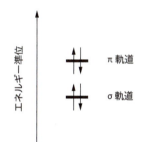

図 4.5 π 軌道と σ 軌道のエネルギー準位

別の視点で眺めよう．π 結合の素材だった p$_z$ 軌道は，σ 結合三つをつくる sp^2 混成軌道よりエネルギー準位が少し高い（図 4.2）．また，できた結合のエネルギーも，σ 結合より π 軌道のほうが高い．つまり，最初のエネルギー差が結合形成でさらに広がる結果，π 軌道のエネルギー準位は必ず σ 軌道の準位より上になる．量子化学計算の結果もそれに合う（コラム参照）．

分子のエネルギーは，構成粒子がもつエネルギーの総和なので，電子のエネルギーが高ければ，その電子をもつ分子のエネルギーも高い．分子がもつエネルギーの高低は，標準生成ギブズエネルギー $\Delta_f G°$ に反映される[*2]．エタンとエチレンの $\Delta_f G°$ はそれぞれ −32.0 と +68.4 kJ mol^{-1} だから，エチレンのほうがだいぶ不安定（高エネルギー）だとわかる．通常，π 結合をもつ化

[*2] $\Delta_f G°$ は標準状態（25 ℃，1 atm）の化合物を単体からつくる反応のギブズエネルギー変化を表す．単体群と比べたときの化合物は，$\Delta_f G°$ が正なら不安定，負なら安定とみてよい．

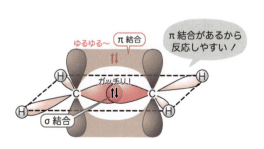

Column! エチレン C₂H₄ の分子軌道

エチレンは電子を 16 個もつが，C の 1s 電子（計 4 個）は核に強く束縛され，結合には参加しない．残る 12 個が各軌道にペアで入るから，計 6 個の被占軌道ができる．半経験的分子軌道法によるとエネルギー準位は，低いほうから −32.95，−20.99，−16.14，−15.23，−11.94，−10.64 eV となり，うち最高エネルギー（−10.64 eV）の軌道は図①(a) の形をもつ．C 原子 2 個の 2p$_z$ 軌道が同位相で重なりあった π 軌道を表す．このような，分子面の上下で位相が反転した軌道を「π 性の軌道」という．

σ軌道はどうか．−15.23 eV の軌道は図①(b) の姿をもつ．π軌道とちがって σ軌道は C–C と C–H の軌道が混じりあうためわかりにくいが，C–C 間が同位相で重なりあい，C どうしが σ結合で結びついているのはわかる．σ結合にからむ軌道（σ性の軌道）は，分子面の上下で同じ位相をもつ．残る軌道四つもみな σ性だから，π軌道のエネルギーが最高になる．被占軌道のうち，最高エネルギーの軌道を HOMO (highest-occupied molecular orbital：最高被占軌道) とよぶ．HOMO の電子は化学反応で主役を演じ，エチレンの HOMO も π 軌道にほかならない．

量子化学計算では，電子が占めていない軌道（空軌道）もわかる．空軌道は，電子がいなくても大きな役目をする．有機化学反応の本質は電子対の授受だから，「電子をもらう部屋」となる空軌道の形には，いつも注目するのが欠かせない．

ただしほとんどの場合，電子対が入ってくるのは，空軌道のうちエネルギー最低の LUMO (lowest-unoccupied molecular orbital：最低空軌道) だけだから，LUMO の形だけに注目すればすむ．

エチレンの LUMO は準位 1.23 eV にあり，図①(c) の形をもつ．π 性の軌道だが，C 原子どうしの 2p$_z$ 軌道が逆位相なので結合性のない軌道（反結合性軌道）にあたり，π*（パイスター）軌道とよぶ．π* 軌道に電子対が入ると，π 結合は切れてしまう．

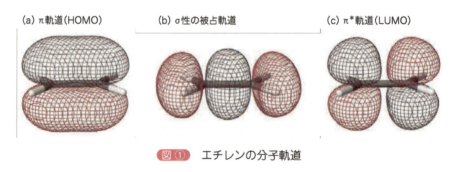

(a) π軌道 (HOMO)　　(b) σ性の被占軌道　　(c) π*軌道 (LUMO)

図① エチレンの分子軌道

合物は，もたないものより高エネルギーだと考えてよい．

π結合のエネルギーが高いため，C=C 結合をもつ化合物は反応性が高い．水が「低きにつく」ように，化学変化でも，エネルギーの高い化合物が低い化合物になっていく向きが，自発変化の向きとなる．

典型例に付加反応がある．付加反応では二重結合が消え，物質群が安定化する．たとえば式 (4.1) の反応なら，生成系（右辺）のエネルギーは 149.1 kJ mol^{-1} も原系（左辺）より低い．このように放出エネルギーの大きい反応は進みやすいため，エチレンは室温で臭素とたちまち反応する．

$$\text{CH}_2=\text{CH}_2 + \text{Br}_2 \;\longrightarrow\; \text{BrCH}_2\text{CH}_2\text{Br}$$

$$\Delta_f G°\,(\text{kJ mol}^{-1}) \qquad +68.4 \qquad 0 \qquad -80.7 \qquad\qquad (4.1)$$

かたや単結合だけのエタンは，臭素 Br_2 と混ぜても反応しない．たいていの有機化学反応は，二重結合をもつ化合物がからむと心得ておこう．

4.3 アルケン

エチレンのような C=C 二重結合をもつ化合物を，アルケンとよぶ[*3]．

IUPAC（国際純正・応用化学連合）の体系名だとアルケンは，アルカンの語尾アン (-ane) をエン (-ene) に変えてよぶ．たとえば炭素数3，4，5のアルケンは，それぞれプロペン，ブテン，ペンテンとなる．ただし通常，炭素数2のエテンと3のプロペンは慣用名（それぞれエチレン，プロピレン）でよぶ．

なお，同じ炭素数の直鎖アルケンも，C=C 二重結合の位置がちがえば互いに異性体（位置異性体）となる．ブテンには 1-ブテン（ブタ-1-エン）と 2-ブテン（ブタ-2-エン）がある（図 4.6）．数字の n は，n 番目の原子と $n+1$ 番目の原子間に二重結合があることを表す[*4]．

図 4.6　ブテンの異性体
左から 1-ブテン，*trans*-2-ブテン，*cis*-2-ブテン．

アルケンから H 原子 1 個が外れたアルケニル基の名前にも，位置の明示を要する．たとえば $-\text{CH}=\text{CHCH}_2\text{CH}_3$ は 1-ブテニル基，$\text{CH}_2=\text{CHCH}_2\text{CH}_2-$ は 3-ブテニル基となる．$\text{CH}_2=\text{CH}-$ には，体系名「エテニル基」より，慣用名「ビニル基」のほうをよく使う[*5]．

4.4 シス-トランス異性体

先述したとおりアルケンの二重結合は，結合まわりに回転しない．そのため，炭素数 4 以上の鎖状アルケンには，位置異性体のほか構造異性体もできる（図 4.6）．置換基が同じ側に出たものをシス (cis) 体，反対側に出たものをトランス (trans) 体という．化合物名では，*trans*-2-ブテンのように，原子配置を表す接頭辞を，イタリック文字でかぶせる[*6]．

「トランス」はアルカンの「トランス型」と同様，置換基 2 個が遠い（二重結合に対し逆側に出ている）ことを意味する．かたや「シス」は，ラテン語の「同じ側，こちら側」を表す語からきた．アルカンのトランス型とゴーシュ型は互いに行き来できても，アルケンのトランス体とシス体は行き来できない点に注意しよう[*7]．

trans-2-ブテンと *cis*-2-ブテンは，水素化反応でどちらもブタンになる．すると水素化反応の反応熱は，各化合物の相対エネルギー（ブタン基準）を表

[*3] フランス語の現在分詞 oléfiant（英訳 oil-forming = 油になる）から，olefins（オレフィン類）ともよぶ．パラフィン (p.37) とオレフィンは，日本語の字面が似ていても，由緒はまるで異なるのに注意．

[*4] 1993 年まで IUPAC の体系名は 1-ブテンなどの形だったが，以後はブタ-1-エンなどのよびかたになった．ただし後者の普及度は浅く，書籍やデータ集の多くはまだ前者を使う．本書では前者を原則とし，必要に応じて「1-ブテン（ブタ-1-エン）」などと書く．

[*5] ビニル (vinyl) の vin 部分は，ラテン語 *vinum*（ワイン）にちなむ（化学変化で酒の肝心な成分エタノールになる原子団だから）．

[*6] 化合物名につける *cis*, *trans* はカタカナ表記しない．

[*7] トランス型（アルカン）とトランス体（アルケン）を混同しないこと．鎖状構造のアルケンだと，シス体は立体障害をもつため，安定性はトランス体のほうが高い（図 4.7）．

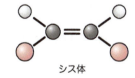

シス体

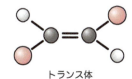

トランス体

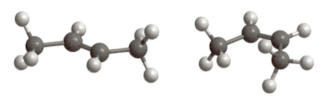

図 4.7　2-ブテンのシス-トランス異性体
シス体(右)では，空間的に近いメチル基 2 個が立体反発する．

す．水素化熱はトランス体が 115 kJ mol^{-1}，シス体が 120 kJ mol^{-1} だから，トランス体のほうが少しだけ安定だといえる(図 4.7)．

シクロアルケンだと事情が少しちがう．環状構造という制約はシス体に有利だから，炭素数 7 以下のシクロアルケンは，シス体だけがある．*trans*-シクロオクテン[*8] と *cis*-シクロオクテンの水素化熱は，それぞれ 144 kJ mol^{-1}，96 kJ mol^{-1} とシス体のほうが安定で，エネルギー差もかなり大きく，トランス体の環ひずみがたいへん大きいとわかる．

[*8] *trans*-シクロオクテンは次の構造をもつ．

【例題 4.1】 次のアルケンを命名せよ．

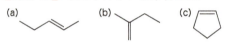

【答】 (a) *trans*-2-ペンテンまたは *trans*-ペンタ-2-エン (*trans*-3-ペンテンではない)，(b) 2-メチル-1-ブテンまたは 2-メチルブタ-1-エン，(c) シクロペンテン (シス体しかないので *cis*- は不要)．

4.5　アセチレン

C≡C 三重結合に進もう．いちばん単純なアセチレン (図 4.8a) の三重結合は，σ 結合 1 本と π 結合 2 本からなる．軌道ひとつには電子が 2 個までしか入れず，電子どうしが反発しあうため (p.25)，「2 本の π 結合」に首をひねる読者もいよう．だが心配はいらない．アセチレンの π 軌道二つは直交し，互いに干渉しあわないのだ (図 4.8b, c)[*9]．

[*9] ある分子のなかで分子軌道をつくる電子のうち，スピンを含めた運動状態が完璧に同じ電子は 1 個しかない(1 個の原子内なら，内殻電子を含めた電子全部のうち，完璧に同じ電子は 1 個しかない)．

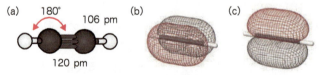

図 4.8　アセチレンの構造と π 軌道
π 軌道二つはエネルギーが等しい．

アセチレン分子では，H-C-C-H の原子 4 個が一直線上に並んでいる．その理由を考えよう．

エチレン分子をつくる sp^2 混成軌道は，2p$_z$ 軌道を放置したまま，2s，2p$_x$，2p$_y$ 軌道の混成でできるのだった．アセチレンでは 2p$_z$ のほか 2p$_y$ も放

置し*10, 2s と $2p_x$ だけが混成する.生じる軌道二つがいちばん遠ざかるには,直線上で逆側を向かなければいけない.さらに,おのおのが $2p_z$ 電子とも $2p_y$ 電子ともいちばん遠くなるため,図4.9(b)の姿(sp混成軌道)ができる.

C原子2個がsp混成軌道で結合し,残るsp混成軌道でHと結合すれば,アセチレンになる.直交した $2p_z$ 軌道と $2p_y$ 軌道それぞれは,相手の炭素とπ結合をつくる.むろん,生じたπ軌道どうしも直交している(図4.8).

*10 エチレン生成の環境(p.50注記)よりHがさらに乏しいせいで,$2p_z$ 軌道および $2p_y$ 軌道の利用を「放棄させられる」と考えるのがよい.

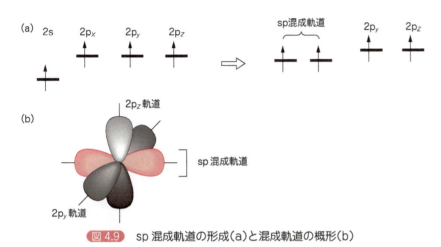

図4.9 sp混成軌道の形成(a)と混成軌道の概形(b)

アセチレンのC≡C結合エネルギー($960\ \mathrm{kJ\ mol^{-1}}$)は,エチレンのC=C結合エネルギーより $232\ \mathrm{kJ\ mol^{-1}}$ だけ大きい.その分,アセチレンの炭素原子間距離は,エチレンよりさらに短い.アセチレンのπ結合2本は等価なので,π結合の結合エネルギーは $(960-378)/2 = 291\ \mathrm{kJ\ mol^{-1}}$ と見積もれる.エチレンのπ結合エネルギーより小さいのは,π軌道二つが直交しているとはいえ,π電子どうしが反発するからだろう.以上に呼応してアセチレンの $\Delta_f G°$ は $+209.2\ \mathrm{kJ\ mol^{-1}}$ と,エチレンよりずっと大きく,アセチレンの反応性がきわめて高いことを物語る.

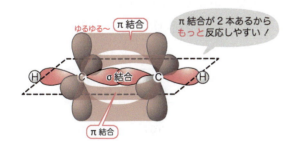

4.6 アルキン

アセチレンのようにC≡C三重結合をもつ化合物をアルキンという.アルキンはアルカンの語尾アン(-ane)をイン(-yne)に変えてよび,たとえば炭素数3,4,5ならプロピン,ブチン,ペンチンとなる.炭素数2のエチンに

は，もっぱら慣用名のアセチレンを使う．

アルケンと同様，炭素数が4以上だと位置異性体ができ，三重結合の位置を2-ブチン（ブタ-2-イン）などと示す．アルキンからHが外れたアルキニル基の命名はアルケニル基に準じ，$HC\equiv CCH_2CH_2-$ は3-ブチニル基とよぶ．なお，三重結合は直線形だから，シス-トランス異性はない．

シクロアルキンもあるけれど，$C-C\equiv C-C$ の直線ユニットを環に組みこむには一定数以上のC原子が必要なので，いちばん小さいのは炭素数8のシクロオクチンになる．

4.7 アルカンおよびアルケン，アルキンの比較

エタン，エチレン，アセチレンの燃焼熱は順に1559, 1411, 1300 kJ mol^{-1}で，発熱量はエタンが最高だが，炎の温度は順に2065, 2370, 2586 ℃と，アセチレンがいちばん高い．その背後には燃焼産物の差異がある．

エタン1分子は燃えて2分子のCO_2と3分子のH_2Oを生じるが，アセチレンだと，CO_2は同じ2分子でも，H_2Oは1分子しかできない．大ざっぱには，気体1 molの燃焼熱を受けとるものが5 molか3 molかなら，1分子がもらうエネルギーは後者のほうが大きく，結果として高温になると考えればよい．高温を生むアセチレンの炎は，金属の溶接に役立つ．

次に分子間力を比べよう．脂肪族炭化水素の分子間力は，ファンデルワールス力しかない．同じ炭素数の炭化水素どうしで比べると，分子間力はアルケン＜アルカン＜アルキンの順に大きい（表4.1）．

明確な説明はしにくいものの，少なくともアルキンの場合，$C\equiv C$結合まわりの全方位に張り出したπ電子は，アルケンのπ電子よりも，核の正電荷による束縛が小さい．だから外部電荷に追随しやすく，ファンデルワールス力が強いと考えてよかろう．また，棒状のアルキン分子が，ほかの分子に接近しやすいという要因もある．

分子間力は，多重結合が末端にある分子より，内部にある分子のほうが強い（表4.1）．内部にあると，その両側を含む計4個のC原子が，アルケンな

表4.1　鎖状炭化水素の性質

化合物名	モル質量 g mol^{-1}	沸点 ℃	蒸発エンタルピー kJ mol^{-1}	密度 g cm^{-3}
エタン	30	−89	14.72	—
エチレン	28	−103.7	13.54	—
アセチレン	26	−74	—	—
ヘキサン	86	68.7	31.5	0.6770
1-ヘキセン	84	63.5	30.6	0.6734
trans-2-ヘキセン	84	67.9	31.5	0.6780
cis-2-ヘキセン	84	68.6	31.5	0.6845
1-ヘキシン	82	71.3	—	0.7156
2-ヘキシン	82	83.9	—	0.7315

ら同一平面上，アルキンなら同一直線上にある．そのため，注目部分の動きが妨げられ，シクロアルカン（3章）と同様，分子どうしの有効接触面積が大きくなり，分子間力が強まるのだろう．

4.8 炭素–炭素多重結合を複数もつ化合物 ── 共役ジエン

多重結合を複数もつ分子も多い．典型例に，合成ゴムの原料になる 1,3-ブタジエン（ブタ-1,3-ジエン）[*11] $CH_2=CH-CH=CH_2$ がある（図 4.10）.

[*11] ブタンを基本骨格とし，2個（ジ）のアルケン（エン）が1番目と3番目の結合にあるという意味の呼称．

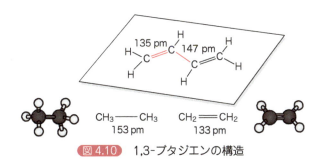

図 4.10　1,3-ブタジエンの構造

1,3-ブタジエンの C 原子 4 個は，同じ平面上にある．C=C 二重結合はエチレンよりわずかに長く，単結合はエタンよりわずかに短い．そうなる理由を考えてみよう．

炭素の $2p_z$ 軌道が重なってできた π 結合を，構成要素に戻してみると（図 4.11），中央の C–C 間にも $2p_z$ 軌道の重なりが見える．そこに π 結合ができてもよい（図 4.11a）．できたとすれば，中央の C–C 間距離はエチレンの C=C に近いはずだし，中央の C と端の C との結合が二重結合ではなくなる結果，結合距離はエタンの値に近いだろう．

だがそうなると，両端にある C 原子の $2p_z$ 電子が孤立し，C がオクテット則を満たせない．だからやはり左右に 1 個ずつ二重結合をつくるほうがよいけれど（図 4.11b），実際に二重結合が長め，単結合が短めなのは，図 4.11(a) の構造が少し寄与するためと考えれば納得できるし，分子全体が平面になるのも納得できる．中央の C–C まわりの回転障壁（$24.8\ \text{kJ mol}^{-1}$）は，二重結合よりずっと小さいものの，単結合にしてはかなり大きい．

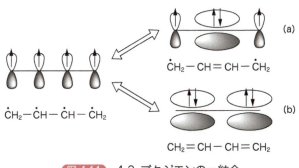

図 4.11　1,3-ブタジエンの π 結合

*12
CH₂=CH―CH=CH₂

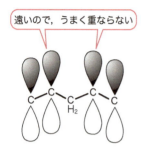

*13 水素を付加させて飽和炭化水素にする反応の反応熱.

*14 共鳴安定化エネルギーともよぶ.

　こうした分子のπ電子は，構造式中の二重結合の位置に局在しているのではなく，二つの二重結合に及ぶ運動範囲をもつ．それを「π電子が非局在化している」という．電子の非局在化は欄外の図*12のように描けるけれど，この図だと炭素間の結合がぼやけてわかりにくい．

　そこで，**二重結合と単結合の交替構造で分子を描きながらも，実体は図4.11(a)の要素をもつ結合だと解釈する**．こうした二重結合と単結合の交替構造を，共役二重結合という．非共役の二重結合，たとえば二重結合2個のすき間に－CH₂－が入った場合は，$2p_z$軌道どうしが十分に重ならないため，π電子は各C＝C部分にとどまり，分子全体に非局在化はしない．

　さてミクロ世界の粒子は，運動範囲が広いほど居心地がよいのだった(p.17)．だから，その好例となる共役二重結合のπ電子は，共役していない電子よりエネルギーが低い．そのことは実験データにも合う．

　たとえば水素化熱*13は，シクロヘキセンが120 kJ mol⁻¹，非共役二重結合をもつ1,4-シクロヘキサジエンがちょうど2倍の240 kJ mol⁻¹になる．共役二重結合をもつ1,3-シクロヘキサジエンの値(231 kJ mol⁻¹)は，1,4-シクロヘキサジエンより9 kJ mol⁻¹だけ小さい．つまり1,3-シクロヘキサジエンは，その分だけ安定性が高い(図4.12)．安定化分はπ電子の非局在化からくるため，非局在化エネルギー*14という．

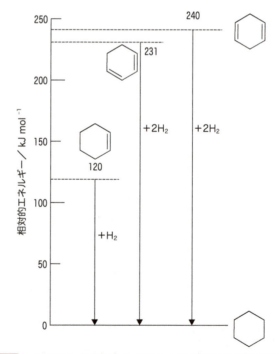

図4.12 シクロヘキセンとシクロヘキサジエン2種の水素化熱

　分子内で単結合と二重結合が交替に連なる部分を，**π共役系**という．π共役系のサイズが増すと非局在化エネルギーも増し，1,3,5-ヘキサトリエンでは32 kJ mol⁻¹にもなる．

4.9 π共役系をもつ化合物の分子軌道

二重結合の共役は，π電子のエネルギーにも影響する．π軌道のエネルギーはσ軌道より高く，二重結合をもつ炭化水素ではπ軌道がHOMOになるのだった(p.52)．以下ではπ軌道だけに注目し，エチレンと1,3-ブタジエンを比べよう(図4.13)．

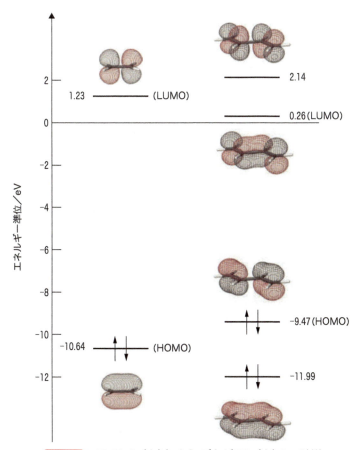

図4.13　エチレン(左)と1,3-ブタジエン(右)のπ軌道

エチレンでは，π電子2個がひとつの軌道に収まる．かたや1,3-ブタジエンがもつπ電子4個は，別べつのπ軌道に2個ずつ入る．1,3-ブタジエンがもつπ軌道のエネルギーには，エチレンより高いものと低いものがある．

共役していない仮想的なジエンがもつπ電子の全エネルギーを，エチレン二つ分として計算すれば，$-10.64 \times 2 \times 2 = -42.56$ eV になる．一方，共役した1,3-ブタジエンだと，π電子の全エネルギーは $-11.99 \times 2 + (-9.47) \times 2 = -42.92$ eV だ．後者の値が小さい事実は，共役すればπ電子のエネルギーが下がる，つまり安定になることを表す．差額の 0.36 eV = 34.7 kJ mol^{-1} が，非局在化エネルギーの計算値にあたる[*15]．

[*15] 近似や仮定のせいで実験値(15.8 kJ mol^{-1})とはかなりちがうが，値そのものではなく，大小関係に注目しよう．

4.10 π共役系と光吸収の波長

今度は HOMO に着目すると，エネルギーはエチレンより 1,3-ブタジエンのほうが高い．さらに LUMO も眺めれば，1,3-ブタジエンのほうが低い．以上のことは，エチレンや 1,3-ブタジエンの光吸収波長にからむ．

分子が強く吸収する光の波長は，分子軌道のエネルギー，とりわけ HOMO と LUMO のエネルギー準位が決める．分子が光（光子 1 個）を吸収すると，HOMO の電子 1 個が LUMO に移る．吸収する光のエネルギー（光子エネルギー）は，HOMO と LUMO のエネルギー差に等しい．その値は，エチレンなら $1.23 - (-10.64) = 11.87$ eV，1,3-ブタジエンなら 9.73 eV になる．光のエネルギー E は，波長 λ と式 (4.2) で結びつく[*16]．

*16 E が eV 単位，λ が nm 単位なら，$E = 1240/\lambda$ が成り立つ．それを覚えていると役に立つ．

$$E = h\frac{c}{\lambda} \tag{4.2}$$

h はプランクの定数 (6.63×10^{-34} J s)，c は真空中の光速 (3.0×10^8 m s^{-1}) を表す．上記のエネルギーを (1 eV = 1.6×10^{-19} J と換算して) 代入すると，吸収波長はエチレンが 105 nm，1,3-ブタジエンが 128 nm となる．1,3,5-ヘキサトリエンなら，HOMO は -8.90 eV，LUMO は -0.25 eV と，1,3-ブタジエンより HOMO が上がって LUMO が下がる結果，エネルギー差は 8.65 eV，吸収波長は 144 nm となる．つまり，π共役系が長いほど，HOMO と LUMO の幅は狭く，吸収波長は長い．

ヒトの目に見える可視光の波長は 400〜700 nm だから，π共役系が十分に長い分子は，色がついて見える．植物が含むβ-カロテンは，共役 C=C 結合を 11 個ももち，波長 466 nm の可視光（青）を吸収するため，橙色（青の補色）に見える（本シリーズ 1 巻『化学基礎』参照）．

β-カロテンを含む野菜

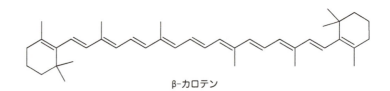

β-カロテン

4.11 暮らしと不飽和炭化水素

暮らしのなかで不飽和炭化水素そのものを大量に使うシーンはほとんどないが，有機化学工業では不飽和炭化水素を，多彩な化学品の出発原料にする．その意味で不飽和炭化水素は，私たちの暮らしに欠かせない．

石油化学工業では，ナフサの熱分解で炭化水素の混合物をつくり，精製ののちさまざまな用途に回す．熱分解産物のうちエチレンとプロピレン（プロペン）が，順に第 1 位 (30%)，第 2 位 (15%) を占める．どちらも重合で，高分子化合物のポリエチレン (PE) とポリプロピレン (PP) になる（図 4.14）．

$$\{CH_2-CH_2\}_n \qquad \{CH_2-\underset{CH_3}{\overset{|}{CH}}\}_n$$

図 4.14 ポリエチレン(左)とポリプロピレン(右)の構造
n は大きな数.

　身近なところで PE はレジ袋,PP は容器や包装材,"ビニールひも",車のバンパーなどに使う.日本では年間ひとりあたり,24.7 kg の PE と 22.6 kg の PP を消費している(2010 年).

　とりわけ,ポリ塩化ビニル(塩ビ)やポリスチレン(発泡スチロール)など別の高分子をつくる素材にするほか,界面活性剤の原料にもなるエチレンは,有機化学工業の主役だといってよい.だから有機化学工業の規模を国ごとに比べる際は,エチレンの年産量を指標に使う.

　アセチレンは,石炭と石灰の高温(2000 ℃)処理で生じる炭化カルシウム(通称カーバイド)と水の反応で得る.溶接のほか,20 世紀初頭まではアセチレン灯にも使ったが,空気が混じると爆発性を帯びて扱いにくいため,灯

Column! ポリアセチレン

　内部を電子が動きやすい物質は電気を通す.ふつうの有機化合物だと,分子内の電子は核に束縛されて動けないから,電気はまず通さない(絶縁体).ただし,無限に連なる π 共役系をもつ有機化合物なら,π 軌道の重なりを通じて電気を通すだろう.

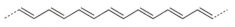
ポリアセチレンの分子構造(部分)

　そんな構造をもつ化合物(ポリアセチレン)の合成と導電性の実証で,白川英樹博士とアラン・ヒーガー博士,アラン・マクダイアミド博士の3氏が 2000 年のノーベル化学賞を得た.なお,純粋なポリアセチレンは,共役系に π 電子がぎっしり詰まっているため,電子の動きが悪い.あらかじめ 1 個の π 電子を奪って「空席」をつくると,電子がぐっと動きやすくなる.電子の「空席」は,ヨウ素(I_2)処理などでつくれる.

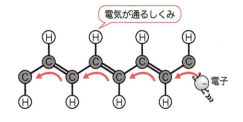

火用では天然ガスが主流になった.

20世紀の中期までは,有機化学工業の主原料が石炭だったため,反応性の高いアセチレンは多彩な化学品の出発原料だった.たとえば,水銀塩を触媒にしてアセチレンに水を付加させればできるアセトアルデヒド CH_3CHO を,有機化学品や有機溶剤の原料にした.不幸にして工場廃液中の水銀塩が水俣病を起こしたこともあり,化学工業界は環境汚染防止に向けた努力を重ね,いま日本の環境技術は世界のトップレベルにある.

章 末 問 題

1. 分子式 C_5H_{10} をもつ鎖状炭化水素をすべて描き,それぞれ命名せよ.

2. 1,3-ブタジエンの中央にある単結合は自由回転するため,1,3-ブタジエン分子は二つの形をとれる.その二つを描き,どちらが安定か説明せよ.

3. 1,2-ブタジエン  は見た目上,π 電子が C 原子 3 個に非局在化し,エネルギー的に安定だと思える.しかし水素化熱の測定から,そうした安定化を受けていないとわかった.また,分子は下図の「ねじれ構造」をもつこともわかっている.二重結合にはさまれた C 原子の混成軌道をもとに,以上の事実を説明せよ.

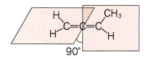

4. 結合エネルギーをもとに,エチレンがポリエチレンになる重合反応の反応熱を計算せよ.

5章 有機化学と官能基

- 官能基にはどんなものがあるか？
- 原子間結合や分子の極性とは何か？
- 共鳴安定化とは，どのような現象か？
- ブレンステッドの酸塩基とは何か？
- カルボン酸の酸性やアミンの塩基性は，置換基でどう変わるか？

炭化水素だけでも種類は多い．しかし炭素 C や水素 H は他元素とも共有結合するため，窒素 N，酸素 O，硫黄 S，ハロゲンを含む有機化合物がいくつもでき，有機化学の世界を大きく広げる．

C および H 以外の非金属原子を「ヘテロ（異種）原子」と総称する．ヘテロ原子を含み，特定の結合様式をもつ原子団を官能基という．官能基は，化合物の物性や反応性を左右する．本章では官能基のあらましを学ぼう．

5.1 おもな官能基と関連化合物

有機化学に登場するおもな官能基を表 5.1 (p.64) にまとめた．同じ官能基も，描きかたがいくつかあるので注意したい．

例題 5.1 次の化合物を命名せよ．

【答】 (a) 2-ブロモ-3-クロロブタン，(b) 2-プロパノール，(c) *trans*-2-ブテナール，(d) *N*,*N*-ジメチルメタンアミド（慣用名 *N*,*N*-ジメチルホルムアミド），(e) 3-メチルブタン酸フルオリド，(f) *cis*-3-ヒドロキシ-4-オクテン酸エチル

表5.1 おもな官能基

化合物名/官能基名	結合様式	命名法[a]	化合物の例	備考
含ハロゲン化合物	−C−X (Xはハロゲン)	① フッ化，塩化など＋炭化水素基名 ② 接頭辞(F フルオロ，Cl クロロ，Br ブロモ，I ヨード)＋炭化水素名	臭化プロピル 1-ブロモプロパン	フッ化物以外は有機合成の中間体に使う．$CHCl_3$ の慣用名はクロロホルム
アルコール	−C−O−H	炭化水素名の語尾「ン」を「ノール」に変更．【OH を表す接頭辞はヒドロキシ】	1-プロパノール	メタノール，エタノールは溶剤．H が外れたアルコキシ基は，炭化水素基名＋「オキシ」で命名(例外：CH_3O- メトキシ，CH_3CH_2O- エトキシなど)
エーテル	−C−O−C−	① O に結合した2個の炭化水素基名＋「エーテル」 ② アルコキシ基名＋炭化水素名	エチルメチルエーテル メトキシエタン	ただ「エーテル」ともよぶジエチルエーテル $CH_3CH_2OCH_2CH_3$ は溶剤に使う
アミン	−C−N	炭化水素基名＋「アミン」．【NH_2 を表す接頭辞はアミノ】	エチルメチルアミン プロピルアミン	水溶液は塩基性．分子量の小さいアミンはアンモニア臭を示す
ニトロ化合物	−C−N⁺(=O)O⁻	ニトロ＋炭化水素名	1-ニトロプロパン	
チオール	−C−S−H	炭化水素名＋「チオール」．【SH を表す接頭辞はメルカプト】	プロパンチオール	都市ガスに加える 1,1-ジメチルエタンチオールなど，有臭のものが多い
スルフィド (チオエーテル)	−C−S−C−	① O に結合した2個の炭化水素基名＋「スルフィド」 ② 炭化水素基名＋「チオ」＋炭化水素名	エチルメチルスルフィド メチルチオエタン	海苔の香り成分ジメチルスルフィドなど，有臭のものが多い
ケトン	\C=O /	① C=O に結合した2個の炭化水素基名＋「ケトン」 ② 炭化水素名の語尾「ン」を「ノン」に変更	$CH_3CH_2COCH_3$ エチルメチルケトン 2-ブタノン	CH_3COCH_3 の慣用名はアセトン．アセトンとエチルメチルケトン(慣用名メチルエチルケトン)は溶剤に使う
アルデヒド	\C(=O)H	炭化水素名の語尾「ン」を「ナール」に変更．CHO の炭素も数に含める．【CHO を表す接頭辞はホルミル】	プロパナール プロピオンアルデヒド(慣用名)	慣用名はメタナールがホルムアルデヒド，エタナールがアセトアルデヒド．前者の水溶液は生体試料の保存に使う

5.1 ● おもな官能基と関連化合物

表 5.1 おもな官能基(つづき)

化合物名／官能基名	結合様式	命名法 a)	化合物の例	備考
カルボン酸	−C(=O)−OH	炭化水素名+「酸」．COOH の炭素も数に含める(炭素数1のギ酸，2の酢酸，4の酪酸など，慣用名も多い)【COOH を表す接頭辞はカルボキシ】	CH_3CH_2COOH, $CH_3CH_2CO_2H$ (構造式) プロパン酸 プロピオン酸(慣用名)	水溶液は酸性を示す．分子量の小さいカルボン酸は有臭．酪酸はギンナンなどの香り成分
エステル	−C(=O)−O−C−	カルボン酸名+炭化水素基名	$CH_3CH_2COOCH_3$ $CH_3OCOCH_2CH_3$ プロパン酸メチル プロピオン酸メチル	酢酸エチル $CH_3COOCH_2CH_3$ は溶剤に使う．分子量が小さいエステルの多くは芳香をもつ(酢酸ヘキシルはリンゴなどの香り成分)
アミド	−C(=O)−N<	炭化水素名+「アミド」．窒素に置換基があるときは「N-」+置換基名をかぶせる	$CH_3CH_2CONHCH_3$ $CH_3NHCOCH_2CH_3$ N-メチルプロパンアミド N-メチルプロピオンアミド	タンパク質はアミノ酸のアミド結合でできる
酸ハロゲン化物	−C(=O)−X (X はハロゲン)	X = Cl の酸塩化物はカルボン酸名+「クロリド」．ほかは，F：フルオリド，Br：ブロミド，I：ヨージド	CH_3CH_2COCl $ClCOCH_2CH_3$ プロパン酸クロリド プロピオン酸クロリド	反応性が高く，有機合成の中間体に使う
スルホン酸	−C−S(=O)(=O)−OH	炭化水素名+「スルホン酸」．【SO_3H を表す接頭辞はスルホ】	(構造式) SO_3H, HO_3S $HOSO_2$ プロパンスルホン酸	水溶液は強酸性．S 原子がオクテット則を満たさないように見えるのは慣習表記のせい(O=S=O 部分は硫黄と酸素の配位結合だから，オクテット則を満たす)
スルホン酸エステル	−C−S(=O)(=O)−O−C−	スルホン酸名+炭化水素基名	$CH_3CH_2CH_2SO_3CH_3$ $CH_3OSO_2CH_2CH_2CH_3$ プロパンスルホン酸メチル	反応性が高く，有機合成の中間体に使う．S 原子の結合はスルホン酸と同様

a)【 】内の接頭辞型の官能基名は，ほかの官能基が混在しているなどの場合，「炭化水素名の語尾変化」だと命名しにくいため，語頭にかぶせて使う(例：$HOCH_2CH_2COOH$ 3-ヒドロキシプロパン酸)

5.2　電気陰性度と結合の極性

電子のかたより

炭化水素とはちがって，ヘテロ原子を含む化合物内の結合は極性をもつ．結合の極性は，2個の結合電子が片方の原子側にかたよっている（分極している）から生じる．たとえばC−O結合の電子は酸素側にかたより，そのようすを欄外の図のように描く．

部分電荷を表す記号部δ−とδ+は，Londonの分散力を説明するのにも使った（3章）．Londonの分散力とはちがい，異種元素の結合は必ず電荷のかたよりをもち，極性の大小は，電荷 q と互いの距離 l を使って式(5.1)に書ける双極子モーメント μ で評価できる．

$$\mu = ql \tag{5.1}$$

μ の単位にはD（デバイ）を使い，共有結合の μ 値はほぼ 0〜1.5 D の範囲に入る[*1]．双極子モーメントは向きをもつベクトル量で，有機化学では通常，δ+ 側から δ− 側へ向かう矢印で表す[*2]．いま考えているのは，原子間結合がもつ双極子モーメントだから，「結合モーメント」ともよぶ．結合モーメントの例を表5.2にまとめた．

ピーター・デバイ
(1884〜1966)

*1　デバイDはCGS単位系で定義されたため少々わかりにくいが，SI単位なら 1 D = 3.34×10⁻³⁰ C m となる．距離 1 Å（ボーア半径の約2倍）を隔てて対向する +1 電荷と −1 電荷は，μ = 4.8 D の双極子をつくる．

*2　C−O 結合なら，次のように書く．

短い棒を描かないことも，矢印の向きを逆にすることもあるが（最近の物理化学は後者の流儀），まとまった記述のなかで一貫性があればよい．

表5.2　おもな結合の結合モーメント

結合（右側の原子が δ− 側）	結合モーメント / D
C−N	0.22
C−O	0.74
C−S	0.9
C−F	1.41
C−Cl	1.46
C−Br	1.38
C−I	1.19
H−O	1.51
C=O	2.3

C−Hの結合モーメントは0とみてよい（3章p.31の注記も参照）．

核が電子を引きつけるパワーが元素ごとにちがうため，異種原子間の結合は極性をもつ．そのパワーの尺度を電気陰性度という．結合電子は，2原子のうち電気陰性度の大きいほうにかたよっている．電気陰性度の考えかたを1932年に提唱したポーリングは，結合エネルギーの大きさから，表5.3のように電気陰性度を決めた（有機化学にからむ元素を抜粋）．

同周期の「左 → 右」で電気陰性度が増す理由を考えよう．CとN，O，Fが共有結合でオクテットをつくるのは，2sや2p軌道の価電子だった．内殻（1s軌道）の電子2個が核電荷の一部を打ち消すため，価電子はそれぞれ +4，+5，+6，+7 の核電荷を感じる（その順に核の引力が強い）．結合電子も同じ順で核に引かれやすいから，同周期元素の電気陰性度は表5.3の順になる．

ライナス・ポーリング
(1901〜1994)

表5.3 元素の電気陰性度
（概数にしたポーリングの値）

H	Li	Be	B	C	N	O	F
2.2	1.0	1.5	2.0	2.5	3.0	3.5	4.0
	Na	Mg	Al	Si	P	S	Cl
	0.9	1.2	1.5	1.8	2.1	2.5	3.0
							Br
							2.8
							I
							2.5

かたや同族なら，「上 → 下」で電気陰性度が減る．たとえばハロゲンだと，内殻電子が核電荷を打ち消すので，どの元素でも価電子7個は，+7の核電荷を感じている．しかし価電子の軌道は元素ごとにちがい，F → Cl → Br → I の順に核から遠ざかる．遠い核ほど電子を引く力は弱いため，電気陰性度も表5.3の序列になる．

なお，CとHの電気陰性度は「H＜C」だが，C−H結合中で電子のかたよりはたいへん小さいから，C−H結合はほとんど分極していない．

5.3 極性をもつ結合の強さ

一般に極性の結合は強い．たとえば結合解離エネルギーでみると，エタンのC−C結合は 368 kJ mol^{-1}，過酸化水素のO−O結合は 214 kJ mol^{-1} の値をもつ．ジメチルエーテル CH_3OCH_3 のC−O結合（335 kJ mol^{-1}）が，C−CとO−Oの平均値（291 kJ mol^{-1}）よりだいぶ大きいのは，単純な共有結合のほか，部分電荷によるクーロン力が働くためだと考えてよい．

実のところポーリングは，結合エネルギーのちがいを整理・数値化して電気陰性度を得た．つまり彼は，結合エネルギーの値から部分電荷を逆算するような作業をしたといえよう．

5.4 結合の極性と分子の極性

極性の結合がある分子は，たいてい極性をもつ．分子の双極子モーメントは，各結合モーメントのベクトル和になる．次図に描いた矢印のうち，黒が結合モーメント，橙色が分子の双極子モーメントを表す．

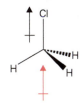 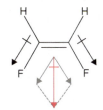

ただし，結合に極性があっても，分子全体では結合モーメントのベクトル和がゼロとなる結果，極性が消える（非極性になる）場合もある．たとえば次の分子はどれも極性がない．

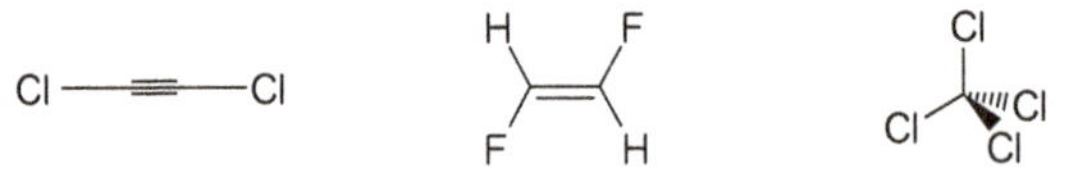

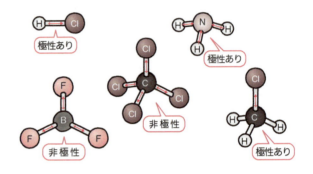

このように，対称性のよい分子には非極性のものが多い．なお，炭化水素はC–H結合の極性がたいへん小さいので，非極性分子と見なせる．

分子の極性（の有無）は，化合物の性質を左右する．たとえば，極性の高い化合物どうしも，極性の低い化合物どうしも互いによく混ざりあう．

5.5 カルボニル基

いままでは，もっぱら炭素Cとヘテロ原子の単結合を眺めた．二重結合はどうなのか．二重結合の代表としてカルボニル基C=Oを考えよう．アルデヒドやケトン，カルボン酸，エステル，アミドは分子内にC=Oをもつ．

C=Oの結合解離エネルギー（745 kJ mol^{-1}）は，C–Oの値（358 kJ mol^{-1}）の2倍より大きい，つまりC–Oのπ結合はσ結合より強く，その点でC=Cとはちがう．σ電子より核から遠いπ電子は自由度が大きく，電気陰性度差により酸素原子側に引かれる結果，部分電荷間のクーロン力が強まるので，C–O間のπ結合が強くなると考えればよい．

結合モーメント（表5.2）を見ても，C=OはC–Oの3倍ほど大きく，結合距離はC=Oのほうが短いため，C=Oでは電荷のかたよりがきわめて大きいとわかる．有機化学反応でカルボニル基が大活躍する理由のひとつは，こうした電荷の大きなかたよりだと心得ておこう．

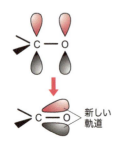
新しい軌道

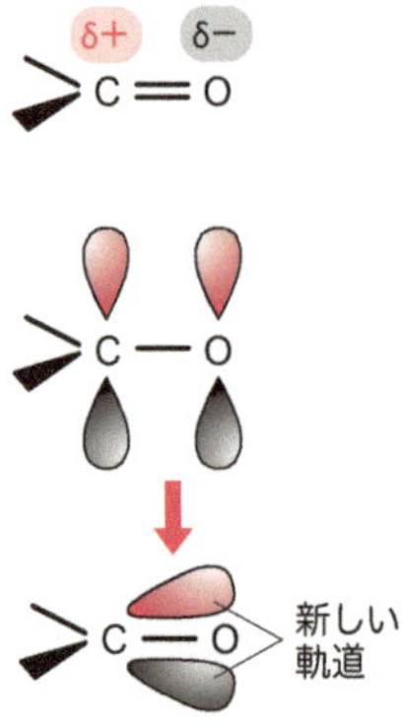

【例題 5.2】 次のうち，非極性の分子はどれか．
(a) NH_3 (b) CO_2 (c) CH_2Cl_2 (d) ClBrC=CBrCl (e) 1,2-ジクロロシクロヘキサン

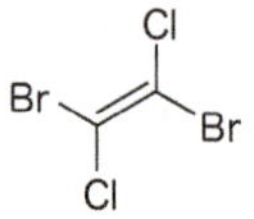

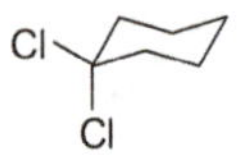

【答】 (b)と(d)（CO_2 分子は直線形）．

5.6 カルボン酸の解離

官能基と有機反応のかかわりを正面切って扱う前に，単純な有機反応とみてよいプロトンの授受，つまり酸塩基反応を眺めよう．カルボン酸は酸，アミンは塩基だと高校で教わるけれど，なぜそうなのか？[*3]

まず，カルボン酸が酸性を示す理由を考えよう．それには，同じOH基をもつアルコールと比べるのがいい．酢と酒は，それぞれ酢酸とエタノールの水溶液だが，酢は酸性，酒は中性を示す．その差はどこからくるのか．酸性とは，水中でプロトンを出す性質だった．**プロトンを出しやすいかどうかは，プロトンが出たあとに残るアニオン(陰イオン)の安定性で決まる**．エタノールと酢酸からプロトンが出てできるアニオンは，図5.1右辺の姿になる[*4]

*3 当面，水に溶けて酸性やアルカリ性を示す化合物(高校でも学ぶアレニウスの酸・塩基)を考える．

*4 有機化学分野では慣習として，電荷の記号を丸で囲む．丸で囲まない流儀もあるが，本書では「囲む」流儀に従う．

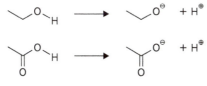

図5.1 エタノールと酢酸の解離

どちらも負電荷は，電気陰性度の大きい酸素原子上だが，それだけではまだ安定とはいえない．酢酸は，エタノールにはないカルボニル基C=Oをもつ．先述のとおりC=Oの結合電子は大きくO側にかたより，Cは正の部分電荷をもつ．そばに負電荷があると正電荷は安定化するため，C=Oの炭素Cは，相方の酸素Oがアニオンになるのを歓迎する．

また，結合距離を調べると，おもしろいことがわかる．カルボン酸からできるカルボキシラートイオンでは，2個あるC-O結合の長さが，どちらも同じ1.25 Åなのだ．もとのカルボン酸はC-Oが1.32 Å，C=Oが1.22 Åとちがうため，アニオンになるとき結合状態が変わったといえる．そういう結合長の変化は，アルコールでは見られない．

つまり，カルボキシラートイオンの負電荷は，酸素原子2個が等分に分かちあう．イオンは中性分子より不安定だが(1章)，過剰な電荷を何かと分かちあえるなら，不安定さの度合いは減る．

電子の立場でいうと，酸素原子1個の上にいるより，O-C-Oの全体に非局在化すれば居心地がよい(共役ジエンも同様だった．p.57)．その状況を「負電荷の共鳴安定化」という．カルボン酸だと，電荷の引きあいより共鳴安定化のほうが大きく効く結果，アニオンがアルコールより安定になる．

負電荷の非局在化を欄外の図のように描けば，酸素原子2個の等価性がよくわかる．ただし量子化学計算によると，酸素原子2個が約 −0.6 の電荷をもつ一方で，中央のCは少し正電荷をもつ．欄外の図はそれを表現できていない．

そのため，ふつうは式(5.2)のように描く．両向きの矢印は，真の構造が

*5 共鳴構造は両向き矢印（⟷）で表す.

左右のどちらでもなく，平均的な姿だということを示す．両辺の姿を「極限構造」，構造式では表せない真の姿を「共鳴構造」という*5．

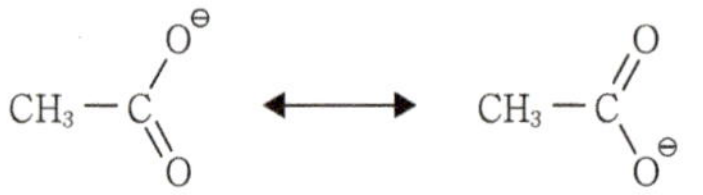

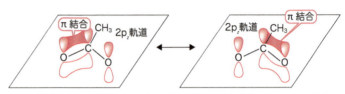
(5.2)

カルボキシラートイオンの共鳴安定化は，図5.2のように考えると，電子軌道の観点からも納得できよう．

図5.2 電子軌道で見るカルボキシラートイオンの共鳴安定化

$2p_z$軌道に電子対を1個もつ酸素原子は，電荷の非局在化で安定化しようと，隣のCに電子対を差し出す．Cは電子2個をもらうとオクテットを超す10電子になるため，そうならないよう，逆側のOとπ結合していた電子を放す．すると電子対は，逆側のOの$2p_z$軌道上に局在化する．そのとき最初とぴったり逆の構造になるから，今度は反対向きに同じことが起こる．

つまり「電子対ピンポン」のくり返しが，非局在化の実体だと考えよう．そのありさまは，図5.3のように簡略表記できる*6．

*6 マイナス記号は，「何か（図5.3の場合ではH原子）から奪った電子1個を含む非共有電子対（ローンペア）」を意味する．

図5.3 カルボキシラートイオンの共鳴安定化の表記

曲がった矢印（以下「巻き矢印」）は，電子対の移動を表す．矢印の根元は電子対の「現住所」，矢印の先端は「行き先」にあたる．また，同じ分子上に描いた巻き矢印2本は，最初の電子対移動が起こす「ドミノ倒し」のようなものだと想像しよう．

以上でわかるとおり，**非共有電子対と共有結合は相互変換できる**．共有結

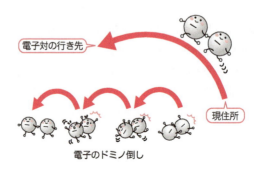
電子のドミノ倒し

合は電子対がつくるから，当然のことだといえる．また図5.3は，中央のC上に電子対がとどまらない(Cが負電荷をもたない)ことも表している．

【例題 5.3】 炭酸イオン CO_3^{2-} のC–O結合長はどれも等しい．下の構造から始め，各結合の等価性がわかるよう，CO_3^{2-} の共鳴安定化を式で表せ．

【答】

上下の構造式は等しい．巻き矢印は，左辺 → 右辺の電子対移動(上の式)と，右辺 → 左辺の電子対移動(下の式)を表す．

5.7 アミンのプロトン化

アミンの塩基性は，カルボン酸の酸性よりわかりやすい．アンモニアの場合と同じく，塩基性は窒素Nと酸素Oの核電荷差が生む．Nの核電荷はO(+8)より小さい+7だから，電子を束縛する力が弱く，電子対を出しやすい．Nは非共有電子対を安定化させる相手がほしい…ともいえる．

水中では，プロトンが電子対をもらってくれる．アミンはプロトンを水から奪い，できた $OH^{\ominus}$ イオンが塩基性を示す．そのありさまも，電子対の移動を示す巻き矢印で表現できる(式5.3)[*7]．

$$(5.3)$$

式(5.3)は，カルボキシラートイオンの共鳴安定化を表す式とはだいぶちがう．中央の矢印は，右向きに進む化学反応を意味する．巻き矢印は，まずN上の点2個から出て，Oと結合したHに伸びる[*8]．N上の非共有電子対が，やがてN–Hの共有結合形成に使われることを表す．次の巻き矢印は，Hが電子対を受けとって電子4個にならないよう，H–O結合が切れ，2個の結合電子が(非共有電子対として)Oに収容されることを意味する．

そのときNは，共有結合するのにふつうは電子1個を出せばよいところ，電子対(電子2個)の形で供出するため，電荷が+1になる．かたや，Hとの共有結合にもともと電子1個を出していたOは，電子対(電子2個)が戻ってきた結果，右辺で電荷が−1になっている[*9]．

*7 単純に

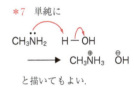

と描いてもよい．

*8

のように，N上の電子対の行き先をNとHのあいだの何もない空間とする流儀もある．

*9 式(5.3)では，電子対を収容するOの上に，非共有電子対を表す点2個は書かない．負号を「外から奪った電子1個を含む非共有電子対」とみなす約束になっているからだ．

このように，共鳴安定化でも化学反応でも，電子対を表す巻き矢印を使うと，電子の状態を含めた分子の姿が明るみに出るだろう．

5.8 ブレンステッドの酸・塩基

J. ブレンステッド
(1879 ~ 1947)

酢酸の解離を示す式（図 5.1）は，やや正確さに欠ける．酢酸の解離で生じるのは単独のプロトンではなく，水和プロトン＝ヒドロニウムイオン $H_3O^{\oplus}$ だから，次のように書くのが現実に近い．

 (5.4)

巻き矢印を使うと，次のように表せる（式 5.3 と比べやすいよう，書く順番をわざと変えた）．

(5.5)

アミンとカルボン酸の直接反応なら，次のように書ける．

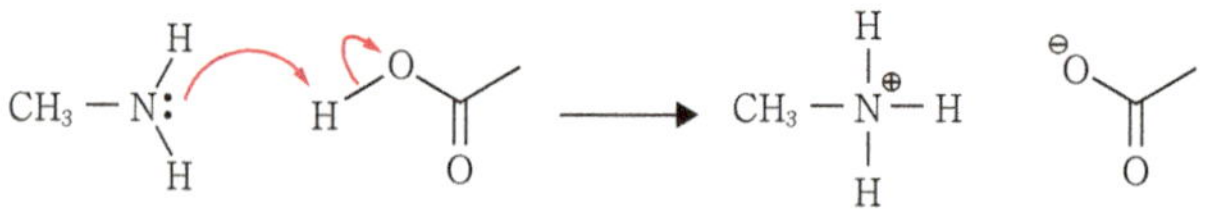

(5.6)

式 (5.3)，(5.5)，(5.6) を見比べると，共通点が浮き彫りになる．どれも，次のようなプロトン移動の結果だといえる．

$$X: \quad H-Y \longrightarrow \overset{\oplus}{X}-H \quad Y^{\ominus}$$ (5.7)

上式が広い意味の酸塩基反応を表す．塩基はプロトンをもらい，酸はプロトンを出す（ブレンステッドの定義）．水は，式 (5.3) なら酸，式 (5.5) なら塩基として働く．有機化学反応は有機溶媒中で進めることが多いため，有機化学反応をつかむには，ブレンステッド酸・塩基の考えかたが欠かせない．

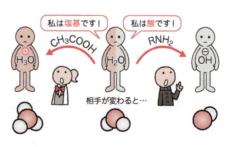

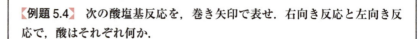

【例題 5.4】 次の酸塩基反応を，巻き矢印で表せ．右向き反応と左向き反応で，酸はそれぞれ何か．

$$H_3\overset{\oplus}{O} + CH_3NH_2 \rightleftarrows H_2O + CH_3\overset{\oplus}{N}H_3$$

【答】

右向き反応では $H_3O^\oplus$ が,左向き反応では $CH_3NH_3^\oplus$ が酸として働く.酸塩基反応では,分子かイオンかには関係なく,プロトンを出すものを酸とみる.

5.9 置換基(官能基)と酸性・塩基性

以上,官能基を眺め,酸塩基反応を見てきた.では,酸や塩基の分子に官能基(置換基)をつけたとき,酸性や塩基性は変わるだろうか? その評価には,酸の強さを定量化しなければいけない.いままで酸の解離は一方通行の趣で書いたけれど,実際は平衡反応だから,次のように書く.

$$HA \rightleftarrows A^\ominus + H^\oplus \tag{5.8}$$

酸 HA の解離で生じるアニオン $A^\ominus$ を,HA の共役塩基という.酸の強さは,次の平衡定数(酸解離定数)K_a で表せる.

$$K_a = \frac{[A^\ominus][H^\oplus]}{[HA]} \tag{5.9}$$

K_a が大きいほど酸は強い.酢酸とメタンスルホン酸の K_a は,それぞれ 1.74×10^{-5},4.0 だから5桁もちがう.面倒な指数を使わずに酸性を比べるため,次の pK_a 値をよく使う.

$$pK_a = -\log_{10} K_a$$

pK_a が小さいほど酸は強く,pK_a に差が1あれば,酸の強さは10倍ちがう(酢酸とメタンスルホン酸の pK_a は,それぞれ 4.76 と -0.6).

では置換基の効果を見よう.Cl 置換した酢酸は表 5.4 の pK_a を示す.

表 5.4 Cl 置換した酢酸の pK_a 値

化合物	CH_3COOH	$CH_2ClCOOH$	$CHCl_2COOH$	CCl_3COOH
pK_a	4.76	2.86	1.29	0.65

Cl 置換の度合いが高いほど pK_a 値は小さく(酸として強く),2,2,2-トリクロロ酢酸は酢酸より 10000 倍も強い.このように置換基は,酸性の強さを大きく左右する.なぜだろうか?

強い酸は,プロトンが抜けたあとのアニオンが安定なのだった.酢酸と 2-クロロ酢酸の解離(酸解離)は,それぞれ式(5.10)に書ける.

$$\text{（式 5.10 反応式）} \tag{5.10}$$

2-クロロ酢酸の Cl-C 結合には，双極子モーメントを付記した．式 (5.10) では，隣にある C-C 結合の双極子モーメントにも注目しよう．Cl に電子を引かれている C は，なにげない C とはちがい，電子不足の状態にある．だから電子を引き寄せようとする結果，隣の C-C 結合に電子のかたよりを生む．（ ）内の双極子モーメントがそれを表す．

そうなれば，もともと電子不足だった C=O の炭素は，さらに電子を奪われて正の部分電荷を増す．正電荷は隣に負電荷があると安定化するため，隣の O が酸解離してアニオンになった状態を好む．それが酸性度を上げる．複数の塩素原子があれば相乗的に働き，酸の性質を強める．Cl のような置換基が電子を引きつける性質を，電子求引性という（「吸引性」ではない）．

C-Cl 結合がもつ電子のかたよりが伝播してカルボン酸の酸性を上げる効果は，-COOH から遠くなるにつれて激減する（表 5.5）．

表 5.5 Cl 置換ブタン酸（酪酸）の pK_a 値

化合物	$CH_3CH_2CH_2COOH$	$CH_3CH_2CHClCOOH$	$CH_3CHClCH_2COOH$	$CH_2ClCH_2CH_2COOH$
pK_a	4.83	2.92	4.17	4.52

表 5.6 X-CH_2COOH の酸性度

置換基 X	pK_a
H	4.76
F	2.66
Cl	2.86
Br	2.86
I	3.12
OH	3.83
OCH_3	3.53
CH_3CO	3.58
NO_2	1.68
SH	3.67
CH_3S	3.72
$NH_3^{\oplus}$	2.31
CH_3	4.84
$CH_2=CH-$	4.35
CH_3CH_2-	4.83

ほかの官能基はどうか．置換された酢酸の pK_a 値を表 5.6 に示す．N，O，ハロゲンなどヘテロ原子は，どれも C より電気陰性度が大きいため，結合すれば酸性度を上げる．ヘテロ原子が組み合わさった置換基も，まず電子求引性だと考えてよい．カルボニル基も酸性度を上げるのは，カルボニル基の C がもつ大きな正の部分電荷を思い起こせば納得できよう．

このように，大半の置換基は電子求引効果でカルボン酸の酸性を上げるが，例外的にアルキル基は酸性を下げる．炭素は水素よりわずかに電気陰性度が大きく，負電荷を少しだけ帯びている．そのためアルキル基の炭素は弱いながらも電子を与える性質（電子供与性）をもち，上記とぴったり逆の作用でカルボン酸の酸性を下げる．

カルボン酸の pK_a 値を測る弱酸性条件だと，アミノ基のプロトン化が先に起こるため，表 5.6 には，$NH_3^{\oplus}$ はあっても NH_2 はない．

5.10 アミンの塩基性と置換基

カルボン酸の酸性を pK_a で比べたように，アミンの塩基性も，何かの指

標で比較できるとよい．アミンのプロトン化も平衡反応で，次のように書く．

$$\text{RNH}_2 + \text{H}^\oplus \xrightleftharpoons{K} \text{RNH}_3^\oplus \tag{5.11}$$

むろん，上式の平衡定数 K が大きいほど，塩基性は強い．上式は平衡反応だから，左右を逆に書いても差し支えない．

$$\text{RNH}_3^\oplus \xrightleftharpoons{K_a} \text{RNH}_2 + \text{H}^\oplus \tag{5.12}$$

すると，式 (5.12) の平衡定数が小さいほど，アミンの塩基性は強いことになる．ブレンステッドの定義では，プロトンを出すものが酸だった．左辺の $\text{RNH}_3^\oplus$ はプロトンを出しているため，酸とみてよい．このように，塩基のアミンがプロトン化したもの（有機アンモニウムイオン）を，アミンの共役酸とよぶ．アミンの塩基性は，共役酸の pK_a 値で表現でき，pK_a が大きいほど塩基性は強い*10．

*10 K_a が大きいほど pK_a は小さい．そのことに注意しよう．

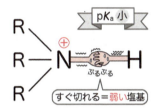
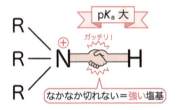

COLUMN！　ニトロ基の姿

　ニトロ基の見た目は中性だが，構造式では，窒素原子が正電荷，酸素原子 2 個の片方が負電荷をもつように描く（そうすると全原子がオクテットになる）．その結合は N と O の配位結合を表す．$\text{NH}_3 + \text{H}^\oplus \to \text{NH}_4^\oplus$ と似ているものの，$\text{NH}_4^\oplus$ の生成で配位するのは正電荷をもつ $\text{H}^\oplus$ なのに，ニトロ基は，中性の酸素原子が窒素原子に配位してできる．

　配位結合は，窒素原子が相手に電子 1 個を与えて自身はカチオンとなったあと，両原子が共有結合する，と見なす．電子 1 個をもらったとき，$\text{H}^\oplus$ は中性になるが，もともと中性の酸素原子は負電荷を帯びる．だから，正および負の両イオンがある表記になる．

　ニトロ基の N−O 結合 2 本は，カルボキシラートイオンと同様，長さが等しい．つまり，以下の極限構造 2 個で表せる共鳴構造が，ニトロ基の真の姿を表す．負電荷は O 上だけにあって N 上にくることはなく，N 上の正電荷が消えることもない．有機化学の学習では，こうした共鳴構造にしじゅう出合う．よく慣れておきたい．

$$\text{CH}_3-\overset{\oplus}{\text{N}}\underset{\text{O}^\ominus}{\overset{\text{O}}{\lessgtr}} \longleftrightarrow \text{CH}_3-\overset{\oplus}{\text{N}}\underset{\text{O}}{\overset{\text{O}^\ominus}{\lessgtr}}$$

　なお，ニトロ基中央の窒素原子はカチオン性を帯び，電子不足の状態にあるため，ニトロ基の電子求引性は抜群に強い．

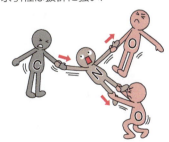

やや特殊な例だが，有機アンモニウムの pK_a 値に及ぼすフッ素(F)置換の効果を，表 5.7 に例示した．カルボン酸のときと同じく，塩基性度は置換で変わり，電子求引性のフッ素原子が増すほど，アミンの塩基性は弱まる(カルボン酸の Cl 置換の裏返し状況)．電子求引効果が σ 結合のつながりを経てアミノ基にも及び，その効果が強いほどアミノ基上の電子密度が減り，塩基性を弱める．

無機アンモニウムイオン $NH_4^{\oplus}$ の pK_a = 9.24 は，表 5.7 の左端にあるエチルアンモニウムの pK_a = 10.63 より小さい($NH_4^{\oplus}$ は $CH_3CH_2NH_3^{\oplus}$ より塩基性が弱い)．酸の場合と同様，エチル基が電子供与性だからそうなる．つまり，**酸や塩基に関係なく，各置換基は固有の電子求引性また電子供与性をもつ**といえる．そのため電子求引(供与)性は，置換基に固有の定数と考えてよく，化合物の性質ばかりか，反応のしやすさなどを見積もるのにも役立つ．

表 5.7 フッ素置換エチルアンモニウムイオンの pK_a 値

化合物	$CH_3CH_2NH_3^{\oplus}$	$CH_2FCH_2NH_3^{\oplus}$	$CHF_2CH_2NH_3^{\oplus}$	$CF_3CH_2NH_3^{\oplus}$
pK_a	10.63	8.79	7.09	5.59

章 末 問 題

1. 次の分子(順にアミノ酸，糖)を，表 5.1 の規則に従って命名せよ．

2. エチル基は弱い電子供与性を示すのに，ビニル基は明確な電子求引性を示す(表 5.6)．その背後には，混成軌道の「s 性」がある．s 性とは混成軌道の中で s 軌道が占める割合をいい，s 性は sp^3 なら 25%，sp^2 なら 33% となる．p 軌道より核に近い s 軌道は，より強く核の正電荷に引きつけられるため，s 性の高い軌道ほど電子を引きつけやすい．以上を考えたとき，アクリル酸(2-プロペン酸) $CH_2=CH-COOH$ とプロピオール酸(2-プロピン酸) $CH\equiv C-COOH$ は，どちらが強い酸だろうか．

3. 次の酸塩基反応を，巻き矢印を使って描け．
   ① メチルアミンとメタンスルホン酸の反応
   ② メチルアンモニウムカチオンとエチルアミンの反応

4. 次のペアでは，どちらの塩基性が強いか．
   ① $CH_3OCH_2CH_2NH_2$, $CH_3CH_2CH_2NH_2$
   ② $CH_3CH_2NH_2$, $(CH_3CH_2)_2NH$

6章 芳香族化合物

- ベンゼンは，どんな特徴をもつ化合物なのか？
- 芳香族化合物には，どのようなものがあるか？
- なぜフェノールは弱酸性，アニリンは弱塩基性を示すのか？
- 芳香族化合物の置換基は，どんな性質を示すのか？
- ベンゼン環をもたない芳香族化合物には，どんなものがあるか？

2章では，いちばん単純な有機化合物のメタンを紹介した．有機化学にはもうひとつ，別系統の基本化合物としてベンゼンがある．ふつう分子構造は欄外の図のように描くけれど，じつは「真の姿」を表すものではなく，便宜上の構造式にすぎない．以下，ベンゼンを代表とする芳香族化合物を眺めよう．

6.1 ベンゼン

1,3-シクロヘキサジエンから水素原子2個を外し，3個目の共役 C=C 結合をつくればできる 1,3,5-シクロヘキサトリエン C_6H_6 には，短い C=C 結合と長い C−C 結合が交互に3個ずつあるだろう（図6.1）．だが現実にできるのは，どの原子も同じ平面にあり，どの隣接 C と C も等距離（単結合と二重結合の中間的な 140 pm）にある正六角形の分子，ベンゼンだ．

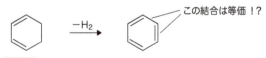

図6.1 1,3-シクロヘキサジエンからベンゼンの生成

分子の平面性と結合距離より，ベンゼンの π 電子は完璧に非局在化し，どの C−C 結合上にも同じ密度で存在するとわかる．その点でベンゼンは，いままで見た π 共役系をもつ化合物とは大きくちがう．電子の非局在化を表すために，欄外の図のような略記法もよく使う．

もうひとつ，2種類の 1,3,5-シクロヘキサトリエンを極限構造と見なし，

式 (6.1) の共鳴構造で描いてもよい．反応の説明などには便利だから，本書でも極限構造（の片方）を使ってベンゼンを描く．

　　　(6.1)

カルボキシラートイオン（5章）の共鳴構造は，負電荷の非局在化を説明するのに使った．かたや正味の電荷をもたないベンゼンでは，π電子が分子全体にまんべんなく行き渡っていると考えよう[*1]．

ベンゼンと 1,3,5-シクロヘキサトリエンは，むろん性質もちがう．たとえばベンゼンを完全水素化してシクロヘキサンにする際の反応熱 208 kJ mol^{-1} は，1,3-シクロヘキサジエンの 231 kJ mol^{-1} より小さい．水素化熱は本来，二重結合の数が多いほど大きいはずだから，かなり異常な数値だといえる．また，ベンゼンのπ電子の非局在化エネルギー（152 kJ mol^{-1}）は，鎖状化合物 1,3,5-ヘキサトリエンの値（32 kJ mol^{-1}）よりずっと大きい．

たしかに，「π共役系のつながった輪」は特別なものに思える．では，どれほど「特別」なのだろうか？　表 6.1 を眺めよう．

表 6.1 π共役系をもつ環状化合物の共鳴安定化エネルギー

化 合 物	炭素数	C=Cの数	水素化熱 (kJ mol^{-1})	C=Cあたりの水素化熱 (kJ mol^{-1})	共鳴安定化エネルギー (kJ mol^{-1})
シクロブタジエン	4	2	400.3	200.2	(−142)
シクロペンタジエン	5	2	210.7	105.4	10.1
ベンゼン	6	3	206.0	68.7	152
シクロヘプタトリエン	7	3	298.8	99.6	31.2
シクロオクタテトラエン	8	4	422.2	105.6	(−14.0)

表 6.1 から，炭素数 6 で水素化熱がとくに小さい（共鳴安定化の度合いが大きい）とわかる．炭素数 5 や 7 のものは，環の途中に CH$_2$ があるから完璧な「環状共役」はできないけれど，若干の共鳴安定化は起こっている．かたや，特別な共鳴安定化が起きてもよさそうな炭素数 4 や 8 の化合物は，意外なことに，「共役していない C=C の寄せ集め」より安定性が悪い．

ヒュッケルは 1931 年，量子化学計算をもとに，以上の事実を説明できる次の経験則を得た（ヒュッケル則．ベンゼンは $n = 1$ の例）．

> 環状π共役系をもつ化合物は，π電子が $(4n + 2)$ 個（$n = 0, 1, 2, 3, \cdots$）の場合にかぎり，平面構造と大きな非局在化エネルギーをもちうる．

シクロアルカンのうち，六員環のシクロヘキサンはとくに安定性が高かった（3章）．π共役系をもつ環状化合物なら，六員環のベンゼンが特別な化合物だといえる．このように有機化学では，六員環が特別なものだと心得よう．

[*1] 電子対を表す「巻き矢印」を使えば下のように描ける．カルボキシラートイオンの共鳴は，2p$_z$ 軌道の非共有電子対と π 結合電子の相互変換だったが，ベンゼンではπ電子が歩調を合わせて隣接 C–C に移る．

いろいろなベンゼンの描き方

E. ヒュッケル
(1896 〜 1980)

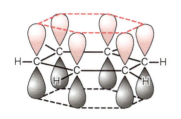 

6.2 芳香族性

ベンゼンなど,ヒュッケル則を満たして共鳴安定化の大きい平面環状化合物は,「芳香族性の化合物」という[*2].

芳香族性の化合物は,アルケンやジエンより反応性が低い.たとえばシクロヘキセンも 1,3-シクロヘキサジエンも室温で臭素とたやすく反応するが,ベンゼンの反応は,臭化鉄(III)などの触媒があるときだけ進む.

反応の生成物もちがう.一般的なアルケンと臭素の反応では,付加体ができる.かたやベンゼンと臭素の反応は,臭素原子を1個だけもつブロモベンゼン(欄外の図)を生む.ベンゼンの水素原子1個が臭素に置き換わるとみてよい反応だから,置換反応とよぶ.

[*2] 共鳴安定化エネルギーを「芳香族安定化エネルギー」ともよぶ.

6.3 芳香族化合物

ベンゼン環をもつ化合物は,芳香族化合物と総称する.「芳香族」の名は,有機化学の夜明け時期,芳香性の化合物がたいていベンゼン環をもつところからついた.

COLUMN！　ベンゼンの分子軌道

4章ではアルケンやジエンのπ軌道を調べた.ベンゼンのπ軌道はどんな姿なのか? 被占π軌道だけ眺めよう.π電子は6個だから被占軌道は三つでき,おもしろいことに,HOMO には等エネルギーの2種類がある.

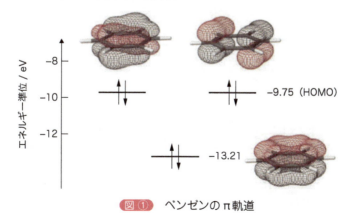

図① ベンゼンのπ軌道

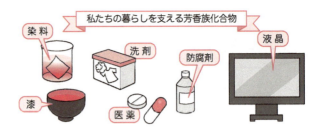

芳香族化合物は，染料や洗剤，防腐剤，液晶，漆など，多彩なシーンで私たちの暮らしを支える．2013年の日本で処方された医薬の売り上げトップ10を占める化合物は，どれもベンゼン環をもつ*3．

脂肪族炭化水素は燃料と工業原料の両方に使うが，芳香族化合物はもっぱら工業原料にだけ使う．

おもな芳香族化合物を表6.2にまとめた．ベンゼンとトルエン，キシレンの3種は，石油を原料として触媒の存在下，高温反応でつくる．それぞれを単離したあと，化学反応によりほかの芳香族化合物に変える．

*3 ベンゼンは物質名だから，六員環構造を指す際はベンゼン環という．

表6.2 おもな芳香族化合物

化合物名と構造式	25℃，1気圧での状態と，おもな相転移温度	用途
ベンゼン	無色の液体．融点 55℃．沸点 80℃	合成原料
トルエン	無色の液体．沸点 110℃	溶剤．火薬，ポリウレタンの原料
スチレン	無色の液体．沸点 145℃	ポリスチレンの原料
フェノール	無色の針状結晶．融点 41℃	樹脂や医薬・染料の原料
アニリン	無色の液体．沸点 184℃	樹脂，医薬，色素の原料
安息香酸	無色の針状結晶．昇華性．融点 122℃	抗菌剤，食品保存料
サリチル酸	無色の針状結晶．昇華性．融点 159℃	染料，防腐剤，消炎剤，鎮痛剤の原料
テレフタル酸	白色の結晶．300℃で昇華	PETなどポリエステルの原料
ナフタレン	白色の結晶．昇華性．融点 80℃	防虫剤．染料の原料

芳香族化合物には，ベンゼン環の2か所以上に置換基をもつものも多い．2置換ベンゼンでは，置換基の位置関係でオルト(*o*-)，メタ(*m*-)，パラ(*p*-)の異性体3種があり，それぞれ特有の化学的および物理的性質を示す．例と

して，キシレンの異性体3種の性質を表6.3にまとめた．

表6.3 キシレンの異性体3種

名　称	o-キシレン	m-キシレン	p-キシレン
構造式	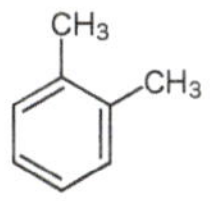 (構造式)	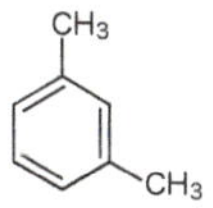 (構造式)	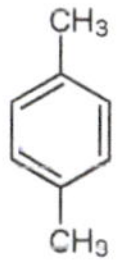 (構造式)
融点(℃)	−25	−48	13
沸点(℃)	144	139	138

6.4　芳香族化合物の命名

芳香族化合物の命名には，表6.2にあげたような慣用名を使ってもよい．o-，m-，p- は2置換ベンゼンだけに使い，置換基が3個以上の化合物は，(なるべく小さい)位置番号を使って命名する(図6.2)．

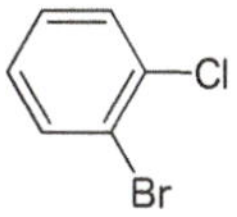

1-ブロモ-2-クロロベンゼン
または
o-ブロモクロロベンゼン

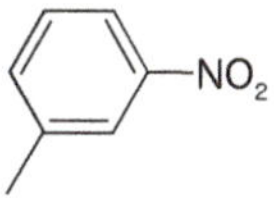

3-ニトロトルエン
または
m-ニトロトルエン

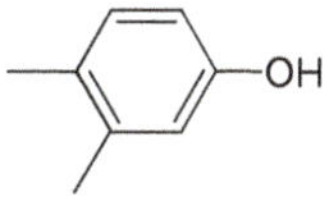

3,4-ジメチルフェノール
(m,p-ジメチルフェノールや
4,5-ジメチルフェノールではない)

図6.2　芳香族化合物の命名例

ベンゼンの水素原子1個が外れた原子団をフェニル基といい，C_6H_5- やPh－と略記する(フェノールはPhOH)[*4]．

[*4] よく似た $PhCH_2-$ は「ベンジル基」とよぶので注意しよう．

Column！　「芳香」族化合物

もののにおいは，空中を漂う分子が鼻腔内にある嗅細胞の受容体タンパク質に結合すると感じる．なじみ深いにおいを生む分子を紹介しよう．なお，「芳香」族のよび名は分子構造で決まり，においが「よい」かどうかには関係ない．

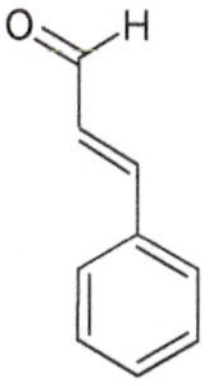

シナモン 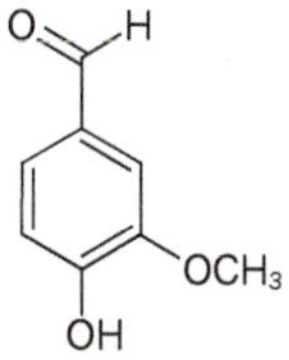　　バニラ 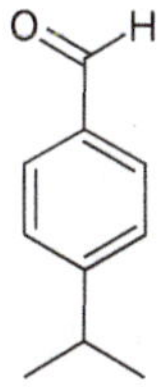　　カレー 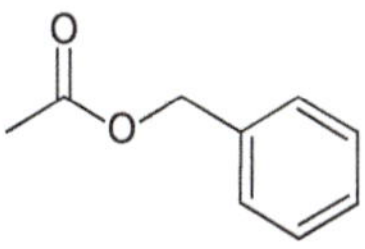　　ジャスミン

【例題6.1】 前頁のコラムのにおい分子を，ルールに従って命名せよ．なお，PhCHO は慣用名をベンズアルデヒドという．

【答】 シナモン：*trans*-3-フェニルプロペナール
カレー：4-イソプロピルベンズアルデヒドまたは *p*-イソプロピルベンズアルデヒド
バニラ：4-ヒドロキシ-3-メトキシベンズアルデヒド
ジャスミン：酢酸ベンジル

6.5 フェノールの酸性

フェノールのヒドロキシ基はアルコールより酸性が高く，フェノールは弱酸性を示す，と高校で習った．およその pK_a 値はアルコールが 15，フェノールが 10 だが，そうなるわけを考えてみよう．

アルコールとフェノールの酸解離平衡は，式(6.2)のように書ける．

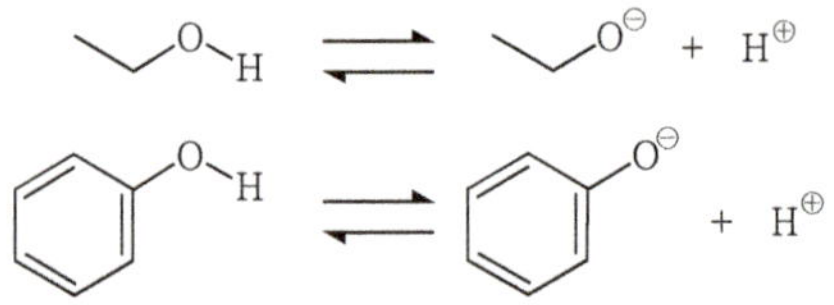

$$\text{(6.2)}$$

ここで，カルボン酸の酸性がアルコールより強い理由を思い起こそう．酸解離後の負電荷が，酸素原子 2 個に非局在化できるからだった．

負電荷の非局在化は，フェノールの解離が生むフェノラートイオンでも考えられ，式(6.3)のように書ける．

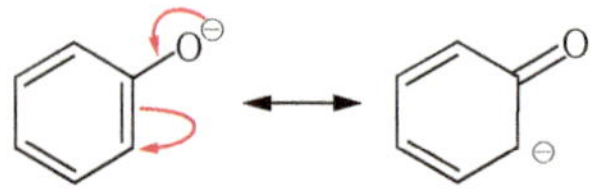

$$\text{(6.3)}$$

右手の極限構造では，負電荷が炭素原子上にある．やや奇異な感じがするけれど，電子が「非局在化する可能性」を示すにすぎず，炭素陰イオン（カルボアニオン）があるという意味ではない．電子対は，右手の構造からさらに非局在化できる〔式(6.4)〕．

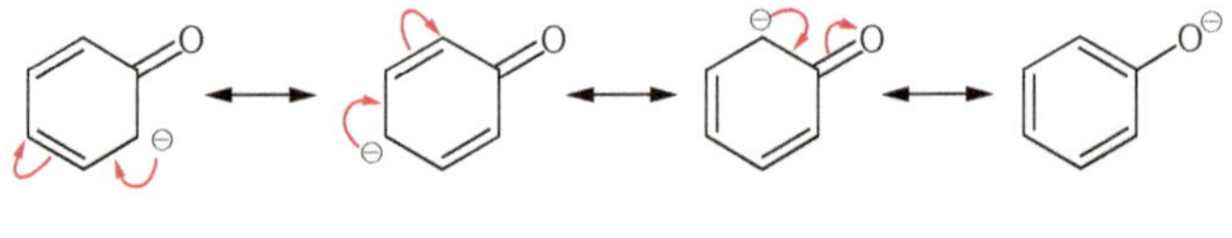

$$\text{(6.4)}$$

右端は式(6.3)の左辺と同じだから，電子対がベンゼン環を一周して戻ってきたことになる．炭素がアニオンを安定化させるパワーは酸素より劣るものの，その分を「数で稼ぐ」と思えばよい．つまりフェノールが酸性を示すのは，「酸解離が生む負電荷を，酸素原子 1 個と炭素原子 3 個に非局在化させるから」だと考えよう．

6.6 アニリンの塩基性

アニリンの弱塩基性も高校で学ぶ．共役酸のpK_aは，アニリンが約5，脂肪族アミン（5章）が約10だから，塩基性はアニリンのほうがずっと弱い．その差も，反応をもとに考察しよう．式(6.5)の平衡が右にかたよるほど，塩基として強い．

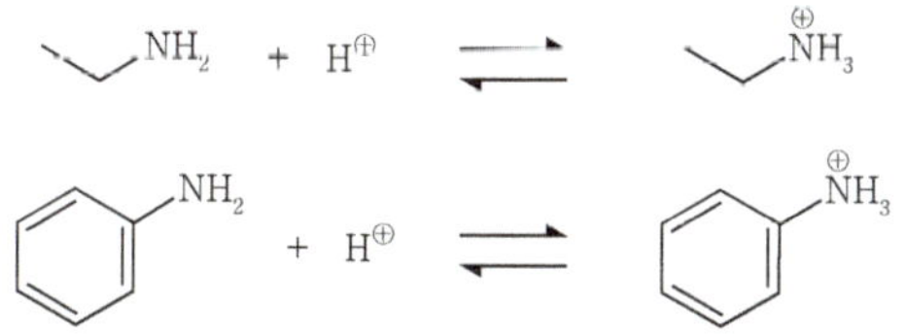

$$\text{（式 6.5）}\tag{6.5}$$

アニリンの場合，電子対の非局在化は次の式(6.6)のように描ける（巻き矢印は途中から省略）．

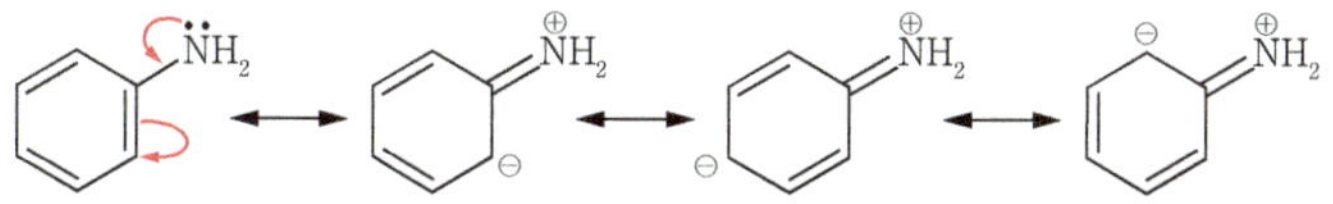

$$\text{（式 6.6）}\tag{6.6}$$

アミノ基の非共有電子対がベンゼン環に非局在化すると，電子がプロトンに移りにくくなり，アミノ基の塩基性が下がることになる．以上のように，**フェノールの弱酸性とアニリンの弱塩基性**は，ほぼ同じ理由で現れる．

【例題 6.2】 式(6.2)左辺のフェノール，式(6.5)右辺のアニリニウムイオンで，式(6.3)，式(6.4)，式(6.6)のような共鳴構造は描けるか．イエスなら極限構造を描け．

【答】 フェノールでは，次の共鳴構造が描ける．

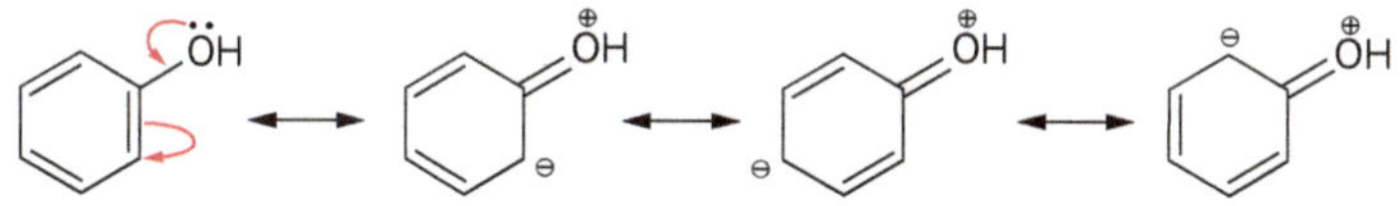

アニリニウムイオンの共鳴構造は描けない（窒素原子上に非共有電子対がない）．

6.7 共鳴安定化の度合いと酸塩基の強さ

例題6.2を解いた読者のうち，「フェノールは解離前も解離後も極限構造が描けるのだから，共鳴安定化はフェノールの弱酸性を説明できないのでは？」と思った人はいないだろうか．

じつは，フェノールとフェノラートイオンは，共鳴安定化の度合いがちがう．式(6.3)，式(6.4)のフェノラートイオンは，酸素原子上に生じた負電荷の非局在化により安定化する．かたや例題6.2のフェノールは，もともと中

*5 同じ分子内に正電荷と負電荷の両方をもつもの.

性の分子から酸素原子上の非共有電子対を動かしている.非局在化による安定化はあるものの,中性分子が双性イオン*5になる際の不安定化も効き(イオンは中性分子より必ず不安定),エネルギーの利得が小さいのだ.

関係するエネルギーの変化は,図6.3のように描ける.

中性分子(左)→アニオン(右)のエネルギー差 E が小さいほど,イオンになりやすい(つまり酸性が強い).黒と橙色の線は,それぞれ共鳴安定化のないもの(アルコール)とあるもの(フェノール)を表し,Δ_i と Δ_f は中性分子とイオンの共鳴安定化エネルギーを意味する.$\Delta_i < \Delta_f$ だから $E_1 < E_0$ となり,共鳴安定化が酸性を高めるとわかる.

脂肪族アミンとアニリンを同様に描けば,図6.4ができる.

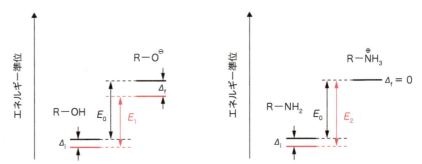

図6.3 アルコール(黒)とフェノール(橙色)の酸解離を表すエネルギー相関

図6.4 脂肪族アミン(黒)とアニリン(橙色)のプロトン化を表すエネルギー相関

この場合,中性分子とカチオンのエネルギー差が小さいほどプロトン化しやすい(つまり塩基性が強い).共鳴安定化の関係しない脂肪族アミンを黒,共鳴安定化があるアニリンを橙色で描いた.$\Delta_i > 0$, $\Delta_f = 0$ だから $E_2 > E_0$ となり,アニリンは共鳴安定化がある分だけ塩基性が弱いとわかる.

6.8 ベンゼン誘導体の極性

次に,ベンゼン誘導体の極性を考えよう.ベンゼンは対称性のよい炭化水素なので非極性だが,置換ベンゼンは置換基の種類や位置に応じた双極子モーメントをもつ.若干の例を図6.5に示す.比較のため,構造の似た置換

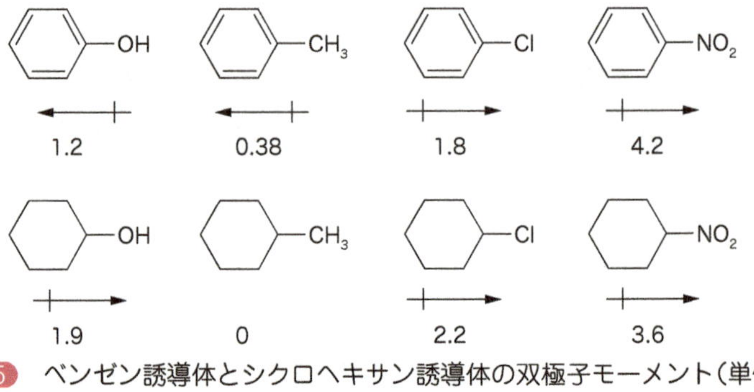

図6.5 ベンゼン誘導体とシクロヘキサン誘導体の双極子モーメント(単位 D)

シクロヘキサンの双極子モーメントも並べた．

置換ベンゼンと置換シクロヘキサンでは，傾向が似ているものと似ていないものがある．とりわけ，OH基をもつフェノールとシクロヘキサノールは，そもそも双極子モーメントが逆を向く．なぜだろうか？

酸素Oは電気陰性度が大きいため，C−Oのσ結合電子は，O側にかたよる．シクロヘキサノールの双極子モーメントの向きがそれを反映する．かたやフェノールは，むろん同様な電子のかたよりはあっても，もっと強い逆向きの双極子モーメントがあるのだろう．

フェノールの極限構造（例題6.2）を眺めよう．四つのうち三つで，Oが正電荷，ベンゼン環上のCが負電荷をもつ．すると平均すれば，酸素原子からベンゼン環の中心に向けた双極子モーメントがある．それが電子を「逆向き」にかたよらせる．つまり，酸素原子の非共有電子対が，π結合を通じて非局在化すると考えればよい．

こうして**置換ベンゼンでは，置換基がσ結合とπ結合の両方を通じて，電子的な影響を及ぼす**．前者を「誘起効果」，後者を「共鳴効果」という．OH基は，電子求引性の誘起効果と電子供与性の共鳴効果を示し，いまの例では後者のほうが強く効く．

置換基いくつかの効果を表6.4にまとめた．置換基それぞれはこうした個性をもつと考えよう．

表6.4 ベンゼン環上の置換基が示す電子的性質

置換基	誘起効果	共鳴効果
OH	電子求引性	強い電子供与性
CH_3	なし	弱い電子供与性
Cl	電子求引性	弱い電子供与性
NO_2	強い電子求引性	強い電子求引性

塩素ClはOH基と同様，電子供与性の共鳴効果を示す．つまり，置換基上の非共有電子対がベンゼン環に流れこみ，非局在化により安定化する．ただし安定化の度合いは，OH基の酸素より弱い．その理由を考えよう．

炭素の$2p_z$軌道からできたベンゼン環のπ軌道に向け，OH基の酸素原子は，同じ$2p_z$軌道の非共有電子対から電子を押し出す．各軌道の重なりは十分に大きく，非局在化の効率は高い．かたや塩素Clの非共有電子対は$3p_z$軌道にあるため，ベンゼン環のπ軌道と重なりにくく，非局在化の度合いも小さい．

一方でニトロ基は，Nが正電荷をもつから強い電子求引性の誘起効果を示すけれど，ほかに共鳴効果も電子求引性を示す．OHやNH_2の共鳴効果は電子供与性で，式(6.3)や式(6.6)のように，ベンゼン環のC上に負電荷がある極限構造に描けた．すると電子求引性の共鳴効果は，ベンゼン環のC上に正電荷がある極限構造に描けるのだろうか．たしかに描けて，次ページの

図のようになる.

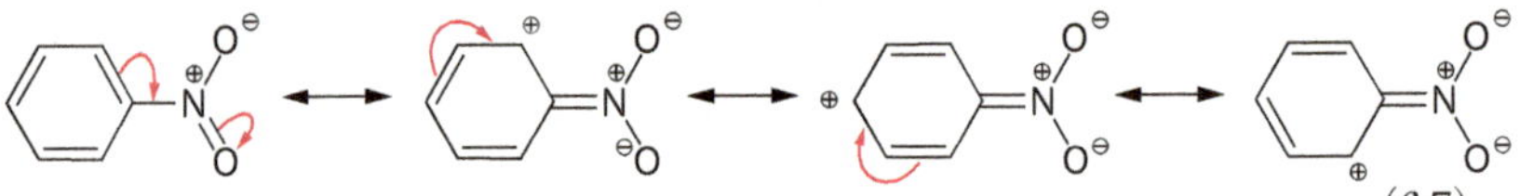

$$\text{(6.7)}$$

いままで紹介した共鳴と比べ，上図は多くの点がちがう．少していねいに見てみよう．

まず，ベンゼン環のπ結合の電子対が，ニトロ基のN原子（正電荷）に向けて動く．そのまま電子対を受けとればNの原子が10個になるから，N＝Oの結合のπ電子が，ドミノ倒しのように酸素原子へと渡される．

その流れは，フェノールやアニリンの場合とぴったり逆を向く．上図の流れが起こるには，① ベンゼン環に結合した原子に非共有電子対がなく，② その原子がヘテロ原子（Oなど）と二重結合または三重結合している必要がある．以上を満たす置換基は，電子求引性の共鳴効果を示す．

ニトロベンゼンの極限構造では，ベンゼン環上のCが正電荷をもつ．そのとき炭素原子は，価電子がオクテット則に合わない6個だから安定ではない．オクテット則を満たそうと，隣のπ結合から電子対を奪う．すると奪われた側のCが電子不足になる…というわけで，「電子不足状態」を複数のCが分かちあう形の（いままでとはちがう）共鳴安定化が起こる．電子対が次つぎと移るさまは，巻き矢印1本だけで表せる[*6].

*6 共鳴構造は電子対の非局在化を表すだけで，Cの陽イオン（カルボカチオン）が現実に存在するわけではない.

【例題6.3】 アニリンの双極子モーメントはどちら向きだと考えられるか．アニリニウムイオンではどうか．

【答】 アニリン：「N → ベンゼン環の中心」の向き（フェノールと同様，極限構造の電荷分布を考えればよい）．

アニリニウムイオン：共鳴安定化はなく，N上に正電荷があるため，正電荷を安定化させようとC-N結合のσ電子がN側にかたよる．つまり双極子モーメントは，「ベンゼン環の中心 → N」の向き．

ピリジン

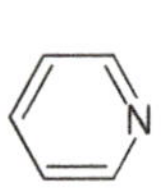

ピロール

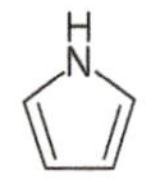

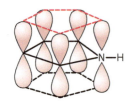

6.9 ベンゼン誘導体以外の芳香族化合物

ベンゼン誘導体でない芳香族化合物も多く，代表例にピリジン（欄外の図）がある．ピリジンのNもCと同じくsp^2混成にあり，$2p_z$軌道の電子を出して環状の6π電子系をつくる．窒素原子は，π軌道と垂直な向きに非共有電子対をもち，弱塩基性を示す．ピリジンの芳香族安定化エネルギー（117 kJ mol^{-1}）は，ベンゼンのほぼ3分の2にのぼる．

ピロール（欄外の図）はもっとおもしろい．なにしろ五員環だから，一見して芳香族化合物とは思いにくい．ただし，芳香族性をもつための条件は，「$(4n+2)$個のπ電子をもつ環状の共役系」だった．けっして「$(4n+2)$個の原子からなること」ではない（環の大きさは問題ではない）．とはいえピロールは，

Column！ 超共役

　メチル基 CH_3 は，誘起効果は示さないが，弱い電子供与性の共鳴効果を示す（表6.3）．電子供与性の共鳴効果は，置換基がもつ非共有電子対の非局在化だと説明してきた．しかしメチル基は非共有電子対をもっていないから，説明に困る．

　そこで「超共役」というものを考える．超共役とは，非共有電子対ではなく，C–H 結合の σ 電子が非局在化する現象をいう．メチル基は C–H 結合を 3 本もち，うち少なくとも 1 本の σ 軌道は，ベンゼン環の π 軌道と少し重なれる．重なりを通じ，σ 電子の一部がベンゼン環の π 軌道に流れこむ，と考える．むろん軌道の重なりは弱いし，σ 軌道と π 軌道ではエネルギー準位もちがうため，強い効果にはならない．

　フェノールとトルエンにつき，量子化学計算で求めた π 性の軌道ひとつを下図に示す．どちらも軌道は，置換基のある場所まで広がっている．O の $2p_z$ 軌道が重なる OH 基は当然として，非共有電子対がないメチル基も，π 性の軌道の一部に組みこまれるため，超共役の発想も突飛なものではないとわかるだろう．

フェノール

トルエン

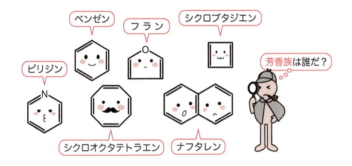

π 電子を 4 個しかもたないように思える．

　さて本章では，フェノールやアニリンの共鳴安定化を考える際，ヘテロ原子がもつ $2p_z$ 軌道の非共有電子対と，隣りあう π 軌道の電子が相互に行き来するさまを見てきた．改めてピロールを見ると，この分子も N 上に非共有電子対をもつ．ピロールは電子対を π 共役系に差し出し，見かけ上 π 電子の総数を 6 個にしているのだ．そのありさまは次のように描ける．

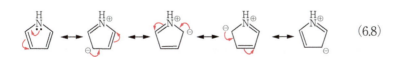 (6.8)

　ピロールの芳香族性は，上記で納得できよう．ピロールの芳香族安定化エネルギー（$92\ kJ\ mol^{-1}$）は，ピリジンよりさらに小さい．

　ピロールの N は sp^2 混成にあり，非共有電子対を $2p_z$ 軌道にもつ．もし非共有電子対が塩基としてふるまい，プロトンと結合すれば，式(6.8)のよう

な極限構造は描けなくなり，π電子が4個になって芳香族性は消える．そうなると芳香族安定化エネルギーもなくなって不安定化する．だからピロールは水よりプロトン化を受けにくい(Nに塩基性はない)．

最後にまた炭化水素に戻り，ベンゼン誘導体ではない芳香族化合物のひとつ，アズレン(欄外の図)を眺めよう．もはや読者も，六員環でないことに驚きはしないだろう．ただしπ電子は，右の環が7個，左の環が5個で，どちらも $(4n + 2)$ 個ではない．そこで「$7 + 5 = 6 + 6$」に注目しよう．つまり，左の環が右の環に電子を1個だけ融通すれば，めでたく芳香族性になる．「融通」後の姿いくつかを下に描いた．

アズレン

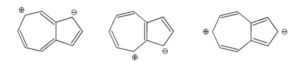

極限構造は，ほかにもいろいろ描ける．電子の授受が起こっている証拠に，炭化水素でありながらアズレンは 1.0 D の双極子モーメントをもつ．いつも左の環がプラス，右の環がマイナスの電荷を帯びているからそうなる[*7]．

*7 左の環では，プラス記号を添えたCの箇所でπ電子のつながりが途切れているように見えるが，そこには「π軌道と重なった空の $2p_z$ 軌道」があり，「π軌道からの電子を待ち構えている」と考えればよい．その空軌道も含めた全体がπ共役系をつくっている．

章末問題

1. 次の化合物がもつ異性体のうち，双極子モーメントが0の異性体を構造式で描け．
   ① ジクロロベンゼン　② トリクロロベンゼン
   ③ ジブロモジクロロベンゼン

2. 次のうち，芳香族性の化合物はどれか．

   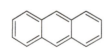

3. 次のうち，電子求引性の共鳴効果を示すと考えられる置換基はどれか．

4. ピリジンとピロールの双極子モーメントは，それぞれどちら向きか．

5. 通常，O–H の H はプロトンとして外れやすい．しかし C–H だと，Cの電気陰性度が(Oより)小さく，生じる負電荷を安定化できないため，H は外れにくい．ただしシクロペンタジエン(下図)の CH_2 の C–H は，炭化水素だというのに，水と同程度の pK_a 値を示す．なぜだろうか．

7章 官能基の効果——分子間力

- 分子どうしは，どんな力で引きあうのか？
- ものが溶けるとはどういうことか？
- テフロンのフライパンは，なぜ食材がくっつかないのか？
- マヨネーズが水と油に分かれないのはなぜか？
- 置換基の効果は，どんな数値で表すとわかりやすい？

有機分子の主要メンバーは，前章までにほぼ出そろった．官能基は多様な分子間力につながり，分子の化学的性質をも左右する．以下，そうした側面を見ていこう．

7.1 ファンデルワールス力

双極子どうしの電気的引力は，ファンデルワールス力と総称する．$2 \sim 5$ kJ mol^{-1} と弱いファンデルワールス力のうち，過渡的に生じる双極子（誘起双極子）どうしの引力がロンドンの分散力だった．ファンデルワールス力には，ほかに「配向力」と「誘起力」がある．どちらも距離の6乗に逆比例するため，分子が近接したときにだけ働く．

官能基が生む永久双極子モーメントをもつ分子どうしは，適切な向きで近づけば引きあう．エーテル分子間の配向力を図7.1に描いた．配向力は，分子どうしが「適切な向き」で近づいたときにしか働かない．

分子間力は，ある分子の永久双極子モーメントと，他分子の誘起双極子モーメントからも生じる（エーテルの場合が図7.2）．その相互作用（誘起力）は，配向力と同じくらい弱い．

単結合だけの化合物だと（OH基やNH基をもつものを除く），分子間力はおおむね弱いと考えてよい．

分子量や構造が似ている分子の物理的性質を表7.1にまとめた．分子間力の大きさは密度や沸点を左右する（2章）．炭化水素（**1**）に比べ，単結合したヘテロ原子を含む分子（**2**, **4**, **5**）は，その分だけ相互作用が強い．

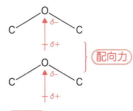

図7.1 エーテル分子間の配向力

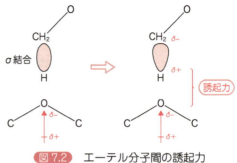

図7.2　エーテル分子間の誘起力

　エーテル **2** とスルフィド **3** を比べよう．C–O の分極は C–S より強いのに，分子量の似た化合物の沸点は，**3** のほうが高い．O より大きい S の生む分散力が，分極による配向力より大きいからそうなる．フッ化物 **5** と塩化物 **6** のあいだにも同じ傾向が見える．

　炭化水素の場合と同様，炭素鎖が長いほど分散力が増し，分子間力が強くなる（**6** と **7** の比較）．

　C=O 結合の分極は C–O よりずっと強く，ファンデルワールス力も大きいから，エーテル **2** に比べアルデヒド **8** やケトン **9** は沸点も密度も高い．

　表7.1中の「誘電率」とは，電場をかけた物質が，電場を打ち消すようにふるまう効率をいう．分子は，① 永久双極子モーメントが電場と逆を向くよう並ぶか，② 位置は変えず分子内の電子分布を変えるかで，外からの電場を打ち消す．おもに効くのは①だけれど，SやClなど第3周期以降の元素を含む分子では，②の寄与も大きい．

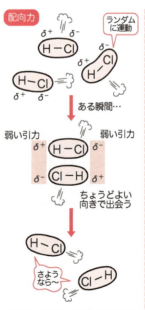
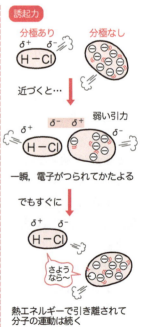

なお誘電率は，構成元素の種類と数，結合次数でおもに決まり，置換基の結合位置などにはさほど影響されない．そのため表7.1では，実測値のない化合物には関連化合物の参考値を載せた．

表 7.1　1個以下のヘテロ原子をもつ脂肪族化合物の物理的性質

化合物番号	化合物名	分子量	密度 /g cm^{-3}	沸点 /℃	誘電率[a]	双極子モーメント /D	水への溶解度 /g L^{-1}
1	イソペンタン	72	0.62	28	1.85	0.13	0.061
2	イソプロピルメチルエーテル	74	0.72	32	(4.3)[b]	1.2	47
3	エチルメチルスルフィド	76	0.84	67	(5.7)[c]	NA	22
4	エチルジメチルアミン	73	0.72	37	(2.4)[d]	NA	130
5	2-フルオロブタン	75	0.77	25	(3.9)[e]	NA	1.1
6	2-クロロプロパン	78.5	0.86	36	9.8	2.1	1.8
7	2-クロロブタン	92.5	0.87	69	8.6	2.0	0.65
8	イソブチルアルデヒド	72	0.79	64	(13.5)[f]	2.6	15
9	エチルメチルケトン	72	0.80	80	18.7	2.8	47
10	イソブチルアルコール	74	0.81	108	17.8	1.6	87
11	イソブチルアミン	73	0.72	68	4.4	1.3	>500
12	イソプロピルメチルアミン	73	0.70	50	(3.7)[g]	NA	135
13	プロパンチオール	76	0.84	68	5.9	1.7	19
(参考)	水	18	1.00	100	78	1.9	—

a) (　)内は構造の似た化合物の参考値：b) ジエチルエーテル，c) ジエチルスルフィド，d) トリメチルアミン，e) 1-フルオロペンタン，f) ブチルアルデヒド，g) ジエチルアミン．NA：データなし

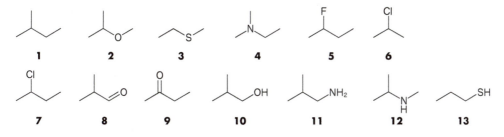

7.2　水素結合

酸素 O や窒素 N など，電気陰性度の大きい原子を X と書こう．X–H 結合を含む分子は，他分子と X–H⋯X 形の引きあい（⋯）をする．それを水素結合という．X–H の結合電子が X 側に大きくかたより，正電荷をもつ H 原子核（陽子）が「むき出し」に近い姿にある．そのため水素原子は，他分子の X 上にある非共有電子対（ローンペア）と強い静電力で引きあう．

向きをもつ水素結合は配向力の一種だけれど，配向力の 10 倍ほど強い．だから，同じ組成式でも，OH 基のあるアルコール **10** は，OH 基のないエーテル **2** と比べ，沸点も密度も大きくちがう．

同じ分子量のアミンどうしだと沸点は，第一級アミン **11** ＞第二級アミン **12** ＞第三級アミン **4** の順になり，水素結合できる H 原子数の順と一致する．

なお，Hの相手が異なるX–H⋯Y形の水素結合もできる．それも合わせると水素結合(⋯)の強さは，ほぼ次の値だと考えてよい．

$$\text{O–H}\cdots\text{N}(30\,\text{kJ mol}^{-1}) > \text{O–H}\cdots\text{O}(20\,\text{kJ mol}^{-1}) >$$
$$\text{N–H}\cdots\text{N}(12\,\text{kJ mol}^{-1}) > \text{N–H}\cdots\text{O}(8\,\text{kJ mol}^{-1})$$

O–HはN–Hより分極が強くてHを提供しやすい半面，NはOより塩基性が強くて非共有電子対を提供しやすいため，上記の序列になる．アルコール **10** とアミン **12** の物理的性質も，その序列に合う．

水素結合する化合物は，双極子モーメントがとくに大きいとはいえない．ただしアルコールの誘電率はかなり大きい．水素結合したOHの水素原子が，大きな正の部分電荷をもつうえに軽く，電場にすぐ追随するのでそうなる．

O–H結合2本と，O上の非共有電子対を2個もつ水 H_2O は，両方とも水素結合に利用でき，水素結合の分子間ネットワークをつくる（図7.3）．だから分子間力は，有機分子よりずっと強い．分子量からみて異常に高い沸点が，それを反映している．なお，水は誘電率も78とたいへん大きい．

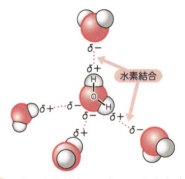

図7.3 水の水素結合ネットワークを表すモデル

一方，硫黄原子がほとんど水素結合できないため，スルフィド **3** とチオール **13** の性質に大差はない．Sの電気陰性度がHに近いこともあるが，それだけではない．Sなど第3周期以降にある元素の価電子は，核の電荷に引かれるよりは，広い空間を動きたい．Hに向けて非共有電子対を差し出すと運動範囲がせばまり，電子の居心地が悪くなってしまうのだ．こうして，明確に水素結合するのは，第2周期までの元素にかぎられる．

7.3 水への溶解度——溶媒の極性

表7.1には水への溶解度も載せた．おおよそ，ほとんど溶けない（$2\,\text{g L}^{-1}$ 未満），少し溶ける（$50\,\text{g L}^{-1}$ 未満），よく溶ける（$50\,\text{g L}^{-1}$ 以上）の3群に分かれる．水溶性は，分子構造とどうからむのだろう？

よく溶けるアミンやアルコールは，むろん水素結合を通じて水分子と混ざりあう．次に，C–O結合をもつエーテルやアルデヒド，ケトンは，水のO–Hに非共有電子対を提供して水素結合できる．スルフィドとチオールも，弱い

ながらS…H–O型の水素結合ができるため，少しは溶ける．

炭化水素とハロゲン化物は，水にほとんど溶けない．炭化水素は分散力が頼りだけれど，分子表面とH₂Oの引きあいが弱いため，炭化水素分子どうしで集まりたい．むろん水分子も，仲間どうし水素結合で集まりたがる．

周期表上で硫黄Sの右隣にある塩素Clの非共有電子対は，核電荷が大きい分だけ，Sの場合より強く核に引かれている．だから水素結合性はSよりさらに弱く，塩化物は水に溶けにくい．フッ素Fだと核の束縛力がClより強いので，周期表で2段目の元素なのに，非共有電子対は水素結合をつくらない[*1]．そのためフッ化物も水に溶けない．

アミン **4**, **11**, **12** の溶解度は，ほかよりも格段に高い（表7.1）．H₂O分子とO–H…N型の強い水素結合をする事情もあるが，アミンの塩基性も関係している．アミンは式(7.1)のように水と反応する．

$$RNH_2 + H_2O \rightleftharpoons RNH_3^{\oplus} + HO^{\ominus} \tag{7.1}$$

弱塩基のアミンは一部しかプロトン化しないけれど，有機アンモニウムイオン $RNH_3^{\oplus}$ ができると，まわりの水分子がいっせいに向きを変え，負電荷のO原子を $RNH_3^{\oplus}$ に向けてとり囲む結果，イオン–双極子相互作用で安定化する．直接のクーロン力より弱い 20 kJ mol⁻¹ 程度の相互作用でも，水分子が

*1 無機化合物のフッ素水素HFは，水素を差し出せるので水素結合性を示す．

Column ! 水と油とテフロン

水と油は混ざらない．フッ素樹脂（商品名テフロン）をコートした鍋に食材がくっつかないのも，おなじみだろう．油とフッ素樹脂の分子構造を下に示す．

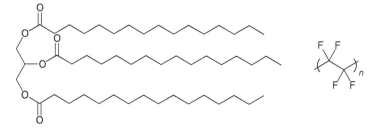

油の分子は，官能基があっても炭化水素の割合が高いため，実質は炭化水素のようなものとみてよい．フッ素樹脂は–CF₂–がつながりあってできる．

表7.1のイソペンタンと同じく油は水に溶けないから，油と水を容器に入れると，分子間力が強くて密度の大きい水が下，油が上になって分離する．

かたやフッ素樹脂は，2-フルオロブタン（表7.1）と同じく水素結合性がないため，水分子となじまない（水にぬれない）．また，F上の電子が強く束縛されている結果，分散力もたいへん弱いから，フッ素樹脂は水も油もはじく．

*2 誘電率がたいへん大きい水 H_2O は，正負イオンの生む局所電場をぐっと弱め，イオンどうしを "隔離" 状態にする．

いくつも協同的に働くため，総合ではときに 100 kJ mol^{-1} を超え，イオンを強く安定化させる．食塩もイオン-双極子相互作用を通じて水に溶ける[*2]．

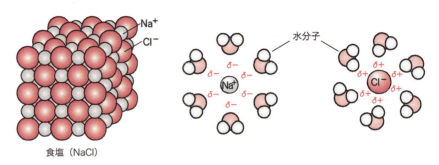

食塩（NaCl）

7.4 溶媒の極性

有機化学では，反応や精製に溶媒を多用する．溶媒の選択では，目的物を溶かせるかどうかが要点になる．そのときは通常，"極性" に注目し，水によく混ざる高極性溶媒（極性溶媒）と，混ざりにくい低極性溶媒，ほとんど混ざらない非極性溶媒（炭化水素など）に分類する．

極性が似たものどうしは溶けあいやすい．低極性溶媒には，ハロゲン化物やエーテル，ケトンなどがある．表 7.1 にあげたうちでは，炭素数の小さいアルコール（メタノールやエタノール）だけが，水とどんな割合でも混ざりあう極性溶媒だといえる[*3]．

*3 結合や分子の極性（つまり双極子モーメント，5章）とは意味合いが少々ちがうところに注意したい．

もう少し範囲を広げ，ヘテロ原子が二つ以上の官能基をもつ脂肪族化合物の性質を眺めよう（表 7.2）．

酸クロリド **14** やエステル **15** は，塩化アルキル **6**，エーテル **2**，ケトン **9** などからおおむね予想できる性質を示す．

カルボン酸 **16** は，水素結合で下図のようなペア（二量体）をつくりやすいため，沸点が高くて誘電率が低い．

$$C_2H_5 \begin{matrix} O\text{--HO} \\ \text{OH--O} \end{matrix} C_2H_5$$

エステル **15** も第三級アミド **19** も，水素結合性はないけれど，互いの性

表 7.2 ヘテロ原子が二つ以上の官能基をもつ脂肪族化合物の物理的性質

化合物番号	化合物名	分子量	密度 /g cm^{-3}	沸点(融点) / ℃	誘電率	双極子モーメント / D	水への溶解度[a)]
14	酢酸クロリド	78.5	1.11	52	15.8	2.7	—[b)]
15	酢酸メチル	74	0.93	57	6.7	1.7	81.5
16	プロピオン酸	74	0.99	141	3.4	1.8	95.6
17	プロピオンアミド	73	0.95 (80 ℃)	222 (79)	(66)[c)]	3.4	61 wt%
18	*N*-メチルアセトアミド	73	0.95 (35 ℃)	206 (31)	179	4.4	misc
19	*N,N*-ジメチルホルムアミド	73	0.95	153	36.7	3.8	misc
20	ニトロエタン	75	1.04	114	28	3.2	53
21	酢酸アンモニウム	77	1.07 (固体)	(114)	—	—	60 wt%
22	グリシン	75	1.16 (固体)	(262) [分解]	—	—	20 wt%

a) 特記しないかぎり g L^{-1} 単位．misc＝どんな割合でも混じりあう．b) 水と反応するため測定不能．c) 酢酸アミドの参考値．

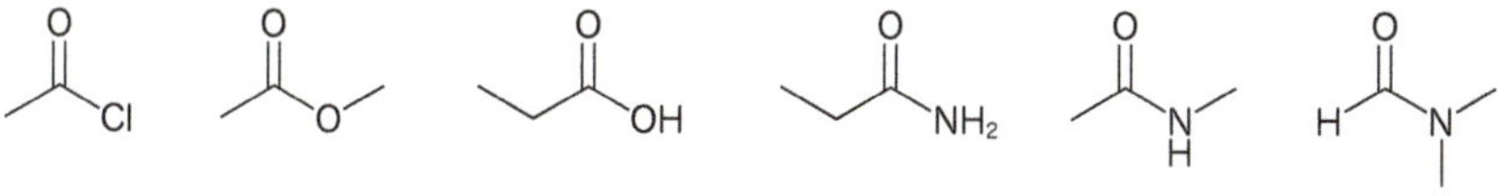

14 **15** **16** **17** **18** **19**

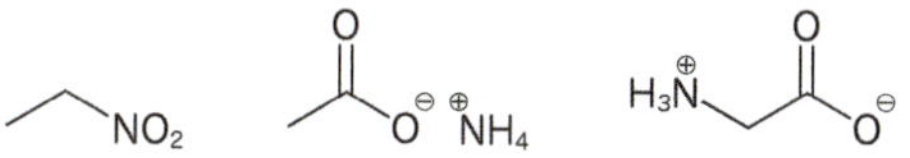

20 **21** **22**

質は大差を示す（エーテル **2** と第三級アミン **4** の類似性と好対照をなす）．その背景には，官能基の共鳴効果がある．エステルもアミドも，図 7.4 のように共鳴構造で描ける．

どちらも，中性分子と双性イオンが極限構造になる．ふつうは中性分子の寄与が大きいけれど（6 章），アミドだと双性イオンの寄与も無視できない．塩基性の高い N の非共有電子対が電子を供給し，電気陰性度の大きい O が π 電子を非共有電子対として受け入れる…という連係プレーが起こるのでそうなる．アミドの双極子モーメントと誘電率が，その状況をよく反映する．

また通常，水素結合は誘電率を上げる．だから，水素結合できるアミド

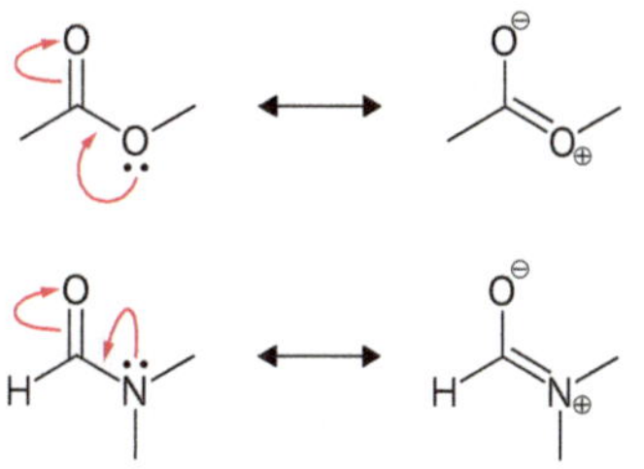

図 7.4 エステル（上段）とアミドの共鳴構造

17 や 18 の誘電率はさらに上がり，18 の値は水より大きい．むろん高極性のアミドは水に溶けやすい．

ニトロ化合物 20 は，水素結合はしないものの，ニトロ基の内部で電荷のかたよりが大きいため分子間力が強く，極性も高い．

カルボン酸とアミンの塩は，クーロン引力が強いから常温で固体になる（21, 22）．正電荷および負電荷のあり場所は，別の分子上でも，同じ分子上でもよい．後者は双性イオン性化合物といい，代表例にアミノ酸のグリシン 22 がある．双性イオン化合物の電荷は，アミドの極限構造とはちがって永久的だから，アミドよりも分子間力はさらに強い．双性イオン化合物は水によく溶ける．

【例題 7.1】 次のアミノ酸で，水溶性はどんな順序になるか．簡単のため，アミノ酸の構造は（双性イオンではなく）中性分子の姿に描いてある．

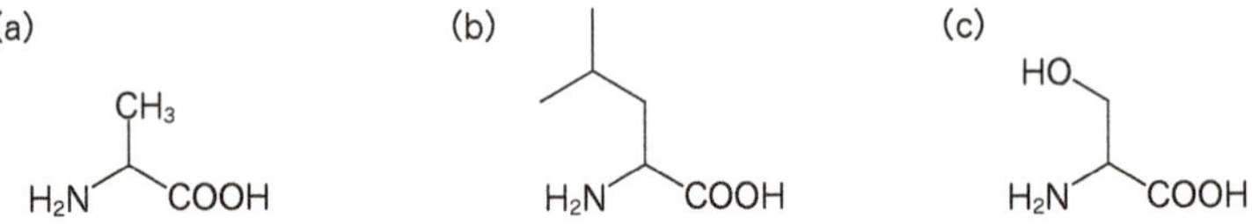

(a) アラニン　(b) ロイシン　(c) セリン

【答】c（実測値 $423\ \mathrm{g\ kg^{-1}}$）＞ a（同 $165\ \mathrm{g\ kg^{-1}}$）＞ b（同 $22\ \mathrm{g\ kg^{-1}}$）

Column！　アミノ酸とタンパク質

人体をつくるタンパク質は，20 種のアミノ酸（α-アミノ酸）がつながってできる．水中のアミノ酸は双性イオン（図①）の姿をとり，ほどほどの水溶性を示す．ほとんどの生体内反応は水中で進むため，アミノ酸の水溶性は生命にとって重い意味をもつ．

タンパク質をつくり上げるアミノ酸の「ペプチド結合」はアミド結合ともいい，やはり極性が高くて水となじみやすい．

タンパク質は，おおむね 100 個以上（知られる最大値は約 3 万個）のアミノ酸からでき，ほぼ同数のペプチド結合がある．タンパク質が機能を発揮するには，アミノ酸分子の鎖が「ただ伸びる」だけではなく，しかるべき三次元構造になるよう，正しく折りたたまれなければいけない．

そこに水素結合が活躍する．ある分子鎖の C＝O と，別の分子鎖の N–H が水素結合する…といった現象が分子全体のあちこちで起こり，分子がみごとに折りたたまれる．このようにタンパク質は，がっしりした立体構造を保持しながらも水に溶けるという，絶妙なバランスをもつ分子だといえる．生命の精妙な分子世界には驚きが尽きない．

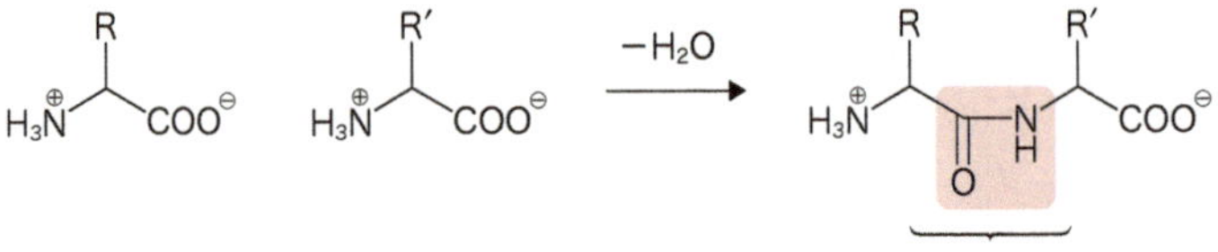

図① アミノ酸の縮合によるペプチド結合の形成

7.5 両親媒性分子——水と油の仲人

いままで説明したように,極性の面で「似たものどうし」は混ざりあいやすい.水と油は,混ざりあわないペアの代表だった.

じつは,水になじむイオン性部位と,油になじむアルキル基の両方をもつ両親媒性分子というものがある.それを水に入れたらどうなるだろう?

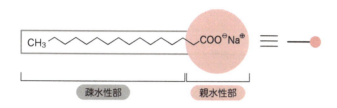

イオン性部位は水となじむが,アルキル基は水となじまない.だから分子は,イオン性部位を水のほう,アルキル基を空気のほうに向けて水面に集まる(図7.5).だが水面はすぐ満杯になり,以後はやむなく水中に入るけれど,やはりアルキル基は居心地が悪い.そこで,水との接触面積を減らそうと,アルキル基どうしが集まる.

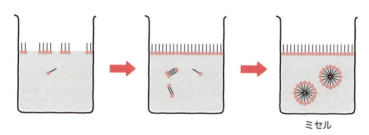

図7.5 水に入れた両親媒性分子のふるまい

濃度が一定値を超すと,アルキル基が内側,イオン性基が外側の球になって,それぞれが落ち着く.できる球体をミセルという.両親媒性分子の濃度がさらに上がれば,ミセルの数が増えていく.ミセルの直径は数nm〜数十nmで,目には見えない.ただし光を散乱するため,ミセルの分散水溶液を入れたガラス容器に横からLEDの光やレーザー光を当てると,光の通路がくっきり見える.

次に,少量の油を浮かべた水に,両親媒性分子を入れるとしよう.最初は水と油の界面に集まる.界面が満杯になると,先ほどのような分子集合体をつくるけれど,その際は両親媒性分子だけが集まるのではなく,油をとりこんで分子集合体をつくる(図7.6).

油を含む分だけ球の直径は増え,0.1μm〜数μmになる.すると光を散乱し,白く濁って見える.その現象を乳化といい,乳化の産物はエマルションとよぶ.身近なエマルションには,用語「乳化」のもとになった牛乳や,マヨネーズ(酢+油+卵黄)がある.牛乳ではカゼイン(タンパク質)が,マヨネー

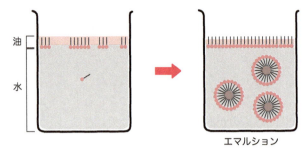

図 7.6 エマルションの形成

ズでは卵黄中のレシチンという分子が，両親媒性分子の役目をする．

　牛乳やマヨネーズは，両親媒性分子が水と油の仲をとりもち，エマルションという安定なエネルギー状態をつくっている．だから，放置しても油と水に分かれはしない．

　エマルション中で両親媒性分子は水と油の界面にある．ただ水に入れたときの両親媒性分子はまず水面に集まるが，水面は「水と空気の界面」にほかならない．このように両親媒性分子は界面に集まり，界面の性質を変えることになるため，「界面活性剤」ともよぶ．界面活性剤は，洗剤や柔軟剤，シャンプー，化粧品，インク，撥水剤など，暮らしのいたるところで使われる．

7.6　芳香族化合物の性質

　同じ官能基をもつ芳香族化合物と脂肪族化合物で，性質に何かちがいはあるのだろうか？　それをつかむには，構造の似たベンゼン誘導体とシクロヘキサン誘導体を比べるのがいい．炭素数が 6 にもなると，室温で固体の物質も多い（表 7.3）．

　芳香族のほうが融点および沸点は高く，密度も大きい．ベンゼン環が平面で，サイズの大きい π 共役系をもつからファンデルワールス力が強く，空

Column! 表面張力

コップに水を少しずつ注いでいくと，最後はコップの縁から水が盛り上がる．盛り上がりは，水の表面張力が生む．表面張力とは，液体表面にある分子どうしの引きあいをいう（下図左）．ミクロ世界の相互作用が，目に見える形で現れるのだ．水の表面張力はたいへん大きい．

台所用洗剤を薄め，盛り上がった水に1滴たらすと，水はたちまちこぼれてしまう．なぜか？洗剤（界面活性剤）の分子は水面に集まる（下図の中央）．水面をつくる分子は少数だから，洗剤はほんの少しでよい．

水面の空気側にはアルキル鎖が群れ，ロンドンの分散力で引きあうけれど，アルキル基どうしの引きあいは，水分子どうしの水素結合より弱い．かたや水側には，溶媒和イオンがある．陽イオンは動きやすいが，界面付近に固定された陰イオンどうしは静電的に反発力しあう．つまり水面の上でも下でも，横方向の結びつきが弱まる結果，表面張力が下がって水がこぼれる．

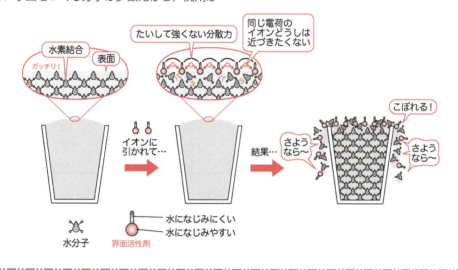

表 7.3 ベンゼン誘導体とシクロヘキサン誘導体の物理的性質

置換基 X	ベンゼン誘導体					シクロヘキサン誘導体				
	密度	沸点(融点) /℃	誘電率	双極子モーメント / D	水への溶解度 g L^{-1}	密度	沸点(融点) /℃	誘電率	双極子モーメント / D	水への溶解度 g L^{-1}
なし	0.88	80	2.3	0	1.8	0.78	81	2.0	0	0.1
OH	1.07(固)	182(41)	12.4(30)	1.2	83	0.95(固)	161(25)	15.0(25)	1.9	38
COOH	1.32(固)	249(122)	3.0	1.7	3.4	1.05(固)	232(30)	2.6	2.3	2.1
CH$_3$	0.87	110	2.4	0.38	0.7	0.77	101	2.0	0	< 0.1

間の充填度も高いのでそうなる．そうした性質は誘電率にも反映され，芳香族化合物の誘電率がやや高い．

ベンゼンもシクロヘキサンも双極子モーメントは0だが，ベンゼンは，広がったπ電子系による分散力の分だけ誘電率が高い．こうして極性は，ベンゼン誘導体のほうが少しだけ高くなる．

7.7 芳香族化合物の酸性・塩基性

同じ置換基をもつ芳香族と脂肪族では，物理的性質が少しだけちがうとわかった．化学的性質はどうだろう．脂肪族カルボン酸の例（5章）にならい，置換基が安息香酸の酸性にどう影響するか（置換基効果）を眺めよう．カルボキシ基の m 位と p 位に置換基をもつ安息香酸の pK_a 値を表7.4に示す．

表7.4 ベンゼン誘導体の化学的性質に対する置換基効果

置換基 X	m-置換安息香酸の pK_a	p-置換安息香酸の pK_a
CH_3	4.27	4.36
H	(4.20)	(4.20)
Ph	4.14	4.19
OCH_3	4.09	4.47
OH	4.08	4.57
Cl	3.80	4.00
CH_3CO	3.83	3.70
Br	3.81	4.00
$C≡N$	3.60	3.55
NO_2	3.45	3.44

置換酢酸（5章）と同様，pK_a が安息香酸の値4.20より大きい置換基は電子供与性，小さい置換基は電子求引性とみなす．表7.4を一見してわかるとおり，m 位と p 位では置換基効果の傾向がちがう．脂肪族の置換カルボン酸だと，カルボキシ基から遠い置換基ほど効果は薄れたが，安息香酸では，m 位の示す傾向が，カルボキシ基から遠い p 位でむしろ強まったり，ときには m 位と p 位で置換基の効果が逆転したりする．つまり脂肪族カルボン酸と芳香族カルボン酸では，置換基の効果がずいぶん異なる．

置換基が同じ酢酸と安息香酸の pK_a をそれぞれ横軸と縦軸にして描けば，図7.7ができる．m-置換体なら両者の相関は高いけれど，p-置換体の pK_a はバラバラに見える．p-置換では，距離とともに減る置換基効果のほか，(m 位で効かず）p 位では効く別の効果があり，その寄与が大きいためだろう．いったいどんな効果だろうか？

置換ベンゼンの共鳴構造（6章）を振り返ろう．式(6.4)と式(6.6)に描いた電子供与性基つきベンゼンは環上に負電荷をもち，式(6.7)に描いた電子求引性基つきベンゼンは環上に正電荷をもつような共鳴構造となる．こうした極限構造をよく見れば，環上の電荷はいつも置換基の o 位か p 位にあり，m 位にはないと気づく．ベンゼン環の置換基効果が置換基の位置で変わる理由は，まさしくそこにある．

メトキシ安息香酸を例に考えよう．まずはカルボキシ基に目をつぶると，

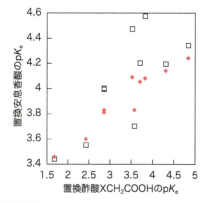

図 7.7 置換酢酸と置換安息香酸の pK_a
◆ : m-置換体, □ : p-置換体.

メトキシベンゼン（慣用名アニソール）の共鳴構造は，式(7.2)に描ける．

$$(7.2)$$

そこにカルボキシ基を描き入れ，メトキシ基が安息香酸の解離にどう影響するかを考える．まず p-メトキシ安息香酸を考え，式(7.2)の極限構造のうち，関係がとりわけ深い左から3番目のものだけを描こう．

$$(7.3)$$

右辺で生じる陰イオンは，カルボキシラートの隣のC上に負電荷がある．近接した位置に同符号の2電荷がある構造は，静電エネルギー的に安定ではない．それを避け，未解離形に向けて平衡が動くため，無置換の安息香酸より酸として弱い．メトキシ基のOは電気陰性度が大きく，σ結合を通じた電子求引性の誘起効果をもつが，距離とともに減衰するからあまり効かない．**かたや，ベンゼンのπ結合を介する共鳴効果は減衰しないため**，電子供与性の共鳴効果（上記）が際立つ．ベンゼンのπ共役系が完璧に非局在化しているからこその現象だといえる．

次に m-メトキシ安息香酸を考えよう．酸解離前の構造としては，次の二つが関係するだろう．

しかしどちらも，カルボキシラートイオンの隣に負電荷がなく，p-メトキ

シ体とちがって電荷間の反発はない．すると，メトキシ基のOがもつ電子求引性の誘起効果が際立って，pK_a値が下がるだろう．

電子求引性の置換基をもつ安息香酸の解離につき，CH_3CO（アセチル基）を例に考えよう．アセチル化ベンゼン（慣用名アセトフェノン）単独の共鳴構造は，次のように描ける．

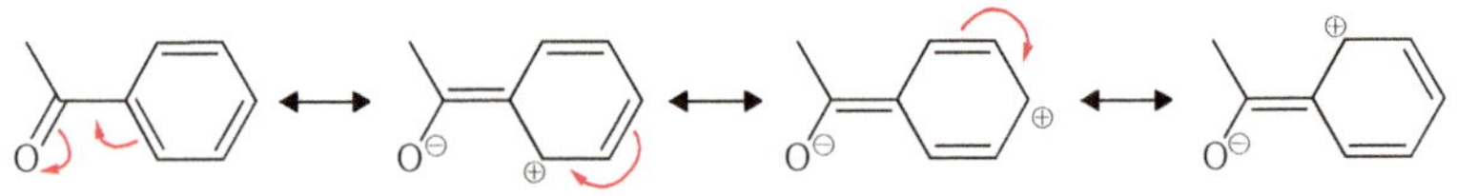

$$\text{(構造式)} \qquad (7.4)$$

先ほどと同様なp-置換体の酸解離はこう書ける．

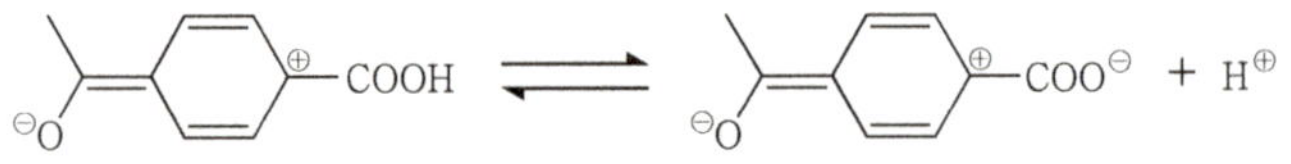

$$\text{(構造式)} \qquad (7.5)$$

正電荷と負電荷が隣りあう解離形（右辺）は，クーロン引力の分だけ安定化する．そのため酸性度は，無置換の安息香酸より高い．メトキシベンゼンのときと同じ理由で，m-体はそうした安定化を受けない．

このように，共鳴効果をもつp位の置換基は，大きな作用をする．ただし塩素Clは，非共有電子対のある$3p_z$軌道とベンゼンのπ軌道がうまく重ならないため（6章），電子供与性の共鳴効果が小さい．だから塩素置換安息香酸ではおもに誘起効果が効き，m-体の酸性がp-体より強い．$4p_z$軌道に非共有電子対のある臭素Brの置換体も，塩素と似た性質を示す．

表7.4にo-置換体のデータは載せていない．o-置換体ではさらに別の因子も加わり，複雑な効果が出るからだ．COOH基の隣に置換基があると，置換基どうしが（ベンゼン環を介さず）相互作用し，それが安息香酸の解離に影響する．

たとえばサリチル酸（o-ヒドロキシ安息香酸）は，OH基の電子的効果だけなら，強い電子求引性の誘起効果と，強い電子供与性の共鳴効果を示し，両者が相殺してpK_aが無置換の安息香酸に近いだろう．サリチル酸の実測pK_a値（2.97）は，上の予想値とはずいぶんちがう．酸解離が生むCOO$^\ominus$に向けてOH基が水素を差し出し，強い水素結合ができる（大きく安定化する）のでそうなる（図7.8）．

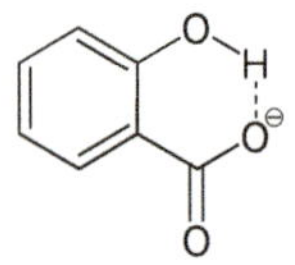

図7.8 サリチル酸が解離してできるアニオンの構造

以上，安息香酸の解離に置換基が及ぼす影響は，m-, p-置換体にかぎれば，誘起効果と共鳴効果で整理できるとわかった．ただ，現実の化合物が示す性質を考える際は，二つの効果がどんな割合で効くかはともかく，両方を合わせた効果さえわかればいい．それを数値化したものを置換基定数σという．σ値は，ハメットが置換安息香酸のpK_a（pK_a^Xとする）をもとに整理した量で，安息香酸の値をpK_a^Hとしたとき，式(7.6)で定義される．

$$\sigma = pK_a^H - pK_a^X = 4.20 - pK_a^X \tag{7.6}$$

pK_a^X が小さい（安息香酸の酸性度を上げる）置換基だとσは正値，逆の場合は負値になる．つまりσ値が正なら電子求引性の置換基，負なら電子供与性の置換基だといえる．σ値の例を表7.5にまとめた．

表7.5 ハメットのσ値

R	p-置換体	m-置換体
NH_2	−0.66	−0.16
OH	−0.36	+0.12
OCH_3	−0.27	+0.12
Me	−0.17	−0.07
H	0.00	0.00
Ph	+0.01	+0.06
F	+0.06	+0.34
Cl	+0.23	+0.37
Br	+0.23	+0.39
$COCH_3$	+0.52	+0.30
$COOC_2H_5$	+0.52	+0.40
CN	+0.66	+0.68
NO_2	+0.78	+0.71

定義式からわかるとおり，横軸をσ値，縦軸を置換安息香酸のpK_aにしたグラフは，傾きが正の直線になる．便利なことにσ値を使うと，他のベンゼン誘導体の性質，たとえば置換アニリンの塩基性や，置換フェノールの酸性，さらには置換ベンゼン誘導体の反応速度まで説明，予測できる．

例として置換アニリンの塩基性を見てみよう．グラフは図7.9になる．ぴったり一直線になるほど単純ではないが，直線性はなかなかよい．直線の傾きは負だから，置換基の電子求引性が高いほど，アニリンがもつアミノ基の電子密度が下がり，塩基性が低くなるとわかる．

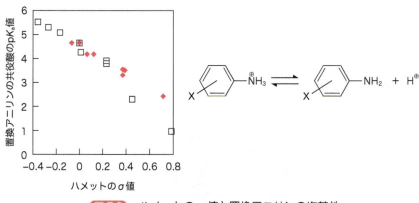

図7.9 ハメットのσ値と置換アニリンの塩基性
◆：m-置換体，□：p-置換体．

安息香酸の酸性度から得たσ値が別の化合物にも使える事実は，置換基そのものの性質が，状況にあまり左右されないことを表す．σ値は足し引きもできる．たとえば p-アミノ-m-メチル安息香酸の pK_a は，p-アミノ基と m-メチル基のσ値から $4.20-(-0.66)-(-0.07)=4.93$ と予測でき，実測値 4.95 との一致度はきわめて高い．何か化合物を実際に合成および測定しなくても，化学的性質を見積もれるのだから，便利この上ない．

σ値は経験値なので，置換ベンゼンにからむあらゆる性質や反応に使えるわけではなく，万物がベンゼン誘導体でもないため，適用範囲はかぎられる．とはいえ，「予測に使える」性質は，薬剤や機能材料の分子設計など，分子レベルの「ものづくり」にはおおいに役立つ．

【例題 7.3】 σ値を使い，次に示す置換安息香酸の pK_a 値を予測せよ．

(a) HO-, HO- ─COOH　(b) O_2N-, Cl-, O_2N- ─COOH

【答】 (a) $4.20-(-0.36)-(+0.12)=4.44$，(b) $4.20-(+0.23)-2\times(+0.71)=2.55$ ［実測値：(a) 4.48，(b) 2.64］

7.8 芳香族化合物のイオン化エネルギーと吸収波長

置換基が示す効果は，酸性度や反応性にかぎらない．以下，イオン化エネルギーと吸収波長に及ぼす効果を調べよう．

イオン化エネルギー I とは，分子から電子1個を叩き出す最低エネルギーをいい，I が小さい分子ほど電子を出しやすい．電子を出すのは酸化だから，I が小さいほど物質は酸化されやすいといえる．

空気中のアニリンは酸素にじわじわと酸化され，無色透明だったものが茶色から黒に変わっていく．酸化経路は複雑で，多様な生成物ができる．1857年にパーキンが紫の染料モーブ（世界初の化学製品）をつくれたのも，アニリンが酸化されやすいからだった．

世界初の化学製品　染料モーブ

ほどほどに酸化されやすいフェノール類も，酸化防止剤として化粧品やゴム，絶縁油などに添加する．製品の本体より先に酸化されるため，製品の劣化を防いでくれる．

次に吸収波長を考えよう．明確な共鳴効果がある置換基をつけたベンゼン誘導体は，共鳴効果が電子供与性だろうと求引性だろうと，吸収波長がベンゼンより長い（表7.6）．なぜだろうか？

π共役系は，共役部分が長いほど吸収波長が長かった（4章）．ベンゼン自身がもつπ共役系の長さは，点対称の位置にあるC−C間の距離とみてよい．共鳴効果をもつ置換基をベンゼン環につけると，環上のπ電子系と電子のやりとりを行う．するとπ共役系は，おおよそ置換基部分まで広がる．そのため吸収波長が長くなる（図7.10）．π電子のないシクロヘキサンは，吸収波長がたいへん短い．

表 7.6　置換ベンゼン類の性質

化合物	置換基	イオン化エネルギー / eV	吸収波長 / nm
アニリン	$-NH_2$	7.72	291
トルエン	$-CH_3$	8.83	269
フェノール	$-OH$	8.49	271
アニソール	$-OCH_3$	8.20	278
ニトロベンゼン	$-NO_2$	9.9	288
クロロベンゼン	$-Cl$	8.9	265
安息香酸	$-COOH$	9.3	273
ベンゼン	$(-H)$	9.24	256
シクロヘキサン	—	9.88	165

図 7.10　ベンゼンと置換ベンゼンのπ共役系範囲

紫外線吸収剤は，太陽光が含む紫外線を吸収して肌を守る．太陽光の紫外線には，波長290〜320 nmの成分（UVB）と320〜380 nmの成分（UVA）があり，うちUVBの生体影響がとりわけ大きい．紫外線吸収剤に使う図7.11の分子は，270〜330 nmの範囲を吸収する．π共役系の範囲が広いため，吸収波長はアニリンや安息香酸より長い．

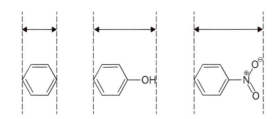

図 7.11　紫外線吸収剤の一例

1. 有機化学実験の溶媒によく使う下記の化合物は，非極性溶媒，低極性溶媒，極性溶媒のどれか．
   ① ジクロロメタン CH_2Cl_2 ② ベンゼン ③ アセトン CH_3COCH_3
   ④ N,N-ジメチルアセトアミド $CH_3CON(CH_3)_2$ ⑤ ヘキサン C_6H_{14}

2. ① グルコース（ブドウ糖）は「いす型シクロヘキサン」に似た分子構造（下図）をもち，水によく溶ける．なぜ水溶性が高いのか．

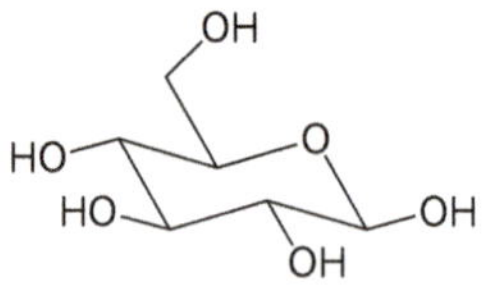

   ② グルコース分子の一部を切り出したような構造の化合物 **A** も，いす型シクロヘキサンに似た形をもつ．かたや，**A** の酸素原子 1 個を N に置換した **B** の構造は，いす型ではない．どのような構造だろうか．

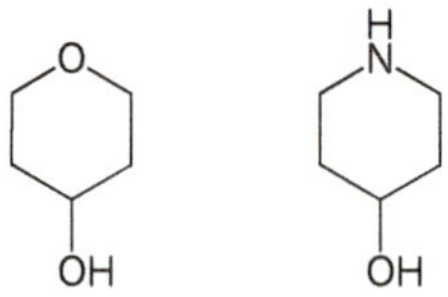

3. ヒトの細胞と外界を仕切る細胞膜は，リン脂質という両親媒性分子からなる．リン脂質分子は，イオン性の部分（●）1 個あたり 2 本のアルキル鎖（━━━）をもつ．細胞は内外とも水に接している．リン脂質はどんなふうに集まって細胞膜をつくっているか，考えてみよ．

   ══━● （リン脂質分子のモデル）

4. 図 7.11 にあげた紫外線吸収剤の共鳴構造を考えよう．簡単のためアルキル基は R や R′ と書き，一部の極限構造は省略した．アミノ基のからむ共鳴は次のように書ける．

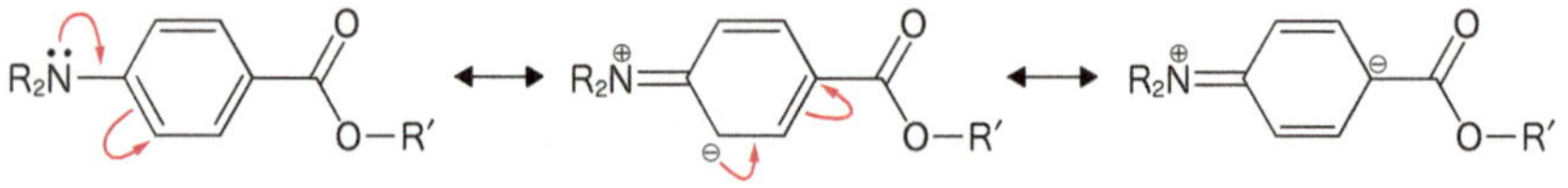

   また，エステル基がからむ共鳴は次式に書ける．

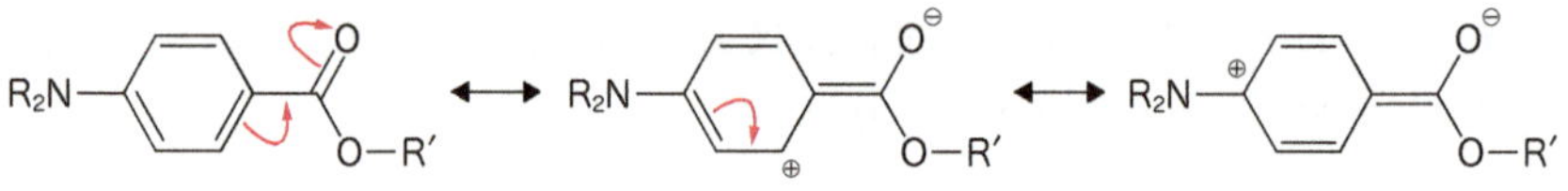

   極限構造 **C** と **D** から電子対をうまく移動させると，ある共通の極限構造 **X** をつくり出せる．**X** は長い π 共役系をもつ．**X** の構造を描いてみよ．

   C ⟷ **X** ⟷ **D**

8章 有機化学反応 ——電子が主役

- 有機化学反応（有機反応）はどのように進むのか？
- 有機反応の向きは何が決めるのか？
- 反応は，分子がどのように近づけば起こるのか？
- 有機化合物の pK_a 値と反応性はどう関連するのか？
- 化学反応は，分子軌道をもとにどう説明できるか？

いよいよ有機反応の話に入る．高校化学でも若干の反応を習うが，「なぜ起こるか」の説明はいっさいない（生徒が化学を「暗記モノ」として敬遠する風潮の一因）．① ある反応は起こりうるのか，② 起こりうるなら，どれほど進みやすいのか…を嗅ぎとる力の養成が，有機化学学習のコアとなる．

有機反応の主役は電子…それを本章で実感・納得しよう．

8.1 有機反応の姿

酸塩基反応は，一般形でこう書けた（5章）．

$$X: \quad H-Y \longrightarrow X^{\oplus}-H \quad Y^{\ominus} \tag{A}$$

塩基 X が非共有電子対（ローンペア）を差し出し，酸 H–Y からプロトン $H^{\oplus}$ をもらって X–H 結合ができる．それと同時に，H–Y 結合をつくっていた電子対は，非共有電子対として Y に収容される．上の例では反応前が中性分子，反応後がイオン対だが，そうでなく，次のパターンでもよい．

$$X^{\ominus} \quad H-Y \longrightarrow X-H \quad Y^{\ominus} \tag{B}$$

$$X: \quad H-Y^{\oplus} \longrightarrow X^{\oplus}-H \quad Y \tag{C}$$

ふつう生成物「:Y」の「:」は省くため，本書でも省いた．

B でも C でも，「イオン + 中性分子」が，別の「イオン + 中性分子」に変わる．B にあたる例として，たとえば次の反応(8.1)がある．

$$HO^{\ominus} \quad H-O-\underset{\underset{O}{\parallel}}{C}- \longrightarrow HO-H \quad {}^{\ominus}O-\underset{\underset{O}{\parallel}}{C}- \tag{8.1}$$

Cにあたる例は，5章の例題5.4で見た．これから出合う反応あれこれのうちで，Aのタイプは珍しく，BやC（反応物の片方がアニオンかカチオン）のタイプがほとんどを占める．

なお，式(8.1)を見てわかるとおり，反応に直接関係しないイオンは反応式に書かなくてよい[*1]．

*1 反応(8.1)の塩基源は，NaOH, KOH, LiOH などのどれでもよい．

上記の酸塩基反応（$H^{\oplus}$授受）は大事だが，これだけでは，多様な分子骨格の有機化合物はつくりだせない．多彩な化合物をつくるには，**炭素の結合を変える反応**が欠かせない．そうした反応が有機反応にほかならず，一般形では次のように書ける．

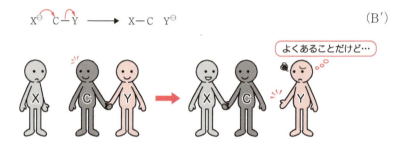

(B′)

反応B′は，反応Bの水素Hを炭素Cに換えたものだが，非共有電子対を差し出す原子と，電子対をもらう原子がある点は，反応Bと変わりない．なお反応B′は，炭素がもつ共有結合4本のうち，反応に直接関係する結合だけを描いたものだと考えよう．たとえば，高校でも扱うナトリウムアルコキシドの反応(下記)が，B′の一例になる．

$$\text{(反応式)} \tag{8.2}$$

*2 ブトキシ基〔$CH_3(CH_2)_3O-$〕は「ブチルオキシ基」の通称．

反応(8.2)は，CH_3IのIがブトキシ基[*2]で置き換わるから，**置換反応**とよぶ．ブトキシドイオン$C_4H_9O^{\ominus}$が，O上の非共有電子対をCとの結合形成用に提供し，同期してC-I結合の電子対がI上に移る．酸塩基反応(A～C)だと，$H^{\oplus}$に非共有電子対を差し出すものを塩基とよんだ．一方，式(8.2)のブトキシドイオンのような，C原子に向け非共有電子対を差し出すものは**求核剤**とよぶ．また，電子対をもらうヨウ化メチルCH_3Iのようなものを**求電子剤**，電子対を得て外れるヨウ化物イオン$I^{\ominus}$のようなものを**脱離基**という．

上の例なら通常，反応の進みを「求核剤が求電子剤を**攻撃**した」といい表す．やや物騒な表現だが，C原子に結合した脱離基を求核剤が追い出して置換

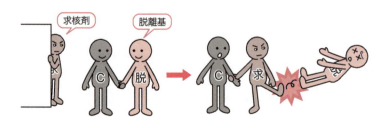

わるさまをよく表していよう*3.

反応(8.2)の生成物は，次のように別の化合物どうしの反応でも得られる*4.

$$\text{CH}_3\text{O}^{\ominus} \quad \text{I} \longrightarrow \text{CH}_3\text{O} \quad \text{I}^{\ominus} \tag{8.3}$$

> 【例題 8.1】 反応(8.3)で，求核剤と求電子剤はそれぞれ何か．
> 【答】　求核剤：メトキシドイオン(ナトリウムメトキシドなども可)
> 　　　　求電子剤：ヨウ化ブチル

C原子の結合に注目すると，反応(8.2)ではCH_3IのCが，反応(8.3)では$\text{C}_4\text{H}_9\text{I}$をつくるC原子のうちI原子と直結したCが，それぞれ結合を変えている．かたやアルコキシドイオンを見ると，結合の形成にはO原子だけが関係し，C原子の結合は何ひとつ変わっていない．一般に，反応で結合を変えるC原子は，分子全体のうち一部にすぎない．

8.2　反応の向き

反応(8.2)を逆向きに書けば，$\text{I}^{\ominus}$を求核剤，ブチルメチルエーテルを求電子剤とした次の反応になる．

$$\text{I}^{\ominus} \quad \text{CH}_3\text{O} \xrightarrow{?} \text{I}-\text{CH}_3 \quad {}^{\ominus}\text{O} \tag{8.4}$$

だがこの反応は進まない．化学反応には，自然に進む向きと進まない向きがある．反応は，物質群のエネルギーが下がる向きにだけ進む．

塩酸とNaOH水溶液を混ぜれば，中和反応がたちまち進んで塩ができる(自発変化)．しかし食塩水を加熱または撹拌しても，HClガスが出てNaOH水溶液が残る…といった逆向き変化は起こらない．酸や塩基は高エネルギー物質，中性の塩が低エネルギー物質だからそうなる．有機反応もそれに似て，**中性に近づくのが自然な向き**だと心得よう．

Na塩を想定した反応(8.2)は，左辺が強塩基(ナトリウムブトキシド)，右辺が中性(ヨウ化ナトリウム)だから自然に進む．かたや反応(8.4)は，進めば中性のものから塩基ができるので，自然には進まない．

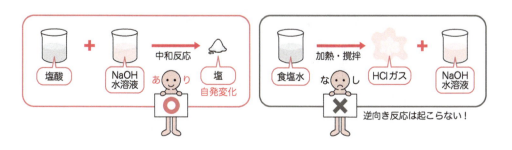

*3 反応(8.2)でCH_3Iの代わりにHIを使えば，ブトキシドイオンは塩基だといえる．つまり，何に非共有電子対を差し出すかで，同じ物質のよび名が塩基にも求核剤にもなる．なお，用語「求核剤」は本来「物質」を指すから，カチオンも含め「ナトリウムブトキシド」とよぶのが筋だけれど，反応にからむ部位だけのよび名ですますことも多い．

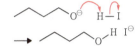

*4 反応(8.3)は，反応物との対応が見やすいよう生成物の構造を少し変えて描いたが，単結合を回せば，反応(8.2)と同じ生成物になる．

一般化すれば,「強酸の共役塩基が脱離する置換反応は起こりやすい」といえる. そうした脱離基には $I^\ominus$ や $Br^\ominus$, $Cl^\ominus$, $RSO_3^\ominus$ などがある（どの場合も,共役酸は pK_a が -1 以下の強酸）. なお, HF は $pK_a = 3.2$ の弱酸だから, フッ化アルキルは置換反応を起こさない.

【例題 8.2】 次のうち, 起こりそうな反応はどれか.

(a), (b), (c), (d) の反応式（省略）

【答】 (a) と (c). (b)：反応前後とも塩基性（中性には近づかない）. (c)：アミンは塩基性, アンモニウム塩は中性に近い. (d)：中性から酸性に向かう.

8.3 分子の目で見た置換反応

物質の姿が変える化学反応の背後には, 分子やイオンの織りなすミクロ世界の出来事がある. だから化学反応の理解には, ミクロ世界を想像する力が欠かせない. たとえば(8.2)の置換反応は, 分子やイオンのどんなふるまいが起こすのだろう？

有機反応は通常, HCl と NaOH の中和ほど簡単には起こらない. 起こるには, 反応に特有なエネルギーの「山越え」を要する (図 8.1). 山越えには, 十分なエネルギーで分子どうしが衝突しなければいけない. 反応を促す加熱も, 山越えに必要なエネルギーを分子に与えるためだと考えよう.

衝突のエネルギーに加え, 分子どうしの位置関係も効く. 適切な向きで衝

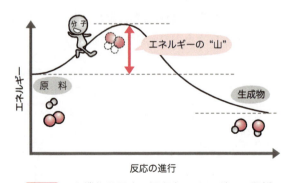

図 8.1 有機化学反応の進行とエネルギーの関係

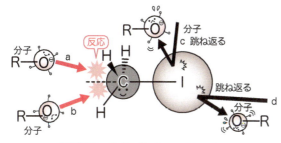

図8.2 求核剤と求電子剤の衝突
置換反応は，aやbなら起こりやすく，cやdだと（I原子の電子と反発しあって）起こりにくい．

突しないと反応は起こらず，分子が跳ね返るだけで終わる．では，どんな向きならいいのか？ 反応するC原子と，脱離基として抜ける原子を結ぶ線の延長上から，求核剤が近づいてくればよい（図8.2）．

以上のことは，次のように考えればよい．脱離基は，Cとの電気陰性度差が生む部分負電荷をもつ（Cl，OSO_2R など）か，もともと電子が多い（Br，Iなど）．一方で求核剤の非共有電子対も，負電荷か部分負電荷をもつ．求核剤が脱離基のある側から近づけば，（部分）負電荷間どうしが静電反発し，反応を起こすほどの衝突にはなりにくい．他方，求核剤が脱離基から遠い側から近づけば，十分なエネルギーで衝突でき，反応が始まるだろう．

8.4 反応を左右する別の要因——軌道間の相互作用

有機反応の進みかたには，高校では教えない別の大事な要因も効く．分子軌道二つ（求核剤のHOMOと求電子剤のLUMO）の間に働く相互作用だ（図8.3）．

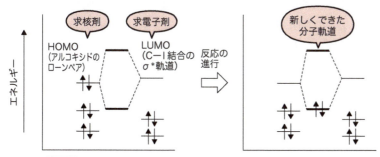

図8.3 求核剤のHOMOと求電子剤のLUMOの相互作用

分子内の電子は，ある居場所（被占軌道）に2個ずつペアで収まっている．また分子には，電子は入っていないが固有の形をもつ「空き部屋（空軌道）」もある．求核攻撃では，求核剤が差し出した電子対を，求電子剤が受けとる．電子対がスムーズに授受されるには，求核剤の被占軌道と求電子剤の空軌道が十分に重なっていなければいけない．

電子をいちばん出しやすいのがHOMO，いちばん受けとりやすいのがLUMOだから，求核剤のHOMOと求電子剤のLUMOに着目するとよい．

Column! なぜ求核剤のHOMOと求電子剤のLUMOか？

分子2個のあいだで，被占軌道と空軌道の組合せは何通りもある．ただし，新しい結合性軌道ができる際のエネルギー低下分は，もとの被占軌道−空軌道間のエネルギー差に反比例するとわかっている．そのため，被占軌道−空軌道間のエネルギー差が最小になる相互作用が優先し，通常は求核剤のHOMOと求電子剤のLUMOの組合せが該当する．量子化学計算によると，ブトキシドイオンのHOMOとCH_3IのLUMOのエネルギー差は1.64 eVで，HOMOとLUMOのセットが逆なら1桁大きい16.65 eV（エネルギーの利得がわずか1/10）だから，後者のセットの寄与は小さい．

反応(8.2)なら，ブトキシドイオンのHOMOはO原子上にほぼ局在化し，CH_3IのLUMOはC−I結合のσ^*軌道にほぼ等しい．

軌道間の相互作用は，求核剤のHOMOより低エネルギーの軌道と，求電子剤のLUMOより高エネルギーの軌道を生む．そして，求核剤のHOMOにあった電子対が，低エネルギーの軌道に移る．

新しい軌道に電子対が入れば，当初は求核剤のものだった電子対が求電子剤との間でシェアされ，共有結合ができる．また，求電子剤の側からみれば，炭素−脱離基間の反結合性軌道に電子対が入ったことになって，C−脱離基間の結合が切れる．つまり，新しい結合の形成と，古い結合の切断が同時に起こる結果，反応は完結する．

HOMO-LUMO相互作用がうまく起こるには，軌道二つの重なり，とりわけ求電子剤のLUMOの形が効く．CH_3IのLUMOは図8.4の形をもち，この軌道と求核剤のHOMOがよく重なる必要がある．図8.4の軌道は，電荷のかたよりの説明で触れた「共有結合の延長上」に広がっているため，軌道相互作用の面からも，矢印の向きに近づくのが有利だとわかる．

図8.4 ヨウ化メチルのLUMO

C−I結合のσ^*軌道．左がCH_3，右がI．矢印の向きに求核剤が近づいたとき反応が起こる．

8.5 脱離反応と置換反応——塩基か求核剤か？

メトキシドイオンとヨウ化ブチルの反応(8.3)では，1-ブテン$CH_2=CHCH_2CH_3$も副生する．1-ブテンは，ヨウ化ブチルからヨウ化水素HIが抜けた形をもつ．このように小分子が抜けて多重結合ができる反応を，一般に**脱離反応**という．脱離反応は次のように進むと考えてよい．

$$\text{(8.5)}$$

メトキシドイオンは，ヨウ素Iが結合したC原子を直接攻撃するのではなく，隣のC上にある水素Hを引き抜く．つまり，塩基のふるまいをしている．そのあと，C−Hのσ電子がC=Cのπ電子になる変化と，C−I結合

のσ電子がI上へ局在化する現象が一気に進んで反応は完結する[*5].

同じ活性種が求核剤にも塩基にもなる有機反応は多く，それが副反応の原因となる．ある化合物をつくりたいときは，副反応がなるべく起こらないような合成経路を探す．上の例だと，置換生成物の1-メトキシブタンを得たいなら，脱離反応が競合しない反応(8.2)を採用する．

一方，目的物質が脱離生成物なら，なるべく求核性の低い塩基(tert-ブトキシカリウム $(CH_3)_3CO^\ominus K^\oplus$ など)を使う．図8.5でわかるとおり，tert-ブトキシドイオンは，メトキシドイオンよりだいぶ大きい．ただ大きいだけでなく，反応点になる $-O^\ominus$ のまわりが混み合っている．そのことを，「tert-ブトキシドイオンはメトキシドイオンよりかさ高い」といい表す[*6].

[*5] C–I結合のσ*軌道に隣接するC–H結合の電子対が「横にずれて」入ってくるため，C–I結合は切れる．「横ずれ」した電子対が，そのままC＝Cのπ電子になる．

[*6] 直鎖の $CH_3CH_2CH_2CH_2O^\ominus$ は， $CH_3O^\ominus$ より大きいが，かさ高くはない．

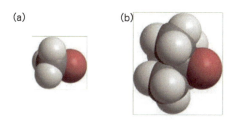

図8.5　メトキシドイオン(a)と tert-ブトキシドイオン(b)の空間充填モデル

置換反応で，アルコキシドイオンが求電子剤(脱離基)の逆側からCに近づく際，脱離基をもつCに結合した別の置換基は邪魔になる．アニオンがかさ高いと「邪魔」の度合いも高く，求核攻撃しにくい．かたや，塩基として働く際は，「邪魔」がいる炭素でなく，少し離れたHに近づけばよい．Hには「邪魔」が結合していないため，かさ高いアニオンでもかまわない．それに注目し，アニオンを(求核剤ではなく)塩基としてだけ働かせれば，脱離反応を優先的に起こせる．

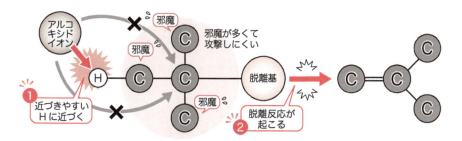

【例題8.3】　反応(8.2)なら，脱離反応は競合しない．なぜか．
【答】　脱離反応では，脱離基をもつCに隣りあうCに結合したHが抜ける．反応(8.2)の CH_3I だと，脱離基Iをもつ C に隣りあう C がないから，脱離反応は起こらない．

【例題8.4】　(a) ヨウ化物 **A** に $CH_3O^\ominus$ を作用させると，置換反応ではなく脱離反応が起こる．なぜか．(b) 脱離生成物の分子構造を描け．(c) 置

換反応生成物にあたる化合物 **B** がほしい．どんな方法でつくれるか．

【答】 (a) メチル基3個が邪魔し，脱離基をもつC原子に $CH_3O^{\ominus}$ が近づけない．
(b)

(c) *tert*-ブトキシドイオンとヨウ化メチル CH_3I を反応させる．

8.6 カルボニル化合物への付加

反応 B′ のバリエーションに，次のような反応がある．

$$X^{\ominus} \quad C=Y \longrightarrow X-C-Y^{\ominus} \qquad (B'')$$

炭素が X から電子対をもらうと同時に，C＝Y 結合の電子対が一組だけ Y 上に移る．具体例をひとつあげよう．

$$CH_3^{\ominus} \quad CH_2=O \longrightarrow CH_3-CH_2-O^{\ominus} \qquad (8.6)$$

いままでみた反応だと，負電荷をもつのは O やハロゲンなど C 以外の元素だったため，C 上に負電荷のある $CH_3^{\ominus}$ は違和感が漂う．けれど，メチルリチウム CH_3Li や臭化メチルマグネシウム CH_3MgBr など，$CH_3^{\ominus}$ をもつ化合物は多く，C の電気陰性度は金属元素より大きい(5章)．こうした化合物で電子は C 側に大きくかたより，C 上に負電荷があると考えてよい[*7,8]．

$CH_3^{\ominus}$ のような C 上に負電荷がある有機アニオンを，**カルボアニオン**という．反応 (8.6) と同様，カルボアニオンが別の化合物の C を攻撃すれば新しい炭素骨格ができるため，カルボアニオンは有機合成に多用する．

さて反応 (8.6) では，アルコキシドができる．それは一見，反応 (8.4) にからめていったこと，つまり「強塩基のアルコキシドができるのは不利」と矛盾しているように思える．

しかし塩基性の強弱は相対的な話で，左辺にある $CH_3^{\ominus}$ の塩基性がアルコキシドより高ければ，反応により塩基性は下がる．メタンを酸とみたときの pK_a 値 (49) は，アルコールの pK_a 値 (16) より 33 も大きい[*9]．つまり，メタンは酸としてアルコールより 10^{33} 倍も弱いため，より強い酸の共役塩基 (= より弱い塩基) が生じる反応 (8.6) は，酸塩基反応の基本ルールに合う．

[*7] 炭素と金属元素を含む化合物を有機金属化合物と総称する．

[*8] 一般式 RMgBr の化合物は臭化アルキル RBr と金属 Mg から合成でき，発見者の名からグリニャール反応剤（グリニャール試薬）という．

[*9] 水素 H を結合した化合物は，どれも酸と見なせる．メタンは「極端に弱い酸」だと思えばよい．

【例題 8.5】 次の反応の生成物は何か．

(a) $CH_3\overset{\ominus}{C}H_2$ + CH₃CHO ⟶ (b) $CH_3^{\ominus}$ + (CH₃)₂C=O ⟶

【答】 (a) [構造式] (b) [構造式] および [構造式] (+ I⁻)

8.7 C=O結合への求核攻撃

反応(8.6)は，メチルアニオン CH_3^- とホルムアルデヒド HCHO がどんな向きに衝突して起こるのだろう？ 直観的には反応(8.2)と同じく，C=O 結合の延長上にある O の反対側から，と思いたくなるが，実際はちがう．

C=O は π 結合と σ 結合からなり，それぞれに反結合性の π* 軌道と σ* 軌道が伴う．両者のエネルギー準位を比べると，必ず π* 軌道のほうが低い．反応には求核剤の HOMO と求電子剤の LUMO の重なりが肝心だから，求核剤の CH_3^- は，C=O がもつ π* 軌道の方向から HCHO に近づく．

ビュルギらが調べた結果，軌道の重なりが最大になるのは，C=O に対し 107° の角度で求核剤が近づくときだとわかった(図 8.6)．この角度は，sp³ 炭素の結合角 109.5° に近く，反応が進むと C の混成軌道は sp² から sp³ に変わるため，その角度を先取りしたと思えばよい．

図 8.6 HCHO の LUMO (C=O 結合の π* 軌道)
左側が CH_2 で右側が O. a または b の向きから求核剤が近づくと反応が起こる.

8.8 カルボニル化合物の2段階反応

次のような反応もある．

$$HO^- + CH_3COCl \longrightarrow CH_3COOH + Cl^- \tag{8.7}$$

タイプとしては，B′ と B″ のどちらだろう？ 見た目は，反応(8.2)と同じく C–Cl が C–OH に変わるから，B′ タイプに思える．だが実のところ上の反応は，むしろ B″ に近い．反応は次の2段階で進む．

(第1段階)
$$HO^- + CH_3COCl \longrightarrow [CH_3C(OH)(Cl)O^-] \tag{8.8}$$

(第2段階)
$$[CH_3C(OH)(Cl)O^-] \longrightarrow CH_3COOH + Cl^- \tag{8.9}$$

大カッコをつけたものは反応中間体といい，不安定なのでとり出せないが，実在は証明されている．上記からわかるとおり OH^- は，まず C=O 結合を攻撃する．C=O の π* 軌道が LUMO だからそうなる(8.5節)．このように求核剤は，LUMO をめがけて攻撃をしかける．

第2段階では，いったん切れた C=O 二重結合の復活と同期して，C–Cl 結合が切れる．1分子内の出来事だから，HOMO/LUMO 相互作用で論じる

のはむずかしい．ただし直観的には，C−Cl の σ* 軌道に対し〝ぴったりの向きで"同じ分子内にある O⊖ 上の電子対が入りこむ結果，C−Cl の σ 結合が切れ，非共有電子対だった電子 2 個が C＝O 結合の π 電子になる，とみてよい（図 8.7）．8.5 節の脱離反応と似ているが，8.5 節の反応では C＝C 結合が生じたのに，反応（8.9）では C＝O 結合が生じている．

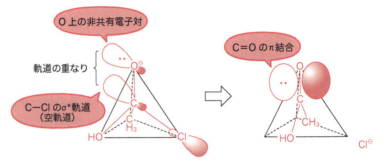

図 8.7 酸クロリドの塩基性加水分解反応（後半部分）

なお，反応（8.9）の生成物のカルボン酸は水より酸性が強いため，現実には OH⊖ とたちまち次のように反応（酸解離）する．

$$\text{CH}_3\text{COO-H} + {}^{\ominus}\text{OH} \longrightarrow \text{CH}_3\text{COO}^{\ominus} + \text{H-OH} \tag{8.10}$$

【例題 8.6】 N,N-ジイソプロピルエチルアミン（塩基）**A** の存在下，酸無水物 **B** をブタノール **C** と反応させ，酸処理後に **D** を得た．巻き矢印を使って反応の機構を描け．

（構造式：A, B, C, D）

【答】 次のとおり（ジイソプロピルエチルアミン **A** を R_3N と略記）．

（反応機構の図）

8.9 酸が進める反応

高校化学では,濃硫酸の作用で進む反応をいくつか習う.強酸の濃硫酸は,有機化合物にプロトン $H^⊕$ を与えて反応を促す.

例として,エタノールからエーテル(ジエチルエーテル)ができる反応を眺めよう.エタノールに濃硫酸を入れると,次の平衡が成り立つ.

$$\text{HO-S(=O)(=O)-OH} + \text{CH}_3\text{CH}_2\text{OH} \rightleftharpoons \text{HO-S(=O)(=O)-O}^⊖ + \text{CH}_3\text{CH}_2\text{O}^⊕\text{H}_2 \quad (8.11)$$

プロトン化エタノール分子を,中性のエタノール分子が攻撃し,反応(8.12)のような置換を起こす.そのとき,中性の水分子が脱離する.

$$\underset{\text{不安定}}{\text{EtOH}} + \underset{}{\text{EtO}^⊕\text{H}_2} \rightleftharpoons \underset{\text{不安定}}{\text{Et-O}^⊕\text{H-Et}} + \text{H}_2\text{O} \quad (8.12)$$

両辺のカチオンが同じくらい不安定なので,可逆(平衡)反応になる.なお,右辺のカチオンは硫酸水素イオンやエタノールとの間で酸塩基平衡にあるため,エーテルができる.

$$\text{HO-S(=O)(=O)-O}^⊖ + \text{Et-O}^⊕\text{H-Et} \rightleftharpoons \text{HO-S(=O)(=O)-OH} + \text{Et-O-Et} \quad (8.13)$$

こうした「酸触媒反応」は,$H^⊕$授受を含む複数の反応からなり,どの段階も平衡にある.だから反応は完結せず,反応物(基質)と生成物を一定比率で含む混合物ができる.平衡反応を十分に進ませたいなら,ルシャトリエの原理を使い,反応液から生成物を除けばよい.上の例だと沸点の差(エタノール 78 ℃,エーテル 34 ℃)に注目し,エーテルだけを気化させて除けば,平衡を生成物側にずらせる.

硫酸がないとどうだろう? 反応(8.12)に似せればこう描ける.

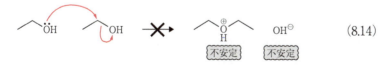

反応(8.14)の組合せだと,基質より生成物がずっと不安定なため,反応はまったく進まない.つまり硫酸は,ほどほどに不安定な(=反応性の高い)中間体をつくる役目をしていたとわかる*10.

同じ反応に,別の強酸 HBr を使えばどうか? エタノールのプロトン化までは同じでも,($HSO_4^⊖$にはない)求核性をもつ $Br^⊖$ が,中間体のカチオン

*10 エタノールがどんどんエーテルになって飛んでいくなら呑み助は大弱りだが,現実にそんなことは起こらないから安心してよい.

を攻撃する結果，臭化エチルができてくる〔式(8.15)〕．

$$\text{(図: Br}^-\text{ が CH}_3\text{CH}_2\text{-O}^+\text{H}_2 \text{ を攻撃} \longrightarrow \text{CH}_3\text{CH}_2\text{Br} + \text{H}_2\text{O)} \tag{8.15}$$

反応(8.15)でも H_2O が脱離する．強酸の共役塩基はよい脱離基になるのだった(8.2節)．H_2O の脱離はそれに合うのか？ 共役塩基とは，「酸から H^+ が外れたもの」だから，H_2O が共役塩基になる酸は，H_3O^+ にほかならない．pK_a 値が 0 の H_3O^{+*11} は十分に強い酸といえるから，H_2O は「脱離基ルール」にかなっている．

*11 H_2O が酸として働くときの pK_a 値 14.0 と混同しないように．

同じカチオンでも，$pK_a \approx 9$ のアンモニウムイオン NH_4^+ は強酸ではないため，下記の置換反応は進まない．エチルアミンと臭化水素を混ぜれば有機アンモニウム塩が生じるだけで，その先は何も起こらない．

$$\text{(図: Br}^- + \text{CH}_3\text{CH}_2\text{-N}^+\text{H}_3 \xrightarrow{\times} \text{CH}_3\text{CH}_2\text{Br} + \text{NH}_3\text{)} \tag{8.16}$$

【例題 8.7】 高温でエタノールに硫酸を作用させると水分子が脱離し，エチレンができる．その反応の機構を描け．

【答】 硫酸によるエタノールのプロトン化まではエーテルの生成と同じ．以後は下記の反応が進む．

$$\text{HO-SO}_2\text{-O}^- + \text{H-CH}_2\text{-CH}_2\text{-O}^+\text{H}_2 \longrightarrow \text{HO-SO}_2\text{-OH} + \text{CH}_2=\text{CH}_2$$

8.10 エステル化反応

高校化学では，硫酸存在下でアルコールとカルボン酸を反応させればエステルができることも習う〔式(8.17)〕．そのしくみを考えてみよう．

$$\text{CH}_3\text{COOH} + \text{CH}_3\text{CH}_2\text{OH} \xrightarrow{\text{濃硫酸}} \text{CH}_3\text{COOCH}_2\text{CH}_3 \tag{8.17}$$

まず，次のように硫酸が酢酸をプロトン化する．ふつうはプロトン供給源となる酢酸も，自分より強い酸には塩基としてふるまう．

$$\text{H}_2\text{SO}_4 + \text{CH}_3\text{COOH} \rightleftharpoons \text{HSO}_4^- + \text{CH}_3\text{C(OH)}_2^+ \tag{8.18}$$

次に，プロトン化された酢酸をエタノールが攻撃する．

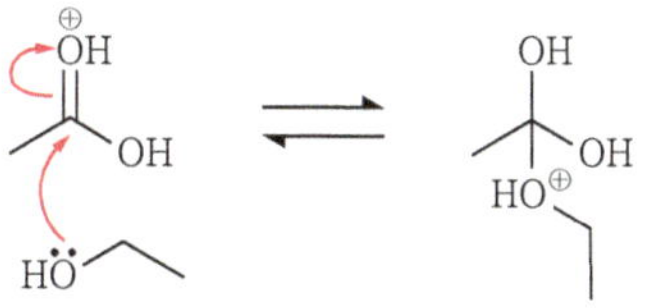

$$\text{(8.19)}$$

このままだと反応は先に進まない．プロトン $H^\oplus$ が右辺の化合物からいったん外れ，別の O に結合する．そのあと H_2O 分子が脱離していく〔式(8.20)〕．

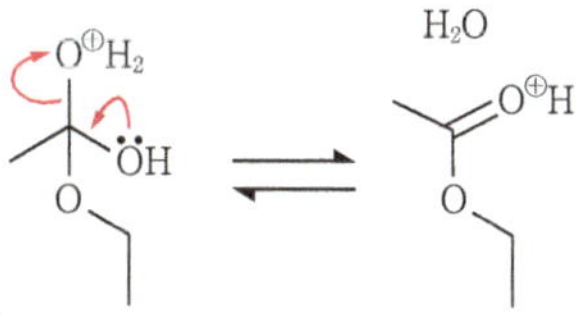

$$\text{(8.20)}$$

次に，まわりのエタノール分子や硫酸水素イオンなどに $H^\oplus$ が移り，エステル分子ができ上がる．

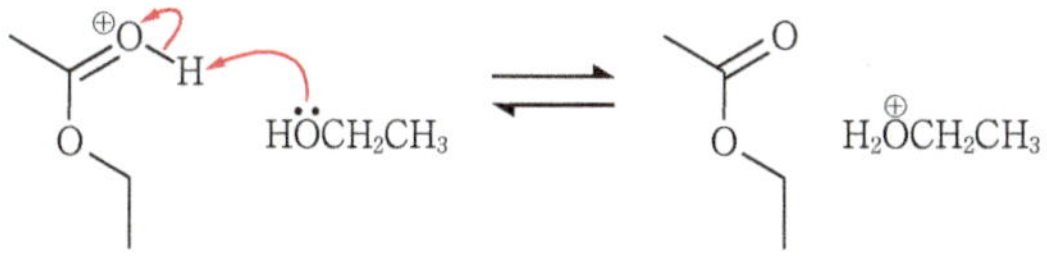

$$\text{(8.21)}$$

エステル化は，上記のような多段階反応で進む．エステルができる際，H_2O 分子1個が抜ける．このように，簡単な分子が抜けて分子2個が合体する反応を**縮合**という．

どの段階も平衡にあるから，全体も平衡反応になる．つまり上記は，エステル合成となる半面，酸加水分解でエステルをカルボン酸とアルコールにする反応でもある．両向きとも完全には進まず，反応物の量や温度に応じて一定比率になったとき，反応は止まったように見える．

エステル化の第1段階は，硫酸由来の $H^\oplus$ と酢酸分子の反応だった．酢酸は酸だから，わざわざ硫酸から $H^\oplus$ をもらわなくても，別の酢酸分子からもらってもよさそうに思える〔式(8.22)に描ける酢酸の自己解離〕．

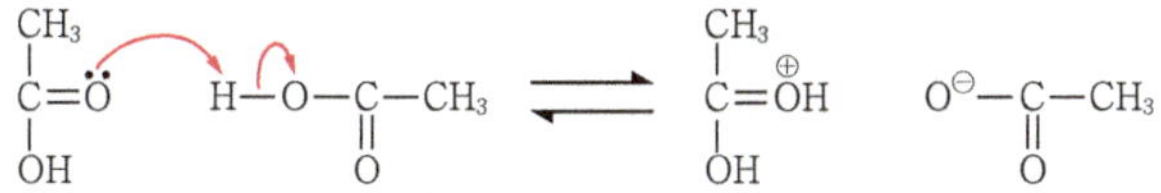

$$\text{(8.22)}$$

ただし，上記の平衡定数は 3.55×10^{-15} とたいへん小さく，プロトン化された酢酸の割合は 10^{-8} くらいしかない．また，反応系中にはエタノールもあるため，酢酸のプロトン化率はもっと下がる．だからエステル化には，反応活性種をたっぷり恵んでくれる濃硫酸を使う．

【例題8.8】 エステルは NaOH 水溶液中で加水分解される．下記を出発点とする加水分解反応の機構を，巻き矢印を使い，段階反応の形で描け．

【答】

$$\text{CH}_3\text{C}(=O)\text{OCH}_2\text{CH}_3 + {}^-\text{OH} \rightleftharpoons \text{CH}_3\text{C}(O^-)(\text{OH})\text{OCH}_2\text{CH}_3 \longrightarrow \text{CH}_3\text{C}(=O)\text{OH} + {}^-\text{OCH}_2\text{CH}_3$$

$$\longrightarrow \text{CH}_3\text{C}(=O)\text{O}^- + \text{HOCH}_2\text{CH}_3$$

塩基性条件の各段階には一方向の反応もあるため，酸加水分解とはちがい，反応は完結する．塩基は最後のカルボキシラートイオン生成で消費されるから，上記は「塩基触媒反応」ではなく，エステルと当量の塩基を要する．

8.11 不安定なX−C−OH

カルボニル化合物への1段階付加〔式(8.23)〕は，塩基性条件の反応にはあったけれど，酸性条件の反応にはなかった．

$$\text{Br}^- \quad \text{CH}_2=\overset{\oplus}{\text{O}}\text{H} \longrightarrow \text{Br}-\text{CH}_2-\text{OH} \tag{8.23}$$

前節のエステル化反応では，プロトン化カルボニル基を水分子が攻撃するため，式(8.15)で見た「エタノール → 臭化エチル」と同じ理屈で，反応(8.23)が起こってもよさそうな気がする．

しかし，そんな生成物はとれてこない．この「とれてこない」がミソで，反応は現に起こるのだが，生成物が安定でなく，たちまち原料に戻ってしまう．つまり反応の素顔はこう書ける．

$$\text{CH}_2=\overset{..}{\text{O}} \quad \text{H}-\text{Br} \rightleftharpoons \text{Br}^- \quad \text{CH}_2=\overset{\oplus}{\text{O}}\text{H} \rightleftharpoons \text{Br}-\text{CH}_2-\text{OH} \tag{8.24}$$

式(8.24)の最右辺にあるX−C−OH（Xはハロゲン，O，Nなど電気陰性度の大きい原子）というsp³炭素の化合物は，安定ではない．何かの拍子に生じても，式(8.24)の逆反応が進み，カルボニル化合物とHXに分解する．見かけ上は，OHの酸素がXを"追い出した"といえよう．

似た反応には，もう出合っている．塩基性条件で進む酸クロリド加水分解の第2段階〔反応(8.9)〕がそうで，アルコールではなくアルコキシドアニオンが，塩化物イオンを追い出した．また，酸性条件下のエステル化（反応8.20）でも，脱離基のプロトン化が反応を駆動していた．このように塩基や酸は，Xの「追い出し」を促す．

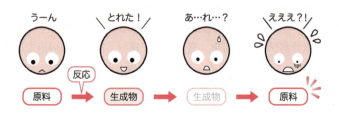

> **COLUMN** ケト-エノール互変異性
>
> アセチレンに水が付加したビニルアルコールは，たちまちアセトアルデヒドに変わる，と高校で習う．反応はこう書ける．
>
> $$HC\equiv CH + H_2O \xrightarrow{触媒} \begin{bmatrix} CH_2=CH \\ | \\ OH \end{bmatrix} \longrightarrow CH_3-CH \\ \parallel \\ O$$
>
> 不安定
>
> 不安定な中間体は，アルケン（命名語尾 -エン）とアルコール（-オール）の姿をもつため，エノールとよぶ．実のところエノールとカルボニル（ケト）化合物は，後者に大きくかたよった平衡にあるため，カルボニル化合物が安定に見える．平衡を介した相互変換を，ケト-エノール互変異性という．
>
> 炭素 C の sp² 混成軌道は s 性が高く，電子を核に引きつけている．見かけ上 C の電気陰性度が大きくなったことになり，その意味でケト-エノール互変異性は，反応（8.24）と共通点をもつ．形式上，反応（8.24）は下記 A，ケト-エノール互変異性は B のように描けて，互いによく似ているのがわかるだろう．
>
> $$\begin{array}{c} CH_2-O \\ | | \\ Br H \end{array} \longrightarrow \begin{array}{c} CH_2=O \\ | \\ Br-H \end{array} \quad (A)$$
>
> $$\begin{array}{c} CH-O \\ \parallel | \\ CH_2 H \end{array} \longrightarrow \begin{array}{c} CH=O \\ | \\ CH_2-H \end{array} \quad (B)$$

8.12 有機反応と酸および塩基

いままで，酸や塩基が有機反応を促す例を眺めた．また，8.4 節で見たとおり，相互作用する軌道どうし（求核剤の HOMO と求電子剤の LUMO）のエネルギー準位が近ければ，結合ができやすかった．すると酸や塩基は，求核剤の HOMO や求電子剤の LUMO のエネルギー準位を調節しているのではないのか？　アルコールとハロゲン化アルキルの相互変換を例に，そのことを検証してみよう．

まず，$OH^{\ominus}$ による臭化エチルの置換反応を考える．量子化学計算によると臭化エチルの LUMO は -0.15 eV，$OH^{\ominus}$ の HOMO は -1.01 eV にあり，差が 0.86 eV となる．置換は形式上，臭化エチルと水が反応したあと，生成物から $H^{\oplus}$ が外れても進む．そのとき求核剤は H_2O だが，H_2O の HOMO は -12.32 eV と深く，臭化エチルの LUMO と 12.17 eV もの差があるため，HOMO と LUMO は相互作用しそうもない（反応は起こりそうもない）．事実，水と臭化エチルを混ぜても何ひとつ起こらない．

次に，$Br^{\ominus}$ によるプロトン化エタノールの置換反応を考えよう．前者の HOMO は -6.55 eV，後者の LUMO は -6.06 eV にあり，差が 0.49 eV と小さい．かたや，中性エタノールの LUMO は $+3.31$ eV で，$Br^{\ominus}$ の HOMO と 9.86 eV もの差があるため，中性エタノールと $Br^{\ominus}$ は反応しそうにないとわかる．

やはり酸や塩基は，HOMO および LUMO の準位を調節し，反応が進むように仕向けていたのだ．

もうひとつ，塩基性条件で進むエステルの加水分解反応はどうか．初期段階だけを見ると，OH⁻が中性のエステル分子を攻撃する．前者のHOMO（前述）は−1.01 eV，後者のLUMOは1.05 eVにあって，差が約2 eVとなる．（OH⁻ではなく）水のHOMOは−12.32 eVなので，差は約13 eVにもなる．中性条件で加水分解が起こらない事実を，こうした数値が裏づけている．

章末問題

1. 次の反応の主生成物は何か．進まない反応は「進まず」とせよ．

(a) ブタノイルクロリド + CH₃O⁻

(b) 3-ブロモ-2,4-ジメチルペンタン + (CH₃)₃CO⁻

(c) γ-ブチロラクトン + 2CH₃O⁻ → H⁺

(d) ピナコロン (3,3-ジメチル-2-ブタノン) + NaBr

2. C原子1個にアルコキシ基2個が結合した化合物（アセタール）は，酸触媒の存在下，カルボニル化合物と2当量のアルコールが反応すると生じる（1当量の水分子が抜ける）．アセタール生成は平衡にあるから，何かの方法で水を除けば，反応は最後まで進む．下記の反応につき，巻き矢印を使い，段階反応の形で機構を描いてみよ．

ブタナール + 2CH₃OH ⇌ (H⁺) → ジメチルアセタール + H₂O

3. 次の反応につき，巻き矢印を使い，段階反応の形で機構を描いてみよ．なお，水素化ナトリウムNaHは強塩基で，求核性は示さない．

NaH + HOCH₂CH₂Br ⟶ エチレンオキシド + H₂ + NaBr

4. 次の反応では，直接置換反応が起こった生成物 **A** のほか，**B** もできる．

PhCH=CHCH₂Br + ⁻OH ⟶ PhCH=CHCH₂OH + PhCH(OH)CH=CH₂

　　　　　　　　　　　　　　　　　　　　A　　　　　　　　**B**

B の生成も置換反応の一種で，次のように進む．

PhCH=CHCH₂Br + ⁻OH ⟶ **B** (+ Br⁻)

以上をもとに，下記の反応(a)および(b)の生成物を書け．

(a) PhCH(OH)CH=CH₂ + HCl ⟶

(b) 1-ブロモ-6,6-ジメチルシクロヘキセン + CH₃O⁻ ⟶

[ヒント：置換生成物2種と脱離生成物1種]

9章 脂肪族化合物の反応

- 炭素-炭素(C−C)結合はなぜできるのか？
- 炭素原子をつなげるのにケトンやエステルを使うのはなぜか？
- 塩基性条件と酸性条件で，進む反応はどうちがうのか？
- アルケンの反応性が高いのはなぜか？
- 有機化合物の酸化還元はどう表せばよいか？

　有機化学の醍醐味は，反応を通じた「分子レベルのものづくり」にある．石油の成分から多段階反応でつくる染料や液晶，医薬品など機能性分子が，私たちの暮らしを支えている．

　どんな有機反応も，C−C結合の生成を含む．あいにく高校化学では，その大事なポイントを紹介しない．以下，脂肪族化合物のC−C結合生成を眺めよう．その際はケトンやアルデヒドなどカルボニル化合物が主役となる．

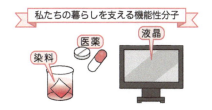

9.1 カルボニル化合物を求電子剤とするC−C結合生成

　8章では次のような反応を調べた．

$$CH_3^- \quad CH_2=O \longrightarrow CH_3-CH_2-O^- \qquad (8.6)$$

　反応混合物に薄い酸を加えると，エタノールがとれてくる．メチルアニオンをエチルアニオンに替えても，ホルムアルデヒドをアセトンに替えても同様な反応が進むため，一般化した次の式(9.1)のように書ける．

$$R^\ominus + \underset{R''}{\overset{R'}{C}}=O \longrightarrow R-\underset{R''}{\overset{R'}{C}}-O^\ominus \xrightarrow{H^\oplus} R-\underset{R''}{\overset{R'}{C}}-OH \tag{9.1}$$

Rはアルキル基，R′とR″はアルキル基や水素Hを表す．つまり，アルキルアニオンとアルデヒドやケトンからアルコールができる反応だ[*1]．

反応物の組合せを変えると，同じ炭素鎖でOH基の位置がちがうアルコールができる．1-ヘキサノールと2-ヘキサノールの合成例を次に示す．

*1 $R^\ominus$はヒドリド$H^\ominus$でもよい．水素化リチウムアルミニウム LiAlH$_4$ や水素化ホウ素ナトリウム NaBH$_4$ はヒドリドを出すけれど，その場合，反応は「C−C結合生成」ではなく「還元」になる．

1-ヘキサノール

$$\text{CH}_3\text{CH}_2\text{CH}_2\text{CH}_2^\ominus + \text{HCHO} \longrightarrow \text{CH}_3(\text{CH}_2)_4\text{CH}_2\text{O}^\ominus \xrightarrow{H^\oplus} \text{CH}_3(\text{CH}_2)_4\text{CH}_2\text{OH} \tag{9.2}$$

または

$$H^\ominus + \text{CH}_3(\text{CH}_2)_4\text{CHO} \longrightarrow \text{CH}_3(\text{CH}_2)_4\text{CH}_2\text{O}^\ominus \xrightarrow{H^\oplus} \text{CH}_3(\text{CH}_2)_4\text{CH}_2\text{OH} \tag{9.3}$$

Column! 有機反応式の簡略表記

ふつう有機反応は多段階で進む．全段階の生成物を明示すると長くなるため，自明と思える中間生成物の構造は省略することが多い．たとえば上で紹介した式 (9.2) は次のように描く（以下，このスタイルに従う）．

$$\text{CH}_3\text{CH}_2\text{CH}_2\text{CH}_2^\ominus + \text{HCHO} \xrightarrow{H^\oplus} \text{CH}_3(\text{CH}_2)_4\text{CH}_2\text{OH}$$

2-ヘキサノール

$$\text{CH}_3^\ominus + \text{CH}_3\text{CH}_2\text{CH}_2\text{CH}_2\text{CHO} \xrightarrow{H^\oplus} \text{CH}_3\text{CH}_2\text{CH}_2\text{CH}_2\text{CH(OH)CH}_3 \tag{9.4}$$

または

$$\text{CH}_3\text{CH}_2\text{CH}_2\text{CH}_2^\ominus + \text{CH}_3\text{CHO} \xrightarrow{H^\oplus} \text{CH}_3\text{CH}_2\text{CH}_2\text{CH}_2\text{CH(OH)CH}_3 \tag{9.5}$$

このように，ある化合物をつくる方法はひとつとはかぎらない．

【例題 9.1】 カルボニル化合物から 2-ヘキサノールをつくる方法は，反応 (9.4)，(9.5) のほか，もうひとつある．どんな反応か．

【答】

$H^{\ominus}$ + (ペンタナール) → $H^{\oplus}$ → 2-ヘキサノール

高校化学で習ったとおり，アルコールは酸化でアルデヒドやケトンに変わる．すると，炭素鎖はさらに伸ばせる．たとえば，上の反応 (9.4) で得た 2-ヘキサノールを 2-ヘキサノンに酸化しておけば，次の反応 (9.6) を起こせる（生成物の第三級アルコールは，もはや酸化できない）．

$CH_3CH_2^{\ominus}$ + (2-ヘキサノン) → $H^{\oplus}$ → (第三級アルコール) (9.6)

C–C 結合生成に上記の方法しかなければ，つくれる化合物は少なく，有機合成化学の世界は狭いだろう．ただし，別の C–C 結合生成反応として，カルボニル化合物を求核剤とする反応 (9.2 節で説明) もある．

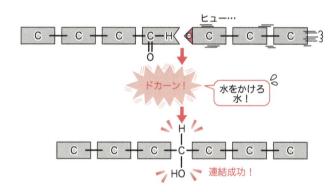

9.2 カルボニル化合物を求核剤とする反応 —— エノラートイオンの形成と反応

いままで，カルボニル化合物は求電子剤だと説明した．一方で求核剤には，アルコキシイオンやアルキルアニオンなど，中性の化合物からプロトン $H^{\oplus}$ が抜けた構造のアニオンが多かった．それと同様，カルボニル化合物から $H^{\oplus}$ が抜けた化合物も求核剤になる．だが C=O 基に水素 H はない．$H^{\oplus}$ は，いったいどこから抜けるのか？ じつは，C=O に隣りあう C 上から抜ける．たとえばアセトンに強塩基を作用させると，次の反応 (9.7) が進む*2,3．

Base$^{\ominus}$ + CH_3COCH_3 → [$CH_2=C(O^{\ominus})CH_3$] (9.7)

*2 C=O の隣に炭素鎖があるとき，隣接の C から順に α 位，β 位，γ 位…とよび，反応 (9.7) を「(C=O の) α 位の水素引き抜き」という．

*3 反応 (9.7) の Base は塩基を表す．また，[ ] 内のエノラートイオンは不安定でとり出せないため，できたその場で反応させる．

反応後に Base$^{\ominus}$ は Base–H となって存在するが，これはその後の反応にかかわらないので省略する．

生じるアニオンは，エノール（8章）からH⁺がとれた姿をもち，エノラートイオン（またはただエノラート）とよぶ．エノラートは，ケトンのほかアルデヒドからもつくれるし，エステルからもつくれる（9.6〜9.8節）．

メチルアニオンの箇所（p.114）で述べたとおり，ふつうC−H結合のHに酸性はほとんどないが，上の例だと，H⁺が抜けてC上にできる負電荷がすぐO上に移り，アニオンが安定化する．そのため，C=O基のα位にあるC−H結合のpK_aは約20と，通常のC−H結合より10^{29}倍（!）も酸性が高い．電気陰性度の大きいOが負電荷を引き受けるからだ．

エノラートは，求核剤としての反応性（求核性）をもつ．それなら反応は，O原子上で起こるのではないか？　だが実際には，相手がたとえばヨウ化ブチルなら，反応は式(9.8)のようにC原子上で進む．

$$\text{(反応式)} \qquad (9.8)$$

エノラートのOは「負電荷の一時預かり所」にすぎず，H⁺の脱離も，反応そのものも，C上で起こる．このように「炭素求核剤」となるエノラートは，カルボアニオンの一種だといえる．

Column! ヨードホルム反応とエノラート

高校化学で扱うヨードホルム反応は，C−C結合生成ではないものの，エノラートに関係がある〔反応(9.8)に似ているだろう〕．ふつう塩基には水酸化ナトリウムを使う．

$$\text{I−I} \quad CH_2=C−O^\ominus \quad \longrightarrow \quad I^\ominus \quad I−CH_2−C=O \qquad ①$$
$$\qquad\qquad\quad CH_3 \qquad\qquad\qquad\qquad\qquad CH_3$$

生じたケトンから再びH⁺が引き抜かれ，エノラートができる．

$$HO^\ominus \quad H−CHI−C=O \longrightarrow HO−H \quad HIC=C−O^\ominus \qquad ②$$
$$\qquad\qquad CH_3 \qquad\qquad\qquad\qquad\qquad CH_3$$

このエノラートが，反応①と同様にI₂と反応してCHI₂をもつケトンになり，さらに同じことがまたくり返され，トリヨードメチル基（CI₃）をもつケトンができる．次に，それまで塩基の働きをしていたOH⁻が，求核剤として作用する．

$$HO^\ominus \quad I_3C−C=O \longrightarrow I_3C−C−O^\ominus \longrightarrow I_3C−\overset{OH}{\underset{CH_3}{C}}=O \longrightarrow I_3C−\overset{OH}{\underset{CH_3}{\underset{|}{C}}}=O \qquad ③$$

$$I_3C^\ominus \quad H−O−C−CH_3 \longrightarrow I_3C−H \quad ^\ominus O−C−CH_3$$
$$\qquad\qquad\quad \overset{O}{\|} \qquad\qquad\qquad\qquad\qquad \overset{O}{\|}$$

最終生成物のCHI₃（ヨードホルム）が黄色い沈殿になる．上の反応でC−C結合は，（できるのではなく）切れている．一般にC−C結合は安定だから，このように切れる反応は珍しい．

ヨードホルム反応

黄色い沈殿

エノラートの反応では，ケトン（やアルデヒド）が生じるところが要点になる．生成物を再びエノラートにして反応させることもできるし，求電子剤としてアルキルアニオンと反応させることもできる．

このようにカルボニル化合物は求電子剤にも求核剤にもなれるため，有機合成化学では大きな役割を演じる．

9.3 カルボニル化合物どうしの反応 ──アルドール反応とアルドール縮合

求核剤にも求電子剤にもなるカルボニル化合物は，互いどうしでも反応する（**アルドール反応**）．次のような例がある[*4,5]．

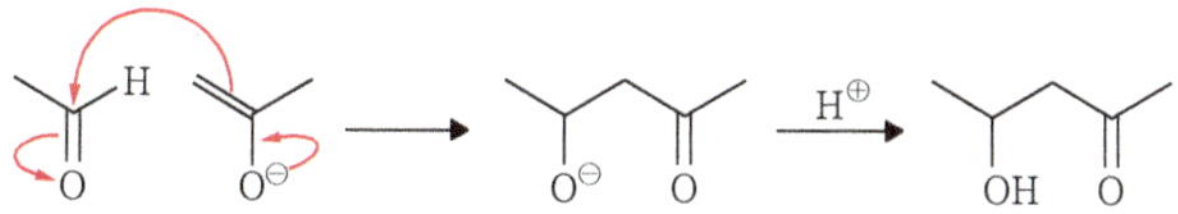

$$\text{(反応式)} \tag{9.9}$$

生成物のβ-ヒドロキシケトンは，式(9.10)のような脱水反応をして，低エネルギーの（安定な）共役二重結合をもつ姿になりやすい．脱水まで一気に進むアルドール反応を，**アルドール縮合**という[*6]．

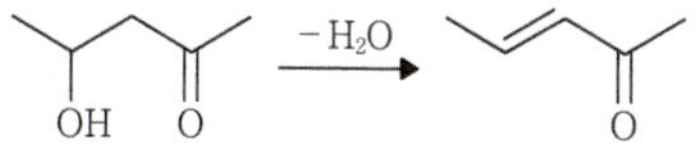

$$\tag{9.10}$$

反応(9.10)の生成物はカルボニル基をもつため，さらに求電子剤や求核剤として反応できる．以下がその例になる．

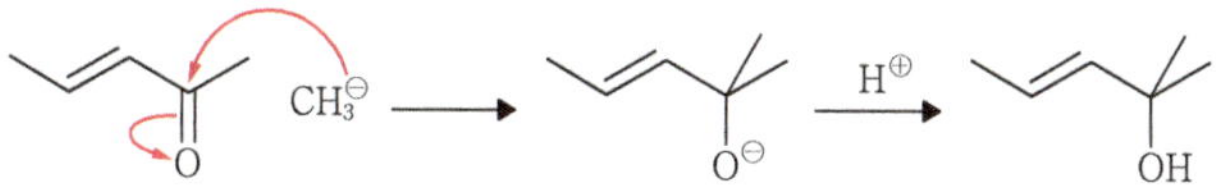

$$\tag{9.11}$$

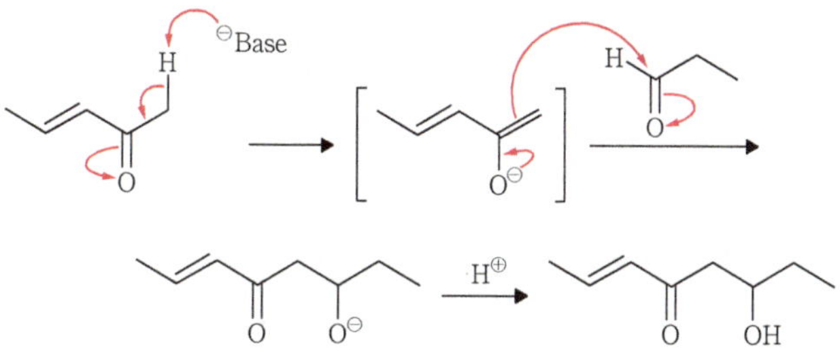

$$\tag{9.12}$$

反応(9.12)では，α位のメチル基からH$^\oplus$が抜け，エノラートができた．もうひとつのα位にあるH$^\oplus$が抜けて式(9.13)のようになってもよさそうだ．

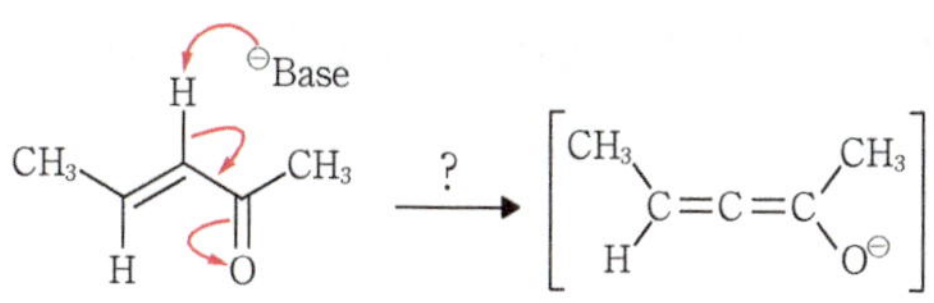

$$\tag{9.13}$$

A. ボロディン
(1833〜1887)

[*4] アルドール反応は，ロシアの作曲家ボロディンが見つけたという．歌劇「イーゴリ公」などの作品で名高い彼は，優秀な化学者でもあった．

[*5] アルドールは「アルデヒド＋アルコール」の意味．反応(9.9)で使うのはアセトンのエノラートだが，エノラートはアルデヒドからもつくれる．まずアルデヒドの反応が見つかり，よび名が決まった．

[*6] 脱水生成物はα, β-不飽和ケトンとよぶ．

だが反応(9.13)は，生じるエノラートがひずみの大きい(エネルギーの高い)C=C=C結合をもつため進まない．こうして，sp³炭素に結合したHだけがH⊕として抜ける．

9.4　α,β-不飽和カルボニル化合物が求電子剤となる反応——マイケル付加

求電子剤のα,β-不飽和ケトンは，式(9.14)のような別形式の反応も起こす．

$$(9.14)$$

アーサー・マイケル
(1853 ~ 1942)

反応(9.14)は，カルボニル炭素ではなく，二つ離れたβ位のC上で起こっている．反応物を薄い酸で処理すると，まずできるエノールが，すぐ安定なケトンに変わる．アメリカのA. マイケルが1887年に見つけた反応なので，マイケル付加や共役付加という．

マイケル付加をつかむには，ベンゼンの置換基効果で見たものと同様な共鳴構造〔式(9.15)〕を考えるとよい．

$$(9.15)$$

求電子剤は電子対を受けとるため，正電荷に富む部位が反応点となる．その条件に合うなら，β位のC上で反応が起こっても不自然ではない[*7].

反応(9.11)と(9.14)より，メチルアニオンはα,β-不飽和ケトンと2か所で反応できるとわかる．現実の反応位置は，メチルアニオンの対イオンが決める．いまの例だと，メチルリチウム $CH_3^\ominus Li^\oplus$ を使えば反応(9.11)の1,2-付加が起こり，ジメチル銅リチウム $[CH_3-Cu-CH_3]^\ominus Li^\oplus$ を使えばマイケル付加が起こる．

生成物のどれかが優先的にできる反応を，選択性の高い反応や高選択的反応という．ジメチル銅リチウムを使ったマイケル付加は高選択的反応だが，メチルリチウムを使うと，10%ほどマイケル付加が進むため，選択性がやや低い．

[*7] 反応性の官能基に隣りあうC=C結合をもつ化合物が，官能基から炭素2個だけ離れたsp²炭素上で反応する例は，8章(練習問題4)でも見た．π電子の共役を通じ，官能基の性質が伝わると思えばよい．

【例題9.2】　下の化合物が求電子剤になる場合，反応点はどの炭素だろうか．

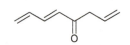

【答】 矢印の炭素（右手の二重結合はC=O基と共役していないため反応しない）．

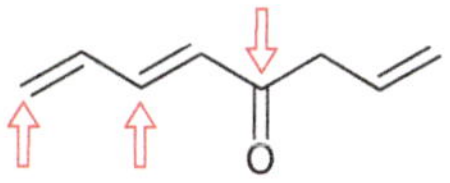

9.5 分子内反応——環状化合物の生成

　有機分子には，C原子が鎖状や枝状につながったもの以外に，環構造（とりわけ五員環や六員環）をもつものが多い．そうした分子はどうつくるのか？いままで出合った反応を使うと，鎖状分子から環状分子をつくれる．次の反応(9.16)が一例になる．

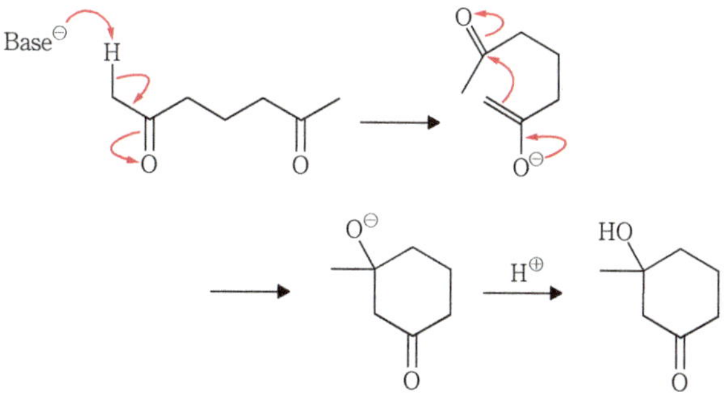

(9.16)

　強塩基は，末端C原子のほか，端から3番目のCからもH⊕を引き抜く．すると次図のエノラートが生じ，続く環形成で四員環ができそうな気がする．だが現実に四員環分子はできない．分子のとれる形がかぎられ，反応点どうしが互いに近づけないからだ[*8]．

*8 正確にいうと，エノラートのπ軌道が，攻撃されるC=O基のπ*軌道とうまく重なりあえないから．

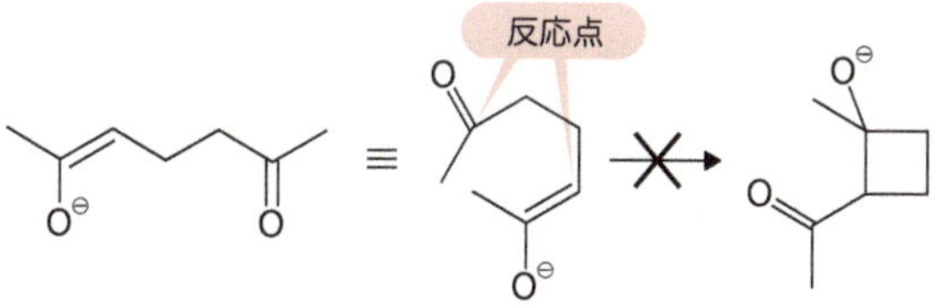

【例題9.3】 次の反応の環化生成物は何か．Dは重水素原子を表す．

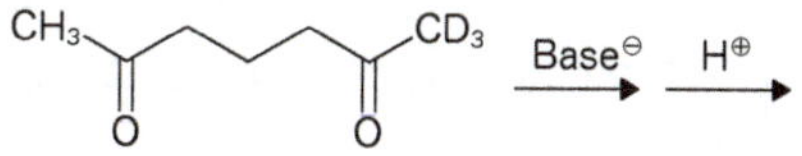

CH_3 ─ ... ─ CD_3 Base⊖ H⊕

【答】 次の2種ができる．

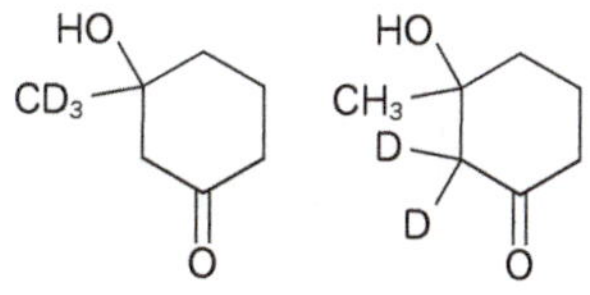

9.6 求電子剤としてのエステルの反応

これまで,ケトンやアルデヒドなど C=O 基をもつ化合物の反応を眺めた.同じく C=O 基をもつエステル RC(=O)OR′ は,どんな反応をするのだろう?

エステルは,ケトンやアルデヒドと同様,求電子剤としてアルキルアニオンの攻撃を受ける.ただし,以後のルートは少々ちがう.

$$\text{R}^{\ominus}\ \underset{\text{R}''}{\overset{\text{R'O}}{\text{C}}}=\text{O} \longrightarrow \left[\underset{\text{R}''}{\overset{\text{R'O}}{\text{R}-\text{C}-\text{O}^{\ominus}}}\right] \longrightarrow \underset{\text{R}''}{\overset{\text{R}}{\text{C}}}=\text{O}\quad \text{R'O}^{\ominus} \tag{9.17}$$

脱離するのはアルコキシイオンだ.酸クロリドの反応 (8.7) と同じく,アルキルアニオンという強塩基が消費され,塩基性の低いアルコキシイオンが生じる点は,酸塩基反応の基本ルール (8章) に合う.

生成物のケトンも,アルキルアニオンと反応する.

$$\text{R}^{\ominus}\ \underset{\text{R}''}{\overset{\text{R}}{\text{C}}}=\text{O} \longrightarrow \underset{\text{R}''}{\overset{\text{R}}{\text{R}-\text{C}-\text{O}^{\ominus}}} \tag{9.18}$$

生成物は希酸処理でアルコールになる.そのアルコールは,アルキルアニオン由来のアルキル基を二つもつ.通常,エステルに 2 当量のアルキルアニオンを作用させると,アルコールが高収率で生じる.

ここで,エステルがすっかり反応してからケトンの反応が始まるわけではないことに注意してほしい.エステルからある程度ケトンができてくると,アルキルアニオンはエステルにもケトンにも "無差別攻撃" を行うようになる.アルキルアニオンが 2 当量あれば,完全に反応が進むけれど,もしエステルと等モルしかアルキルアニオンがないと,中途半端な状態で反応が終わってしまい,エステル,ケトン,アルコールの混合物ができることになる.そのため,エステルとアルキルアニオンの反応でケトンをつくろうとするのは得策ではない.

【例題 9.4】 反応が多段階になってもよいから,いままで学んだ反応を使ってエステルからケトンをつくるには,どうすればよいか.

【答】 たとえば,次の反応ルートがある.

$$\underset{\text{O}}{\overset{}{\text{R}-\text{C}-\text{OR}'}}\ \xrightarrow{\text{LiAlH}_4}\ \underset{\text{H}_2}{\overset{}{\text{R}-\text{C}-\text{OH}}}\ \xrightarrow{\text{酸化}}\ \underset{\text{O}}{\overset{}{\text{R}-\text{C}-\text{H}}}$$

$$\xrightarrow{\text{R}''^{\ominus}}\ \underset{\text{OH}}{\overset{\text{H}}{\text{R}-\text{C}-\text{R}''}}\ \xrightarrow{\text{酸化}}\ \underset{\text{O}}{\overset{}{\text{R}-\text{C}-\text{R}''}}$$

9.7 求核剤としてのエステルの反応

エステルもケトンなどと同様,強塩基がα位のH⁺を引き抜けば,エノラートになる.ただしエステルだと,α位のプロトンは酸性がケトンよりもだいぶ低いため,十分に強い塩基を要する*9.

*9 −OCH₂CH₃基の水素は,かりにH⁺の形で抜けても共鳴安定化に効かないため,引き抜かれることはない.

$$\text{Base}^{\ominus} + \text{H–CH}_2\text{–C(=O)–OCH}_2\text{CH}_3 \xrightarrow{\text{低温}} [\text{H}_2\text{C=C(O}^{\ominus}\text{)–OCH}_2\text{CH}_3] \tag{9.19}$$

生じたエノラートは,ケトン由来のエノラートと同じくハロゲン化アルキルと反応し,炭素数の増えたエステルに変わる〔式(9.20)〕.

$$\text{CH}_3\text{–I} + \text{H}_2\text{C=C(O}^{\ominus}\text{)–OCH}_2\text{CH}_3 \longrightarrow \text{I}^{\ominus} + \text{CH}_3\text{–CH}_2\text{–C(=O)–OCH}_2\text{CH}_3 \tag{9.20}$$

エトキシドアニオンを塩基に使い,室温で反応させると,生じたエステルエノラートが,まわりにいる未反応のエステルと反応する〔式(9.21)〕.

$$\text{CH}_3\text{CH}_2\text{O–C(=O)–CH}_3 + \text{H}_2\text{C=C(O}^{\ominus}\text{)–OCH}_2\text{CH}_3 \longrightarrow [\text{CH}_3\text{CH}_2\text{O–C(O}^{\ominus}\text{)(CH}_3\text{)–CH}_2\text{–C(=O)–OCH}_2\text{CH}_3]$$

$$\longrightarrow \text{CH}_3\text{CH}_2\text{O}^{\ominus} + \text{CH}_3\text{–C(=O)–CH}_2\text{–C(=O)–OCH}_2\text{CH}_3 \tag{9.21}$$

反応(9.21)は,ケトンのアルドール反応と同様,2個のエステル分子が求核剤にも求電子剤にもなって進み,発見者の名からクライゼン縮合とよぶ.エステル2分子からアルコール1分子が抜けるため「縮合」という.

アルキルアニオンの反応とちがい,ケトンは2個目の求核剤の攻撃を受けない.なぜだろうか? 分子構造を見れば生成物は,ケトンでもありエステルでもある.エステルのカルボニル基のβ位にC=Oをもつため「β-ケトエステル」とよぶ.

ルートヴィヒ・クライゼン
(1851 ~ 1930)

$$\underbrace{\text{CH}_3\text{–C(=O)–}}_{\text{ケトン}}\underbrace{\text{CH}_2\text{–C(=O)–OCH}_2\text{CH}_3}_{\text{エステル}}$$

β-ケトエステルのCH₂は,ケトンからもエステルからもα位にある.そのため,両方のカルボニル基が協同的に効き,CH₂は酸性がぐっと高まっている.いままで見た化合物を含め,pK_aの序列は次のようになる.pK_aが小

さいほど酸性が高く，pK_a が大きいほど，共役塩基の塩基性が高いのだった．

$$CH_3COOCH_2CH_3 > CH_3COCH_3 > CH_3CH_2OH > H_2O \approx CH_3COCH_2COOCH_2CH_3$$
$$\quad\quad 25 \quad\quad\quad\quad 20 \quad\quad\quad\quad 16 \quad\quad\quad 14 \quad\quad\quad\quad\quad 14$$

先ほどはエトキシドイオンを塩基に使った．β-ケトエステルはエタノールより pK_a が2だけ小さい（酸として100倍ほど強い）．そのため，β-ケトエステルに出合ったエトキシドイオンは，H$^⊕$ を引き抜き，下の式(9.22)のようなエノラートにする（ナトリウムエトキシドを使う場合）．

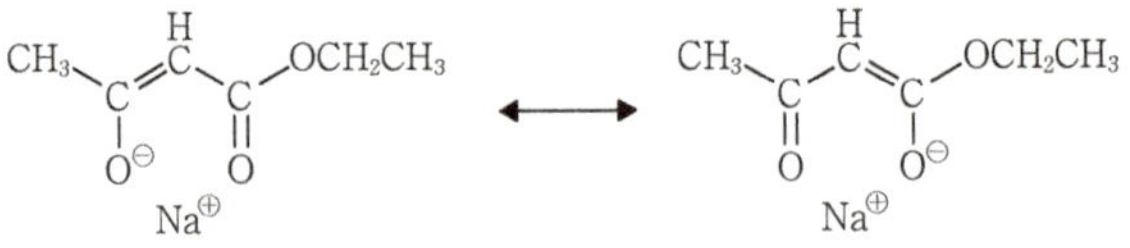

$$\tag{9.22}$$

C=O は両方ともエノラートと平衡にあり，通常のC=Oのような求電子性をもたないため，求核剤に攻撃されない．かたや，上記のエノラートはエトキシドより安定だから反応性が低く，別のエステルを求核攻撃することもない．最終産物を希酸処理し，β-ケトエステルを単離する．

【例題 9.5】 ① プロピオン酸エチルに低温で強塩基を作用させエノラートとしたあと，ヨウ化プロピルを反応させて生じる化合物と，② プロピオン酸エチルに室温でナトリウムエトキシドを作用させて生じる化合物の構造を描け．

【答】

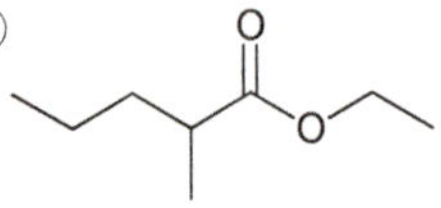

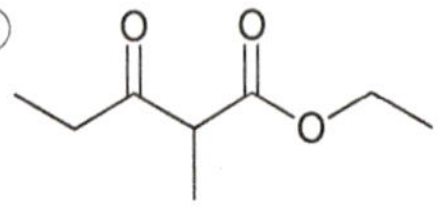

反応(9.20)および(9.21)を参照のこと．

9.8 ケトンとエステルの反応

次に，エステルとケトンの反応を考えよう．低温で酢酸エチルのエノラートをつくっておき，そこにアセトンを加えると次の反応が進み，β-ヒドロキシエステルができる．

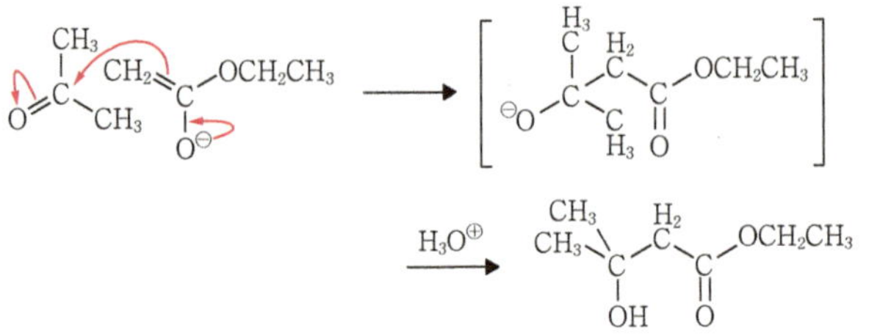

$$\tag{9.23}$$

これは式(9.9)で見たアルドール反応とよく似ている．

> **COLUMN！　有機反応に使う強塩基**
>
> エステルエノラートをつくるには，エステルに強塩基を作用させる．強塩基は，pK_a が 25 より十分に大きい酸の共役塩基とする．強塩基の例にあげたアルキルアニオンは，求核性も強くてエステルを求核攻撃するため，塩基としては使えない．求核性のない強塩基には，右のようなものがある（[　] 内は共役酸の pK_a 値）．
>
> NaH の出す塩基ヒドリド $H^{\ominus}$ は，LiAlH$_4$ や NaBH$_4$ 由来の $H^{\ominus}$ とはちがって求核性がない．
>
> LDA は次の反応で得る．
>
> アミノ基はよい脱離基ではないため，ブチルリチウム BuLi による置換反応は起こらない．BuLi も LDA も強塩基だが，ブタン（p$K_a \approx 49$）はジイソプロピルアミンより酸性が低いので，反応は「中性に近づく」向きに進むこととなり，酸塩基反応の基本ルールに合致する． 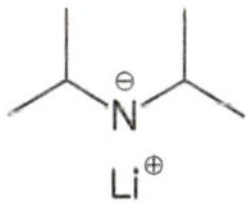
>
> リチウムジイソプロピルアミド
> （LDA）［36］ 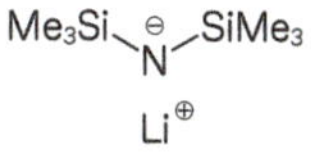
>
> リチウムヘキサメチルジシラジド
> （LiHMDS）［36］
>
> 水素化ナトリウム
> ［35］

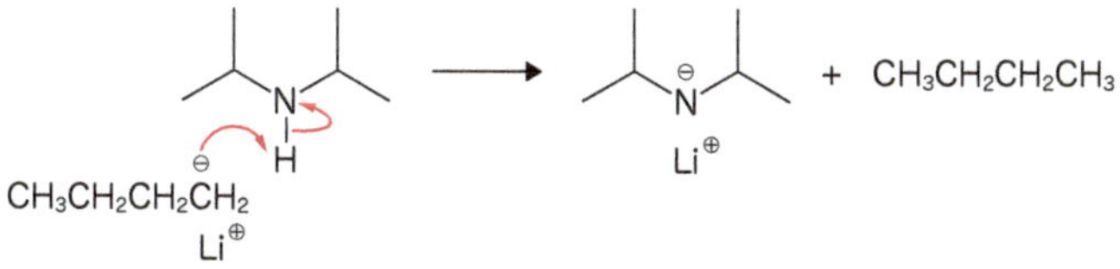

かたや，室温でナトリウムエトキシドを使うと，別の化合物ができる．先述のとおりアセトンと酢酸エチルだと，酸性はアセトンの C–H のほうが高いため，アセトンのエノラート化が優先する．エノラートの反応相手には，やはりアセトンと酢酸エチルの両方が考えられるけれど，アセトンのほうがやや反応性が高いので，次のアルドール反応が進む．

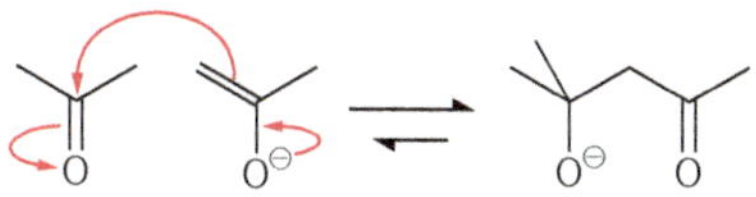

(9.24)

この反応が可逆だという点に注目しよう．生じる分子が第四級炭素（炭素原子3個と酸素原子1個が結合）をもち，周辺が混みあって窮屈だからそうなる．正反応と逆反応をくり返すうち，一部のエノラートが，アセトンとではなく酢酸エチルと反応する〔式 (9.25)〕．

$$\text{CH}_3\text{CH}_2\text{O}-\text{C}(=\text{O})-\text{CH}_2-\text{C}(=\text{O})-\text{CH}_3 \longrightarrow \left[\text{CH}_3\text{CH}_2\text{O}-\overset{\ominus}{\text{C}}(\text{OH}_2)(...)-\text{C}(=\text{O})-\text{CH}_3\right]$$

$$\longrightarrow \text{CH}_3\text{CH}_2\text{O}^{\ominus} + \text{CH}_3-\text{C}(=\text{O})-\text{CH}_2-\text{C}(=\text{O})-\text{CH}_3 \qquad (9.25)$$

生成物は反応(9.21)のβ-ケトエステルと似ていて，β-ジケトンとよぶ．左右両側のケトンに共有される CH_2 の pK_a は13で，β-ケトエステルよりさらに酸性が高い．だからβ-ケトエステルのときと同様，β-ジケトンが最終産物になる．

このように，ケトンやエステルからは，さまざまな化合物がつくれる．

9.9 酸性条件での反応 ——アセトンのアルドール縮合

有機反応は通常，酸や塩基を作用させて起こすのだった(8章)．いままで眺めたのはどれも塩基性条件の反応だったが，酸性条件の反応としてアルドール縮合を紹介しよう．

酸性条件だから有機分子はカチオンか中性分子で存在し，エノラートはできない．そのかわりにエノールが求核攻撃する．前半のアルドール反応は式(9.26)のように書ける．

$$\text{(アセトン)} \xrightleftharpoons[]{\text{H}^{\oplus}} \underset{\mathbf{1}}{\text{(プロトン化アセトン)}} \xrightleftharpoons[]{:\text{OH(エノール)}} \underset{\mathbf{2}}{\text{(中間体)}} \xrightleftharpoons[]{-\text{H}^{\oplus}} \text{(生成物)} \qquad (9.26)$$

プロトン化アセトン **1** から化合物 **2** ができる反応は，式(9.27)のように進む．

$$\text{(プロトン化アセトン)} + \text{(エノール):OH} \rightleftharpoons \text{(生成物)} \qquad (9.27)$$

反応(9.9)と比べよう．塩基性条件では，中性の求電子剤をエノラートイオンが攻撃した．かたや反応(9.27)では，プロトン化アセトンというカチオン種の求電子剤を，中性のエノールが攻撃する．このように**有機反応は，求核剤と求電子剤のどちらかを活性化させると進む**．

酸触媒反応に分類される反応(9.26)は，8章のエステル化と同様，多段階の平衡反応になる．ただし最後の脱水だけは平衡が生成物側に大きくかたよる結果，α,β-不飽和ケトンができてくる〔式(9.28)〕．

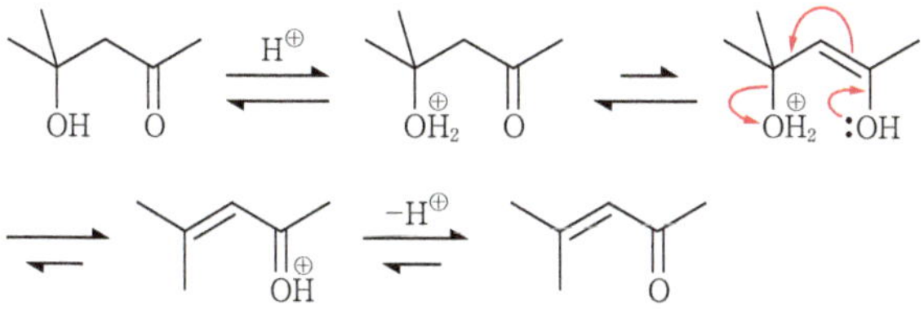

$$\text{(9.28)}$$

なお，塩基性条件で進む反応には，酸性条件だと進まないものもある．たとえば，エステルにはケト-エノール互変異性がないため，エステルを酸処理するとH⊕による活性化は起こっても，求核剤がないのでクライゼン縮合は進まない*10．

*10 水があれば，水が求核剤になって加水分解が起こる．

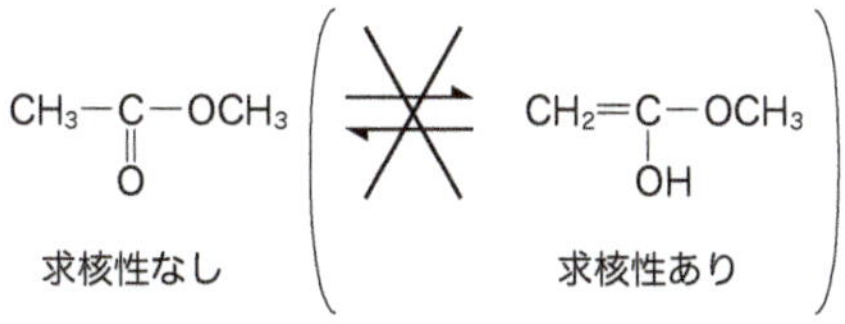

$$\text{CH}_3\text{-C-OCH}_3 \quad \left(\xcancel{\rightleftarrows} \quad \text{CH}_2\text{=C-OCH}_3 \right)$$
求核性なし　　　　　　　求核性あり

また，どんな反応にも塩基性条件が有利だというわけでもない．塩基性条件の反応は，逆反応が起こりにくいため，一方通行になりやすい．かたや，酢酸とエタノールからのエステル合成は，酸性条件だけで進み，塩基の作用でエステルはつくれない．塩基があると酢酸は，すぐ負電荷の酢酸イオンになる．エタノールやエトキシドイオンの電子対は，負電荷に反発されるから酢酸イオンを攻撃できない．

9.10　塩基および求核剤としてのアルケン

いままで見た反応の場合，反応の起点になる電子対は，ある原子上の非共有電子対（ローンペア）だった．他方，特定の原子上にない電子対が起点になる反応もある．一例として，C=C結合をもつ化合物の反応を眺めよう．

σ電子より核の束縛が弱いπ電子は，求電子剤と相互作用できる．ただしπ電子は結合形成に使われているから，反応性はむろんふつうの非共有電子対より低い．そのため，十分に活性な相手とだけ反応する．活性な相手の代表にプロトンH⊕がある．H⊕源が臭化水素HBrなら，反応は次のように進む．

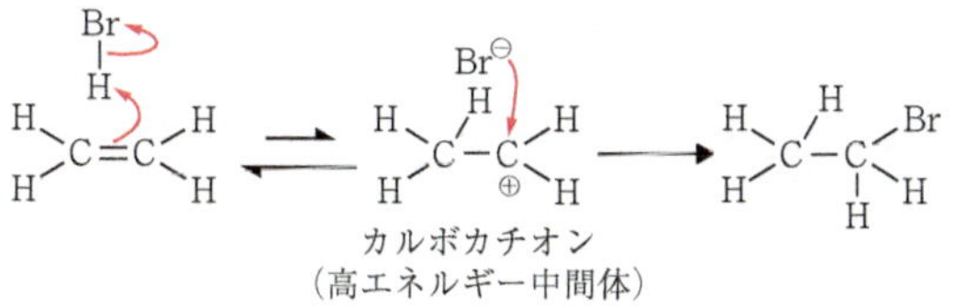

$$\text{(9.29)}$$

カルボカチオン
（高エネルギー中間体）

反応中間体のカルボカチオン（カルベニウムイオン）は，ただイオンだというばかりか，正電荷をもつC上の価電子が6個しかなく，オクテット則も満たしていない．だから不安定で活性が高い．高エネルギー中間体をつくるには大量のH⊕が必要なので，強酸だけが反応を起こす．中間体の電子不足

なカルボカチオンにBr$^\ominus$が電子2個を提供して結合ができ，生成物となる．

HBrを使ったときは，カルボカチオンとBr$^\ominus$の反応でブロモエタンができる．ブロモエタンは中性で，どのC原子もオクテットだから安定性が高い．見た目はエチレンにHBrがくっつく反応だから，**付加反応**という．脱離反応の逆にあたる付加反応は高校化学でも習い，反応物と生成物の関係がわかりやすいが，実際は上記のように段階的に進むため，さほど単純でもない．

高校化学では，硫酸が共存するとエチレンに水が付加し，エタノールができるとも習う．その場合，H$^\oplus$は硫酸が供給するけれど，HSO$_4^\ominus$に求核性はないから（8章：置換反応），かわりに水が求核攻撃する．生成したカチオンからH$^\oplus$が外れて硫酸が再生する…というように，硫酸が触媒になって反応が進む．

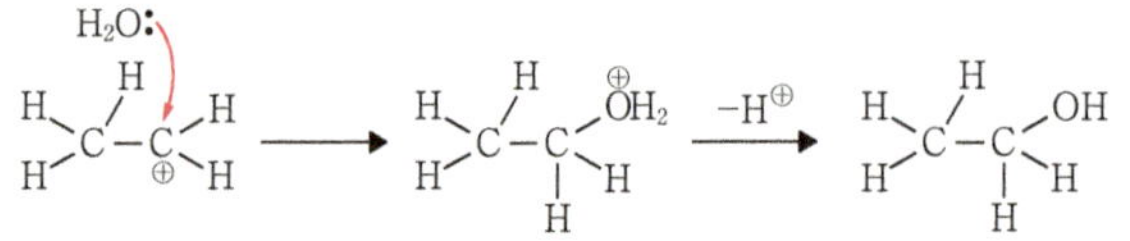

$$\tag{9.30}$$

エチレンC_2H_4による臭素水の脱色も，付加反応が起こす．C_2H_4とBr$_2$の反応ではまず，式(9.29)のH–BrがBr–Brに替わっただけの変化が進む．Br$_2$分子はBr原子2個が電子を1個ずつ出し合ってできるが，付加反応でBr–Br結合が切れる際は，電子2個がペアで動く点に注意しよう．なお，反応中間体となる三角形のカチオン（ブロモニウムイオン）は，HBr付加の場合とちがって，CもBrもオクテット則を満たす分だけ安定性が高い．

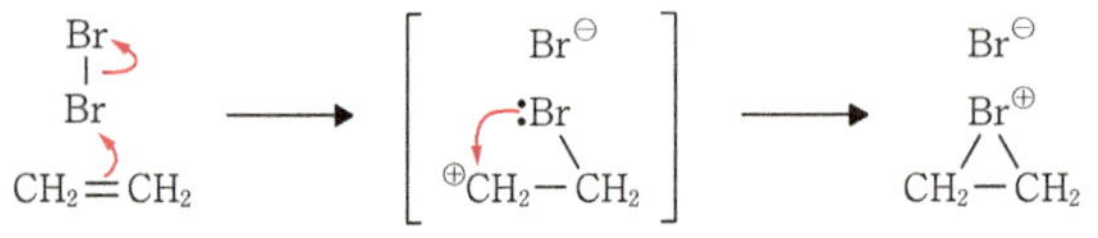

$$\tag{9.31}$$

さらに，ブロモニウムイオンをBr$^\ominus$が攻撃し，最終生成物の1,2-ジブロモエタンになる．Br$_2$自体ではなく臭素水を反応させると，ブロモニウムイオンをとり囲む水分子がBr$^\ominus$よりも先に反応し，生成物から1個のH$^\oplus$が抜け，2-ブロモエタノールができる〔式(9.32)〕．

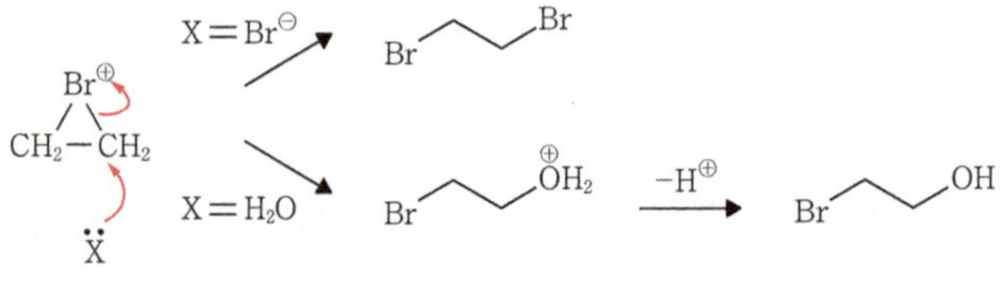

$$\tag{9.32}$$

9.11 どちらができる？——中間体の安定性

アルケンに水が付加する反応を，もう少し考えてみよう．エチレンへの付加では，2個ある炭素原子のどちらにOH基がついても，同じエタノールができる．しかしプロペン**A**に水が付加すれば，2種のアルコール（**B**,**C**）がで

きる．**B**と**C**の比率はどれほどになるのだろう？

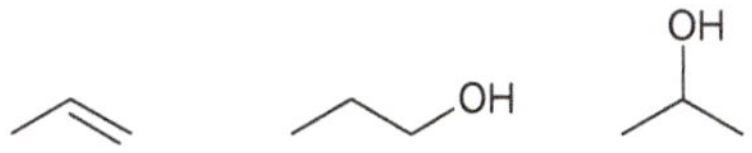

A   B   C

じつは**C**だけができ，**B**はできない．その背後には，中間体のエネルギー差がある．**A**が**B**や**C**になる反応は，式(9.30)のエチレンと同様に，カルボカチオン中間体を経る．**B**と**C**は，それぞれ中間体**B′**と**C′**からできる．

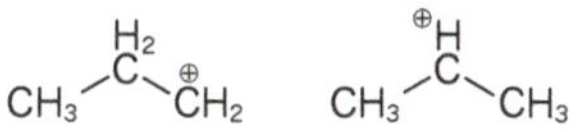

B′   C′

両者のうちエネルギーの低いほうができ，水と反応して生成物になる．実験結果によると，**C′**のほうが低エネルギーだといえる．なぜだろう？

ベンゼンのメチル基置換が示す効果(7章)を思い起こそう．メチル基は弱い電子供与性の置換基だった．正電荷をもつC原子に，**B′**ではH原子2個とエチル基1個が，**C′**ではメチル基2個とH原子1個が結合している．エチル基とメチル基の置換基効果はほぼ同じだから，カチオン2種を比べると，メチル基1個分だけ**C′**が安定だとわかる．

正電荷をもつ炭素に結合したアルキル基が1個，2個，3個のカルボカチオンを，それぞれ第一級，第二級，第三級カルボカチオンといい，安定性は第一級＜第二級＜第三級の順になる．

【例題9.6】 次のアルケンに1当量の水を付加させる．主生成物を推定せよ．

①   ② 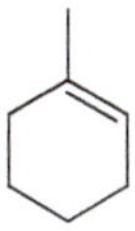   ③

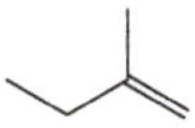

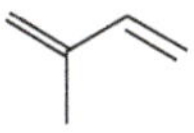

【答】

①   ② 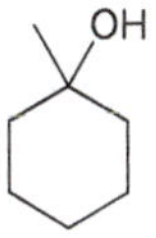   ③

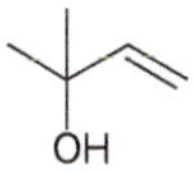

(最安定の第三級カルボカチオンと水が反応した生成物ができる)

9.12 もうひとつの大事な反応——酸化と還元

いままで見た反応は，酸や塩基が有機分子を活性化して進むものだった．ただし，酸や塩基の組合せだけで，目的の化合物をつくれるとはかぎらない．例題9.4で見たように，多段階反応を進めるには，酸化還元を使うことが多い．以下，酸化還元の利用を眺めよう．

高校化学でも習うとおり，酸化とは，① イオンの価数増加，② 酸素との結合，③ 水素の供出，④ 電子の供出をいう．還元反応は酸化の逆だから，①′ イオンの価数減少，②′ 酸素の供出，③′ 水素との結合，④′ 電子の受容を意味する．

有機反応も同様に考えればよく，とりわけ②と③（②′と③′）に深くからむ．例題9.4の反応を素材に，それを確かめてみよう．

まず「エステル → アルコール」は，下に2行で書いた段階反応の形で進む．1行目は，Cと結合していたO原子2個のうち1個が外れるから②′型，2行目は，C=O結合のCもOもHと結合するから③′型だといえる．

$$\tag{9.33}$$

次の「アルコール → アルデヒド」は，式(9.33)の2行目を逆行させるため③型になる．最終生成物のケトンも酸化でつくる．ところで，ヒドリドイオンの攻撃から始まる還元は，上記のとおり巻き矢印で表せるが，酸化のほうはどうなのか？

たとえば，硫酸酸性の酸化クロム(VI) CrO_3 で第二級アルコールをケトンに酸化する反応を眺めよう．反応は次の式(9.34)のように描ける．

$$\text{(9.34)}$$

いままでと趣が少々ちがい，Cr原子が電子対を受けとって価数を変える．つまり，有機化合物が酸化されるのと同時にクロム化合物が還元される．このように，酸化と還元は必ずセットで進むから，「酸化還元反応」という．

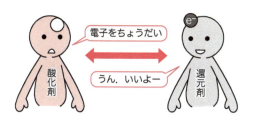

【例題 9.7】 硫酸酸性の酸化クロム (VI) を第一級アルコールに作用させると，アルデヒドでは止まらず，カルボン酸にまで酸化される．アルデヒドが酸触媒の作用で水と反応し，水和物になるからそうなる．式 (9.34) にならい，水和物が酸化クロム (VI) で酸化されカルボン酸になる機構を描いてみよ．

【答】 核心部分は，　　　　　　　　　　　　　　と描ける．

有機化合物の酸化および還元は，"酸化度" に注目するとわかりやすい．酸化度は次のように決める．① Cより電気陰性度の小さい元素と結合したCに-1を，電気陰性度の大きい元素と結合したCに$+1$を割り振る（Cどうしの結合は0）．② Cがもつ結合4本につき，①で求めた数を足し合わせる．

こうしてCの酸化度は，メタンなら-4になり，ギ酸HC(=O)OHなら，C–O結合3本（二重結合は2回カウント）とC–H結合1本だから$(+3)+(-$

1) = +2 になる．O 以外の元素と結合した化合物でも，たとえばジクロロメタン CH_2Cl_2 なら，$(-2)+(+2)=0$ のように C の酸化度が決まる．

反応前後で C の酸化度が増す反応は酸化，減る反応は還元にあたる．酸化度が変わらなければ酸化でも還元でもなく，酸塩基反応とみてよい．複数の C が酸化度を変えるなら，変化分の総和に注目する．例を少し紹介しよう．

例 メタンの燃焼：酸化

$$\underset{-4}{CH_4} \longrightarrow \underset{+4}{O=C=O}$$

エチレンへの水素付加：還元

$$\underset{-2\ \ -2}{CH_2=CH_2} \longrightarrow \underset{-3\ \ -3}{CH_3-CH_3}$$

エチレンへの塩素付加：酸化

$$\underset{-2\ \ -2}{CH_2=CH_2} \longrightarrow \underset{-1\ \ -1}{ClH_2C-CH_2Cl}$$

エチレンへの水付加：酸化でも還元でもない

$$\underset{-2\ \ -2}{CH_2=CH_2} \longrightarrow \underset{-3\ \ -1}{CH_3-CH_2OH}$$

臭化エチルから臭化エチルマグネシウムの生成：還元（酸化度を変えない C は無視）

$$CH_3-\underset{-1}{CH_2}-Br \longrightarrow CH_3-\underset{-3}{CH_2}-Mg-Br$$

アセトアルデヒドのアルドール縮合：酸化でも還元でもない

$$\underset{+1}{CH_3-\overset{O}{\underset{\|}{C}}H} \quad \underset{-3}{CH_3-\overset{O}{\underset{\|}{C}}H} \longrightarrow CH_3-\underset{0}{\overset{OH}{\underset{|}{C}H}}-\underset{-2}{\overset{H_2}{C}}-\overset{O}{\underset{\|}{C}}H$$

$$\longrightarrow CH_3-\underset{-1}{CH}=\underset{-1}{CH}-\overset{O}{\underset{\|}{C}}H$$

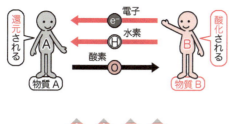

1. 次の反応の主生成物を書け．

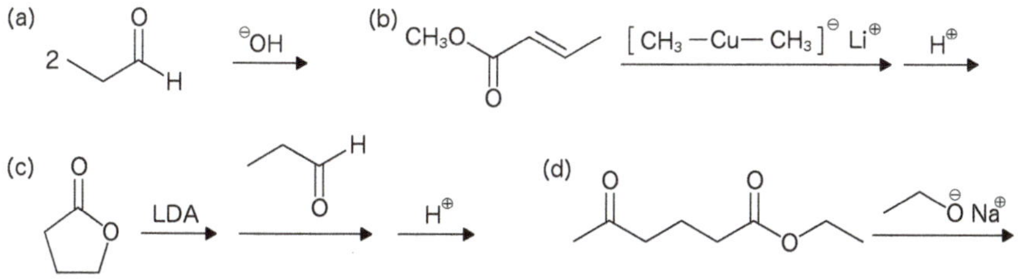

    (a) 2 [CH₃CHO] →⁻OH

    (b) CH₃O-CO-CH=CH-CH₃ [CH₃-Cu-CH₃]⁻Li⁺ → H⁺ →

    (c) γ-ブチロラクトン LDA→ プロパナール → H⁺ →

    (d) 5-オキソヘキサン酸エチル →⁻OEt Na⁺

2. 次の反応を進め，目的化合物 **X** を高収率で得るには 2 当量の LDA を使う必要がある．次の問いに答えよ．

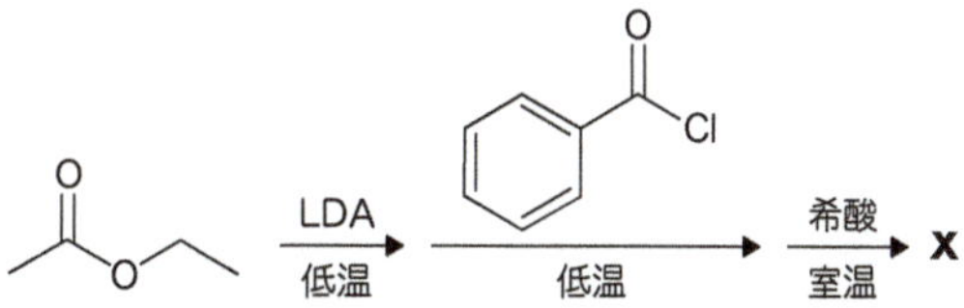

    酢酸エチル →LDA 低温→ ベンゾイルクロリド 低温→ 希酸 室温→ **X**

    (a) 生成物 **X** の構造を描け．
    (b) LDA を 1 当量だけ使うと，どんな結果になるだろうか．

3. 次の反応の機構を，巻き矢印を用いて段階的な反応で示せ．

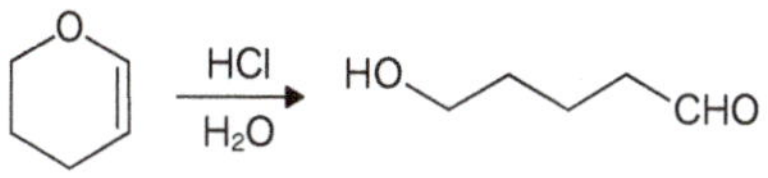

    3,4-ジヒドロ-2H-ピラン →HCl H₂O→ HO-(CH₂)₃-CHO

4. 次の反応の機構を，巻き矢印を使い，段階反応の形で示せ．[ヒント：第 1 段階はカルボニル基のプロトン化]

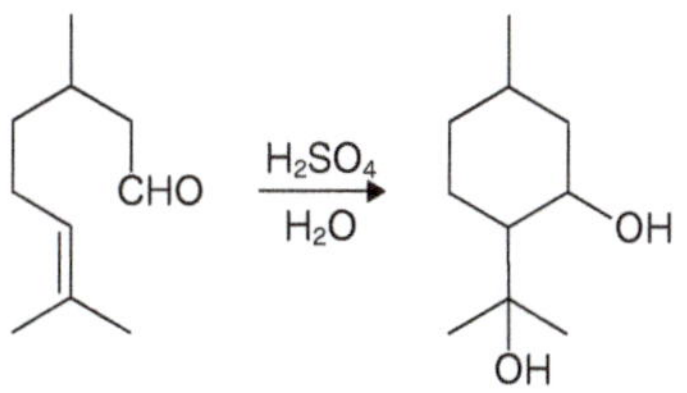

    シトロネラール →H₂SO₄ H₂O→ ジオール生成物

5. 1,3-シクロヘキサジエンに 1 当量の Br₂ を作用させたところ，想定した生成物 **A** のほか **B** も生じた．**B** ができる機構を，巻き矢印を使う段階反応の形で示せ．[ヒント：8 章の練習問題 4 を参照]

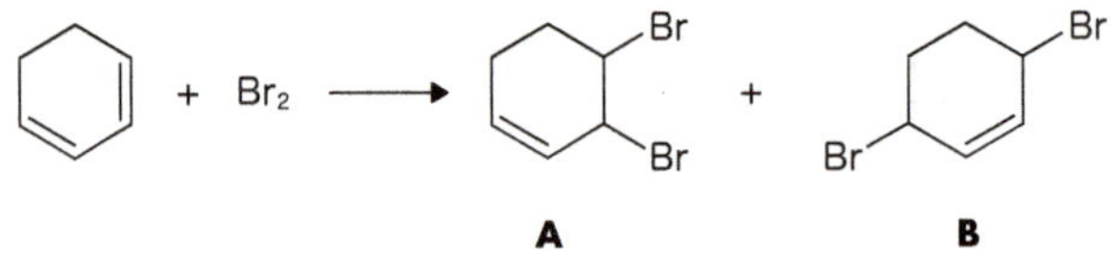

$$\text{シクロヘキセン} + Br_2 \longrightarrow \underset{\mathbf{A}}{\text{(1,2-ジブロモシクロヘキサン)}} + \underset{\mathbf{B}}{\text{(3,6-ジブロモシクロヘキセン)}}$$

6. 次の反応は，① 酸化，② 還元，③ 酸化でも還元でもない(酸塩基反応)のどれか．

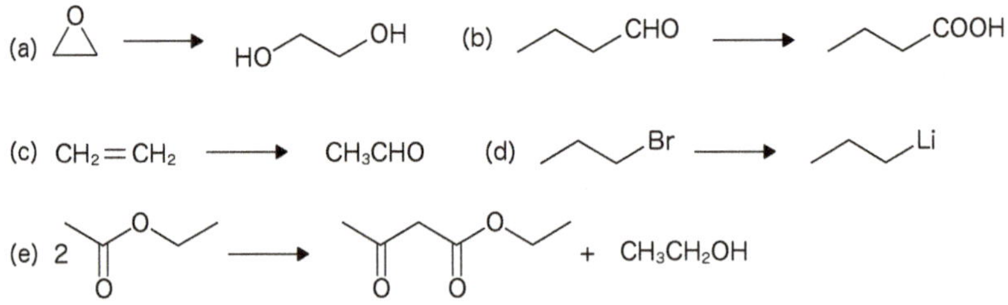

   (a) エチレンオキシド $\longrightarrow$ HOCH$_2$CH$_2$OH   (b) CH$_3$CH$_2$CHO $\longrightarrow$ CH$_3$CH$_2$COOH

   (c) CH$_2$=CH$_2$ $\longrightarrow$ CH$_3$CHO   (d) CH$_3$CH$_2$CH$_2$Br $\longrightarrow$ CH$_3$CH$_2$CH$_2$Li

   (e) 2 CH$_3$COOC$_2$H$_5$ $\longrightarrow$ CH$_3$COCH$_2$COOC$_2$H$_5$ + CH$_3$CH$_2$OH

7. 炭素数4の有機化合物から次の化合物を合成する経路を考えよ．［ヒント：アルドール縮合を利用］

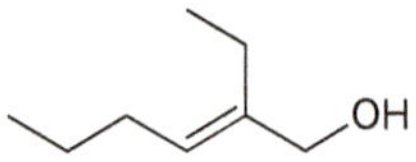

   (2-エチル-2-ヘキセン-1-オール)

10章 芳香族化合物の反応

- ベンゼンのニトロ化はどう進むのか？
- ベンゼンのハロゲン化には，なぜルイス酸を使うのか？
- 連鎖反応はどのように進むのか？
- 金属が有機化合物を還元するしくみは？
- クメン法やアゾカップリングの反応はどう進む？

　芳香族の反応として高校化学では，ベンゼンのニトロ化およびスルホン化や，フェノールの合成（クメン法）を学ぶ．どれも，8章や9章で見た反応とは少々ちがうように思える．本章では芳香族の反応に注目し，脂肪族との相違を考えながら見ていこう．

10.1　ベンゼンのニトロ化とスルホン化

　C＝C結合をもつベンゼンの反応性は，アルケンに近いと思いたくなる．けれど，アルケンに付加するHBrも，ベンゼンには付加しない．ベンゼンは，H⊕で活性化されないほど安定（低反応性）なのだ．

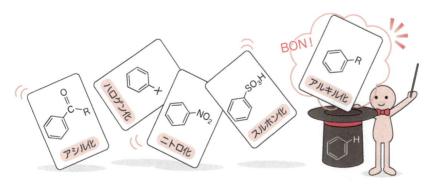

　ベンゼンは共鳴安定化の度合いが高く（芳香族性），π電子を求電子剤に差し出せば芳香族性が失われてしまう．だからベンゼンを反応させるには，ずっと強い求電子剤を要する．次の式(10.1)のニトロ化を例に考えよう．

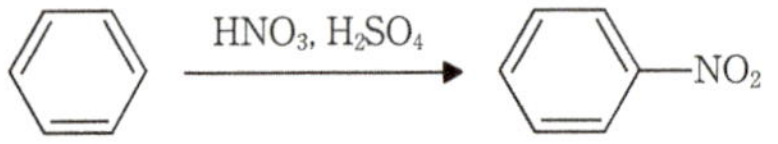

10章 ● 芳香族化合物の反応

$$\text{C}_6\text{H}_6 \xrightarrow{\text{HNO}_3, \text{H}_2\text{SO}_4} \text{C}_6\text{H}_5\text{-NO}_2 \tag{10.1}$$

ニトロ化は，活性なカチオン性求電子剤のニトロニウムイオン（ニトロイルイオン＝$\text{NO}_2^{\oplus}$）の生成に始まる．$\text{NO}_2^{\oplus}$は，硝酸がもつヒドロキシ基の酸素原子に硫酸由来の$\text{H}^{\oplus}$が配位し，そのあと進む脱水の結果として生じる[*1]．

*1 酸として硫酸は硝酸より強い〔反応(10.1)で硝酸は塩基の役目をする〕．

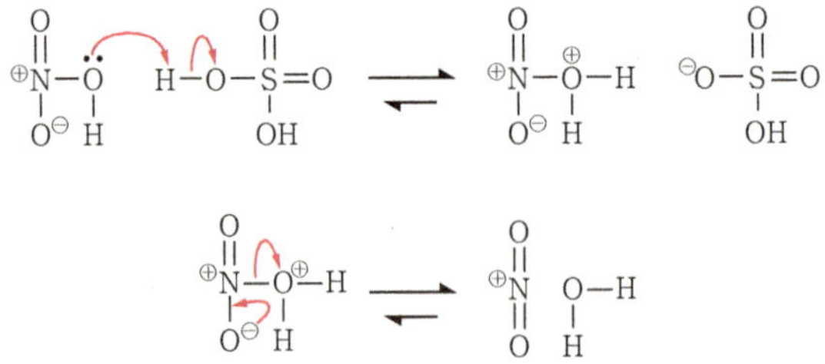

(反応機構の図) (10.2)

一連の流れを，エステル化反応(8.18)〜(8.21)と比べて鑑賞しよう．

次に，ベンゼンのπ電子が$\text{NO}_2^{\oplus}$を攻撃する〔反応(10.3)〕．するとベンゼン環は芳香族性を失い，一時的に正電荷をもつ．その中間体は共鳴安定化を受け，芳香族性の消失に伴う「共鳴安定化の低下」をいくぶん補う．

続いて，アルケンでは求核剤がカチオンを攻撃した．しかしベンゼンの場合は，芳香族性を回復したほうがエネルギー的に得だから，反応点の炭素原子に結合していたHが$\text{H}^{\oplus}$として抜け，ニトロ化が完了する．全体を見ると水素原子1個がNO_2に置き換わるため，芳香族の求電子置換という．

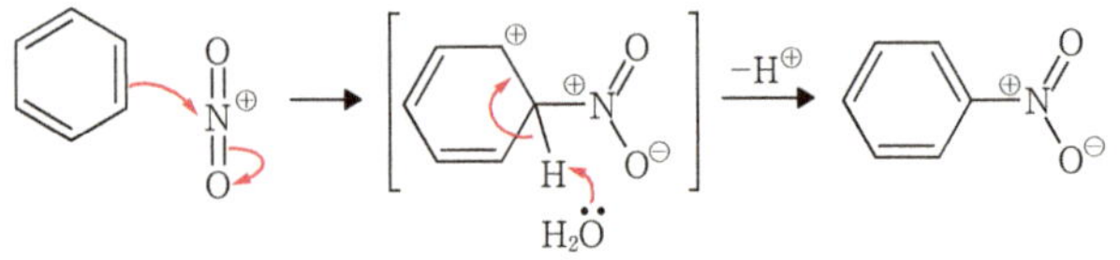

(反応機構の図) (10.3)

【例題 10.1】 式(10.3)の中央にある中間体の共鳴構造を描け．
【答】
(共鳴構造の図)

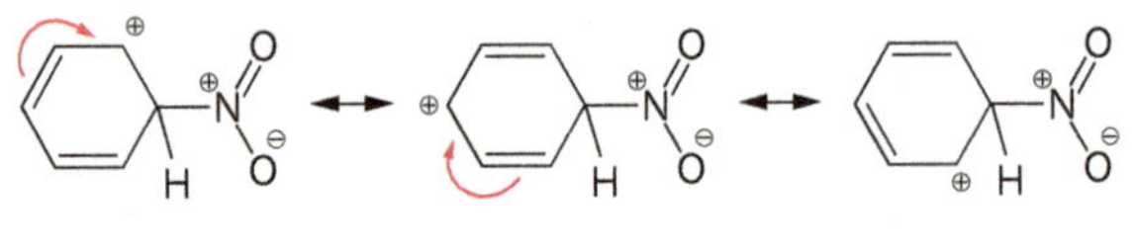

高校化学で扱うベンゼンのスルホン化とハロゲン化も，同じ形式で進む．

発煙硫酸（三酸化硫黄SO_3を溶かした濃硫酸）を使うスルホン化では，プロトン化したSO_3が求電子剤となる．SO_3を図10.1(a)のように描くと，S原子の価電子が12個あってオクテット則を満たさないように思える．かたや，Sの非共有電子対2個をOに配位結合させた図10.1(b)に描けば，ニトロ基の表現と似てSはオクテット則を満たし，（ ）内の共鳴構造をもつ．だからこ

ちらの構造のほうが正しい．だがこう描くと，S原子の形式電荷が+2になって違和感があるため，S-O結合3本の等価性を表す(a)のほうをよく使う．

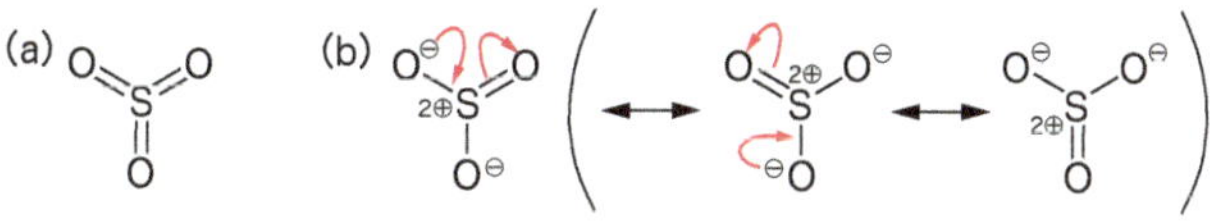

図10.1 三酸化硫黄 SO_3 の分子構造

ベンゼンのスルホン化は式(10.4)のように進む．

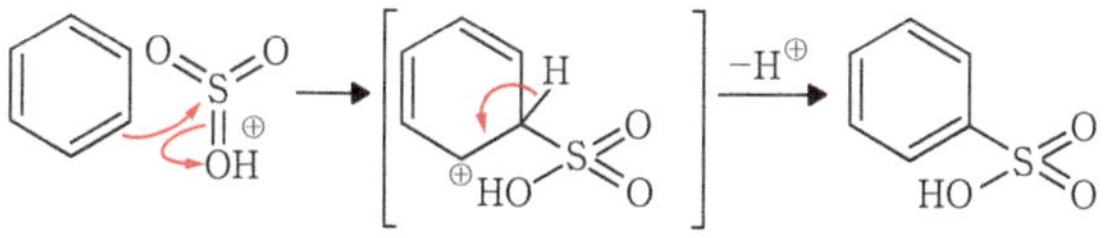

$$(10.4)$$

中間体から $H^\oplus$ をもらう塩基は省いて描いた．$H^\oplus$ のもらい手はいくつかあるし，何が塩基かは，スルホン化にとってさほど重要ではない．そのため以後，こうした描きかたをすることが多い．

なお，生成物のベンゼンスルホン酸は，約200℃に熱するとスルホン化が逆行してベンゼンに戻る(ほかの置換ベンゼンでは起こらない現象)．

10.2 ベンゼンのハロゲン化 ──ルイス酸による活性化

ハロゲン化のしくみも，アルケンとベンゼンでは大差がある．アルケンは混ぜたハロゲンとたちまち付加反応するが，ベンゼンと Br_2 を混ぜても何ひとつ起こらない．つまり，安定なベンゼンからπ電子を奪えるほどの求電子性を，Br_2 分子はもっていない．

そこでルイス酸の出番になる．たとえば反応(10.5)のように，ルイス酸 $FeBr_3$ の作用で Br-Br 結合が切れ，正電荷のブロモニウムイオン $Br^\oplus$ ができる．最外殻電子が6個の $Br^\oplus$ は，オクテットとなるために，電子が2個ほしい．こうした反応活性の高いカチオンがベンゼンから電子対を奪う結果，反応が進む[*2]．

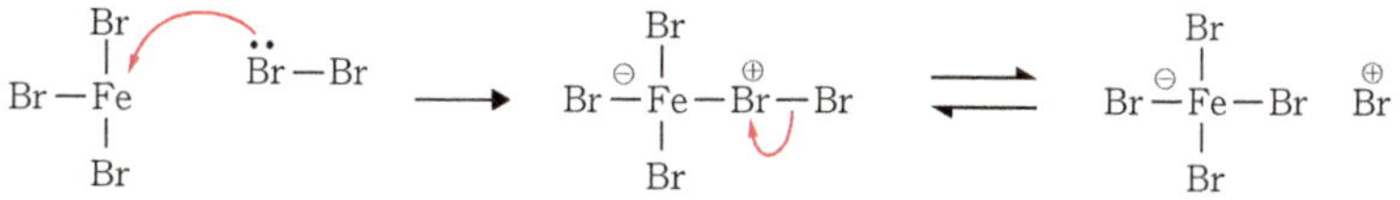

$$(10.5)$$

[*2] 高校化学では鉄粉の存在下，Cl_2 や Br_2 が起こすハロゲン化を扱う．一方，式(10.5)はハロゲンと鉄の反応で生じるハロゲン化鉄(III)が，別のハロゲン分子を活性化し，ベンゼン環との反応を促す．つまり，ハロゲン化鉄(III)を最初から使うか反応容器中でつくり出すのかの差があるだけで，本質は同じだといえる．

10.3 フリーデル-クラフツ反応 ──芳香族のC-C結合生成

いままで眺めたのは，ベンゼンに官能基をつける反応だった．では，脂肪族と同様な炭素骨格をつくる反応，つまりC-C結合生成は，ベンゼンでも

Column！ ハロゲン分子を活性化させる酸

Br$_2$ 分子の活性化は，プロトン酸ではなくルイス酸が起こす．Cl 以上のハロゲン X に水素結合性はないが（7 章），関連して，プロトンとの結合力も強くない（だから HX の酸性が高い）．ハロゲンの活性化には，水素の 1s 軌道などよりサイズが大きく，空の軌道をもつルイス酸が適する．そのためベンゼンのハロゲン化には，FeCl$_3$ や FeBr$_3$，AlCl$_3$ などのルイス酸を使う．

できるのか？　答はイエス．カギとなる活性種，カルボカチオンにはもう 9 章で出合った．カルボカチオンの炭素は最外殻に電子が 6 個しかなく，ひたすら電子対をほしがる．反応の例を式(10.6)に示した．

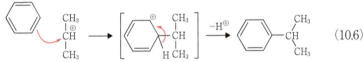

シャルル・フリーデル
（1832 ～ 1899）

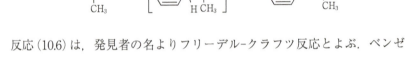　(10.6)

反応(10.6)は，発見者の名よりフリーデル–クラフツ反応とよぶ．ベンゼンの立場ではアルキル基が結合する反応だから，フリーデル–クラフツアルキル化とよぶことも多い．

ほかに，フリーデル–クラフツアシル化という反応もある．アシル基とは官能基 R−CO− をいう．アルキル化のときと同様，ハロゲンをルイス酸で活性化するため，求電子剤には酸クロリドを使う．下記の反応例がある．

ジェームズ・クラフツ
（1839 ～ 1917）

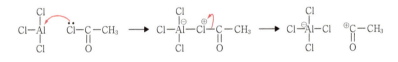

(10.7)

【例題 10.2】　反応(10.7)の 1 段目で生じるアセチルカチオン CH$_3$CO$^{\oplus}$ は共鳴安定化を受けている．共鳴構造を描け．
【答】

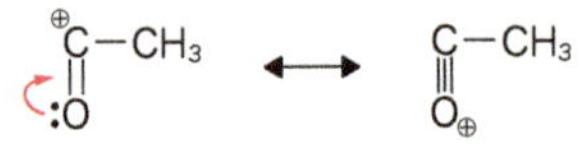

10.4 置換ベンゼンへの求電子置換

以上，ベンゼンと求電子剤の反応を調べた．ベンゼンに置換基がある場合，反応性はどうなるだろう？ また，反応は置換基に対しどの位置で起こるのだろうか．

高校化学ではフェノールの臭素化を学ぶ．フェノールは反応性が高く，ルイス酸がなくても臭素化はらくらく進む〔式(10.8)〕．

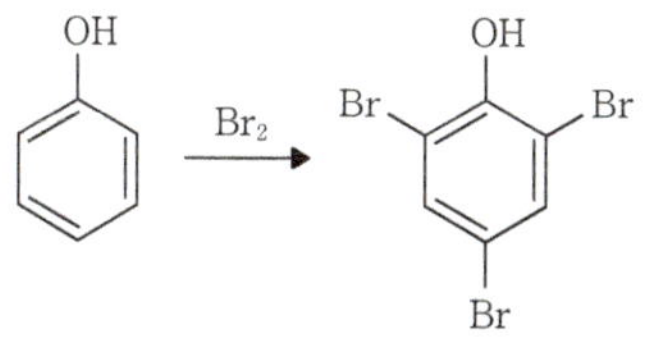

(10.8)

なぜBr原子が3個も，しかも決まった位置につくのか？ 一方のニトロベンゼンの臭素化は，かなり高温にしないと進まず，しかもニトロ基のメタ位にBr原子がつく〔式(10.9)〕．こうした事実は，どう説明できるのだろうか．

(10.9)

まず，置換ベンゼンの極性(6.8節)を思い起こそう．ベンゼン環の部分電荷は，フェノールなら$\delta-$，ニトロベンゼンなら$\delta+$だった．つまり無置換のベンゼンに比べ，フェノールの環は電子密度が高く，ニトロベンゼンの環は電子密度が低い．

本章で眺めた反応はみな，電子不足のカチオン活性種に，芳香環がπ電子を差し出すものだった．だから，電子供与性のOHをもつフェノールが反応しやすく，電子求引性のニトロ基をもつニトロベンゼンが反応しにくいのもうなずける．つまり環の電子密度が，反応性の差をもたらす．

また，フェノールの共鳴構造(例題6.2)で環上の負電荷は，OH基に対しオルト位とパラ位で多い．かたやニトロベンゼンの共鳴構造〔式(6.7)〕だと，環上のメタ位に正電荷が<u>こない</u>．以上の要因が反応の位置を決める．

ニトロベンゼンのメタ位が臭素化されると，そのBrも置換基のひとつになる．Brは弱い電子求引基で，m-ブロモニトロベンゼンはニトロベンゼンより反応性が低いため，1個のBrが入れば反応は止まる．かたやフェノールのOH基は電子供与性がたいへん強く，Brの弱い電子求引性など効かない形で，OH基のオルト–パラ位が埋め尽くされるまで反応が進む．

フェノールの高い反応性を利用する例として，高校化学でもアゾベンゼンやサリチル酸の合成を扱う．反応は前者がOH基のパラ位，後者がオルト位で進み，メタ位ではけっして進まない[*3]．

[*3] オルト位，パラ位のどちらが優先するかは，多様な要因が効くため一概にはいえないが，通常オルト位だと隣りあう置換基の立体反発があるため，パラ位の置換が起こりやすい．

10.5 フリーデル–クラフツアルキル化の特徴 ——転位反応

ハロゲン化アルキルを使うフリーデル–クラフツアルキル化は，おもに次の二つの特徴（①と②）をもつ．

① アルキル基を複数もつ化合物が副生する

反応(10.6)なら，次の副生物ができる．

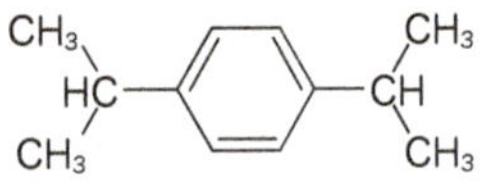

その理由を考えよう．上で見たとおり，電子供与性の置換基はベンゼン環を活性化するのだった．また，アルキル基は弱いながら電子供与性をもつ(9章)．つまりアルキルベンゼンは，もとのベンゼンより反応性が高いため，ベンゼンとアルキルベンゼンの競争反応が進む結果，ジアルキルベンゼンができると考えてよい．

② アルキル基の骨格が変わった化合物が副生する

次のようなフリーデル–クラフツアルキル化反応を考えよう．予想される生成物 **A** のほか，**B** もできてくる．いったい何が起こったのか？[*4]

*4 ジアルキル化副生物は考えない．

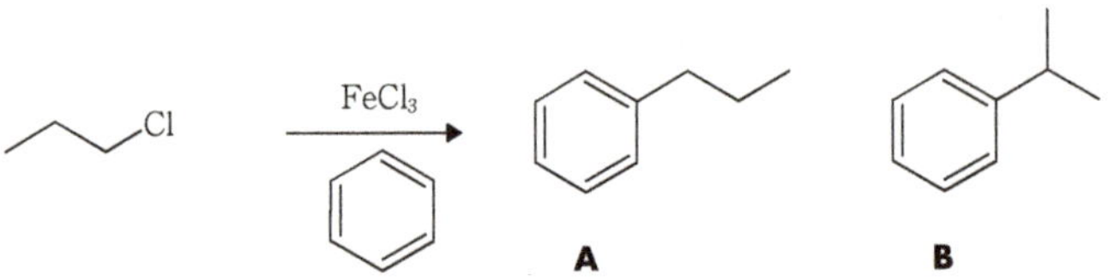

$$\text{(10.10)}$$

反応が式(10.6)の機構なら，第一級カチオン $CH_3CH_2CH_2^{\oplus}$ が中間体になる．ところで第二級カチオンは，第一級カチオンより安定だった(9章)．すると上記の副生物 **B** は，第一級カチオンが第二級カチオン $CH_3CH^{\oplus}CH_3$ に安定化したあと，ベンゼンとの反応が起こって生じたのだろう．

何度も述べたとおり反応は，より低いエネルギーの物質に向かって進む．つまり分子は，変身の可能性があるかぎり，あらゆる手を使って安定化を目指す．いまの場合なら，次の変化が安定化の向きになる．

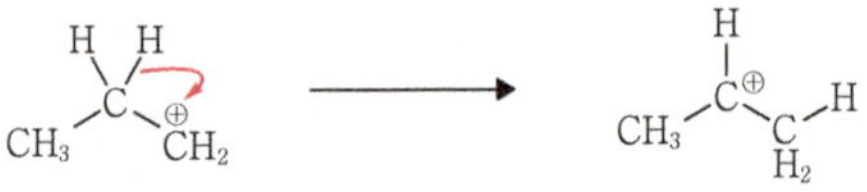

$$\text{(10.11)}$$

カルボカチオン部位に隣りあう炭素上の水素が，電子対を伴うヒドリド $H^{\ominus}$ の姿で動いてくる．C–H 結合の電子は，少しだけ炭素側に寄っている．

その電子対をHが強引に引き抜いて動くのは，エネルギー面で無理がある．ただし，新しく第二級カチオンができたときにエネルギーがぐっと下がるため，前述のヒドリド移動は進む．

式(10.11)のように，同じ分子内で結合がいったん切れたあと，別の場所に新しい結合ができる反応を**転位反応**[*5]という．いまの例は，ヒドリドが隣に移るからヒドリドシフトともよぶ．

*5 「転移」ではないのに注意しよう．

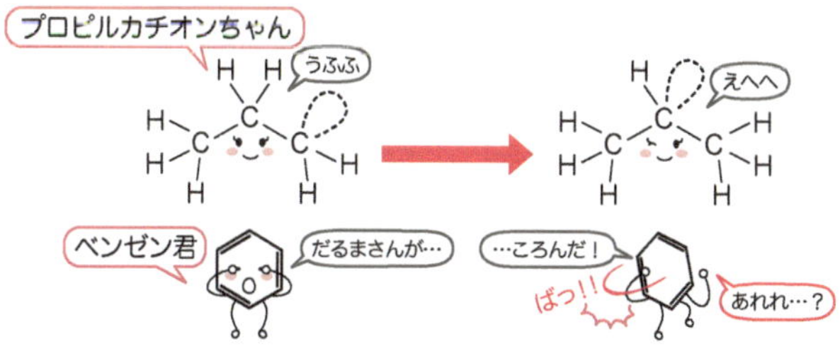

【例題 10.3】 次のフリーデル–クラフツアルキル化反応は，転位を伴って生成物 **X** を生む．巻き矢印を使って反応機構を描け．

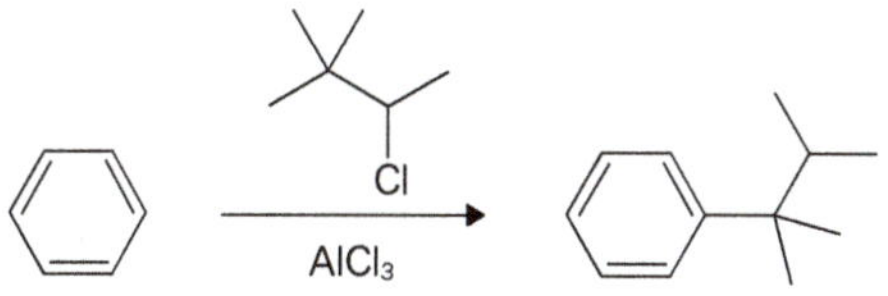

【答】 CH$_3$ が電子対を伴って隣に移り，生じたカチオンとベンゼンが反応する．

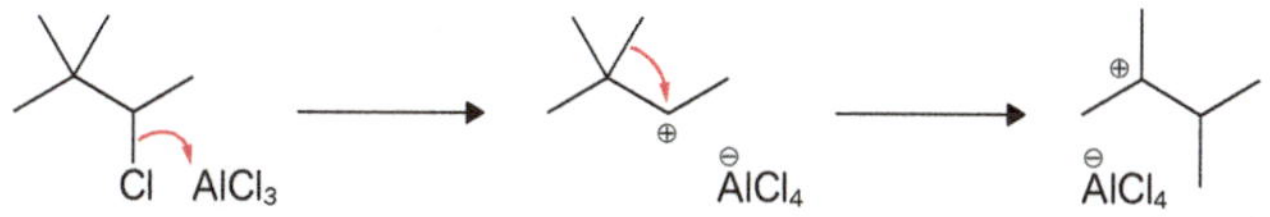

塩化アルキルから塩化物イオンが外れると第二級カチオンができ，CH$_3$ が転位して安定な第三級カチオンになる．このように，水素ばかりか炭素のシフトも起こる．

上記の特徴①も②も副生物を伴うから，ある化合物をつくりたいときは望ましくない．直鎖アルキル基が1個だけのアルキルベンゼンは，どうつくるのか？　そのカギは，フリーデル–クラフツアシル化反応が握る．

アシル基は電子求引性で(7章)，アシルベンゼンはベンゼンより反応性が低いため，フリーデル–クラフツアシル化反応では，2個のアシル基が入った分子はできない．また，アシル化反応で中間体となるアシルカチオンは，共鳴構造(例題10.2)がある分だけ，アルキルカチオンより安定性が高い．だから転位反応が起こったりすることもない．以上のことを利用し，式(10.12)の方法で直鎖アルキル基をもつベンゼンがつくれる．

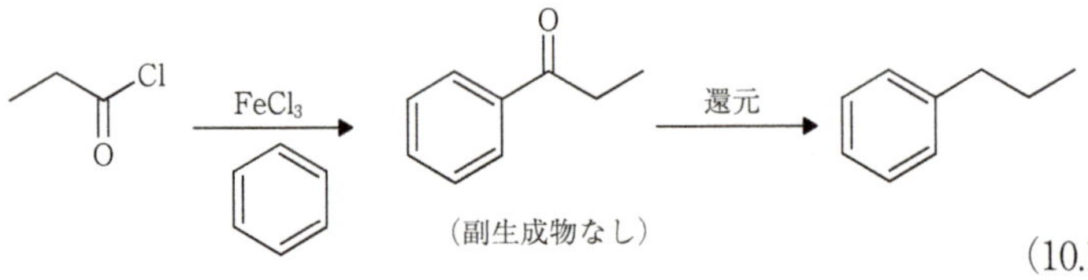

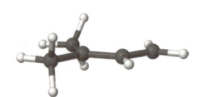

(10.12)

手間は増えても望みの化合物をつくるのは,「急がば回れ」の例だろう. 後半の還元には,たとえば塩酸酸性のもと,亜鉛アマルガム*6 で処理する.

亜鉛が Zn^{2+} に酸化される際,電子がうまく有機化合物に移る. 発見者の名からクレメンゼン還元という*7.

*6 亜鉛と水銀の合金をいう.

*7 しくみはニトロベンゼンのスズ還元(後述)と似ている.

10.6 アリルカチオンとベンジルカチオン ──カチオンの共鳴安定化

カルボカチオンの炭素がアルケンに結合すると,カルボカチオンがもつ空の $2p_z$ 軌道にアルケンから π 電子が渡り,カチオンは π 電子の非局在化による安定化を受ける. *tert*-ブチルカチオンがもつメチル基 3 個のうち 1 個をビニル基にした 1,1-ジメチルアリルカチオンの最適構造を量子化学計算すると,分子全体が平面性をもつ構造が得られる(図 10.2). つまり, アルケンの π 軌道とカチオンの $2p_z$ 軌道には重なりがある*8.

*8 $C^{\oplus}-C=C$ という構造のカチオンをアリルカチオンという.

図 10.2 量子化学計算で求めた 1,1-ジメチルアリルカチオンの構造

Column カルボカチオンの構造

不安定で単離できないカルボカチオンは, 理論的考察や間接分析の結果から, 平面構造だとされてきた. 1993 年にわかった塩 $(CH_3)_3C^{\oplus} SbF_6^{\ominus}$ の結晶構造より, *tert*-ブチルカチオンがたしかに下図の平面構造をもつと判明している.

なぜ平面構造になるのかをつかむため, アンモニア分子 NH_3 の仮想実験を考えよう. NH_3 は, N-H 結合の σ 電子が N 上の非共有電子対から反発されて三角錐構造になる(2 章). 非共有電子対が消えたとすればそのクーロン反発が消え, N-H 結合 3 個がもつ σ 電子間の反発だけが残る. すると, σ 電子間の反発が最小の平面になるだろう. 同じ理由でカルボカチオンも平面三角形構造をとる. 図(b)のとおり, 結合には sp^2 混成軌道を使い, 混成軌道面に垂直な空の $2p_z$ 軌道をもつ.

(a)    (b)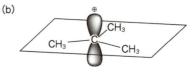

カルボカチオンの反応生成物が，π軌道の広がりを教える．次のような例が知られる．

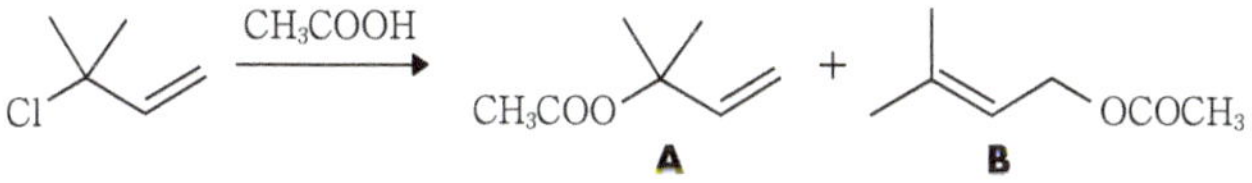

Cl
CH₃COOH
CH₃COO
A
+
B
OCOCH₃

(10.13)

酢酸は塩素を直接置換するほど求核性が強くないため，まず次式(10.14)のようにカルボカチオンができてから酢酸が結合し，最後にプロトン $H^{\oplus}$ が外れる．

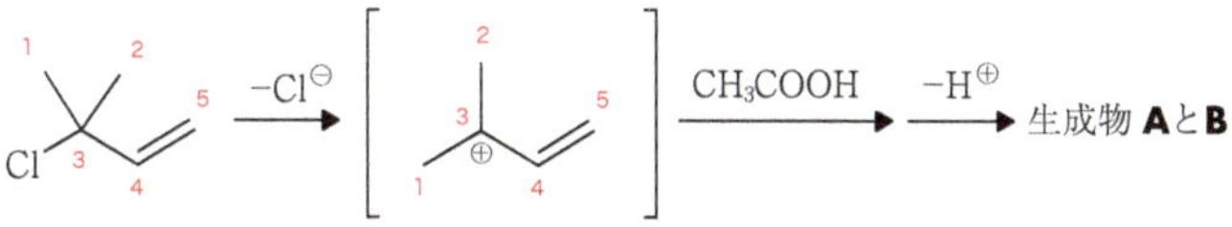

1
2
5
Cl
3
4
−Cl⊖
CH₃COOH
−H⊕
生成物 A と B

(10.14)

いまの反応では，下図 **C** や **D** のような化合物はできない．つまり C4 は反応点にならない．

OCOCH₃
OCOCH₃

C **D**

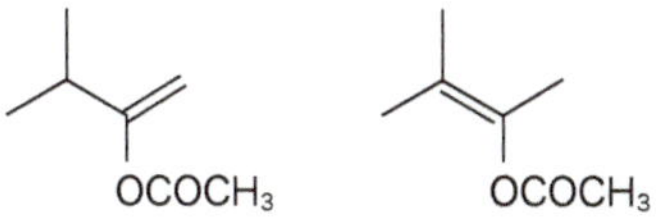

反応(10.13)の生成物 **B** は，二重結合をつくっていた C5 で反応が起こり，二重結合の位置が移動してできる．下記の共鳴を考えると，**B** ができる理由も，C4 上で反応が起こらない理由もわかるだろう[*9]．

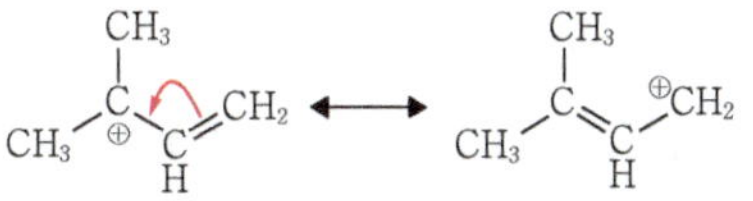

*9 マイケル付加(8章の練習問題4や9.3節)と似ている．

CH₃
C
CH₂
CH₃
H
CH₃
C
⊕CH₂
CH₃
H

(10.15)

ただし式(10.15)は「こう考えると納得できる」にすぎず，「なぜそうなのか？」には答えていない．そこでまた，分子軌道を考えよう．上記のカチオンは求電子反応をし，反応にからむ LUMO は欄外のような姿をもつ．

大きなローブが C3 と C5 にあるが，C4 上にローブはない．それが反応の位置を決める．量子化学計算では，各原子上の部分電荷もわかる．結果をみると，C3 と C5 の部分電荷はそれぞれ＋0.37，＋0.22 と正値だが，C4 の部分電荷は−0.30 と負値になる．つまり，分子軌道ばかりか部分電荷も，C3 と C5 が反応点となることを裏づける[*10]．

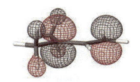

*10 C1, C2 のメチル基がもつローブは，反応には関係しない．

下記のベンジルカチオン[*11]はどうか？　共鳴には四つの構造が寄与するため，非局在化エネルギーはアリルカチオンよりさらに大きい．

*11 フェニル基に直結した C の位置をベンジル位という．

$$\begin{CD} @. @. @. @. \end{CD}$$
(10.16)

ただし，アリルカチオンとはちがい，求電子剤との反応点は側鎖の CH_2 上にかぎられる．左端の構造だけがベンゼン環の芳香族性を保ち，ほかの構造より非局在化エネルギーがずっと大きいのでそうなる．

ベンジルカチオンの安定性を語る事実をひとつ紹介しよう．カルボカチオンを経る反応の速度はカルボカチオンのできやすさで決まり，安定なカルボカチオンほどできやすい．下記の塩化物3種でカルボカチオンを経る反応の速度は，基準化合物 **G** を1として，ベンジルカチオンができる **E** は 10 万にもなった．アリルカチオン類似のカチオンができる **F** だと約 4000 にとどまる[*12]．ベンジルカチオンの大きな安定性がよくわかる．

*12 アリルカチオンは反応点が2個あって直接の比較をしにくいため，反応が1か所だけで起こる **F** を使った．

	E	F	G
相対反応速度	100,000	4,000	1

10.7　OH基やNH₂基をもつベンゼン環の合成

暮らしに役立つベンゼン誘導体（6章）の性質は置換基が決めるため，多様な置換基をもつベンゼンをつくりたい．いままで見たのはどれも，ベンゼンが求電子剤に電子対を差し出す反応だった．

同じ方法だと，ヒドロキシ基 OH やアミノ基 NH_2 はベンゼン環に導入できない．電子不足カチオン（$OH^{\oplus}$, $NH_2^{\oplus}$）[*13]の安定性が小さすぎて，つくれないからだ．そのため，フェノールはクメン法でつくり，アニリンはニトロベンゼンを還元してつくる，と高校化学でも習う．どんな反応なのだろう．

*13 $H_3O^{\oplus}$ や $NH_4^{\oplus}$ のようなカチオンは，（O や N ではなく）水素原子が正電荷を帯びているため，合成に使う意味はない．

フェノールの合成

クメン法を使うフェノールの合成はこう書けた〔式(10.17)〕.

(10.17)

ベンゼンとプロペンの反応で生じるクメン(イソプロピルベンゼン)が,酸素と反応してクメンヒドロペルオキシドになる.それを希酸で処理すれば分解し,フェノール(と等量のアセトン)が生じる.

最初にプロペンがリン酸でプロトン化され,カルボカチオン $CH_3CH^{\oplus}CH_3$ ができる(そうなる理由は9.10節で説明した).反応(10.6)の中間体と同じカチオンだから,ハロゲン化物やルイス酸は使っていないものの,フリーデル-クラフツアルキル化反応だとわかる.

後半の二つが,肝心な段階になる.まず,クメンと酸素の反応でなぜ O_2 の付加体ができるかをつかむには,いくつか予備知識を要する.

ふつう $O=O$ と描く酸素分子も,実体は $\cdot O-O\cdot$ だと心得よう[*14].結合は1本で,どちらの酸素原子も最外殻電子は7個と,オクテット則に合わない構造をもつ.結合1本をつくる電子2個は逆スピンのペアになるが(2章),O_2 分子では同スピンの電子が1個ずつ残るから[*15],二重結合をつくれない.そのため,オクテットになるための相手を,分子内の酸素原子ではなく,別の分子に求めたがる.

もうひとつ,炭素ラジカルの性質がある.炭素ラジカルとは,共有結合3本と不対電子1個をもち,最外殻電子が7個の炭素原子をいう.むろん安定ではないから,電子1個を出す相手と結合をつくりたい.無電荷の炭素ラジカルも,カルボカチオンと同じくフェニル基による共鳴安定化を受ける.共鳴を通じてカチオンを安定化させる分子骨格は,ラジカルも安定化させる.

以上をもとに,クメンの反応(10.18)を見直そう.まず開始剤という物質(説明は略)がクメンからH原子を引き抜き,炭素ラジカルを生む.反応は最安定のラジカルができるよう進むため,ベンジル位のC上にあるHが抜ける.

次にラジカルが O_2 分子と反応し,生じた酸素ラジカルが別のクメン分子からHを引き抜き,クメンヒドロペルオキシドと炭素ラジカルを生む.その炭素ラジカルがまた O_2 と反応し…のサイクルが回り,クメンがなくなれば反応が終わる.最初の炭素ラジカルができたあとはどんどん進む反応だから,**連鎖反応**という.

[*14] 非共有電子をもつ原子をラジカルといい,O_2 分子のように非共有電子2個の分子をビラジカルとよぶ.

[*15] O_2 分子軌道の成り立ちに関係している(くわしい説明は略).

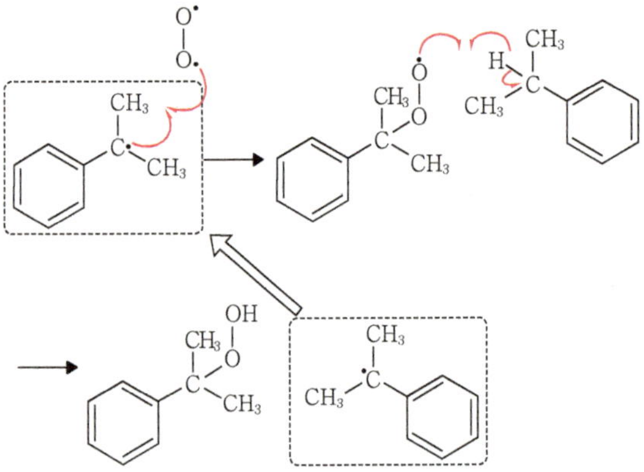

式(10.18)中の巻き矢印（⌒）は，先端の半分が欠けたもので，電子1個分を意味する．共有結合が切れるときは，その矢印2本を逆向きに描く．

【例題 10.4】 高校化学で扱うメタンの塩素化は，炭素ラジカルを中間体とする連鎖反応の形で進む．反応の開始には，弱い Cl–Cl 結合を光のエネルギーで切る．反応の機構を考えてみよ．

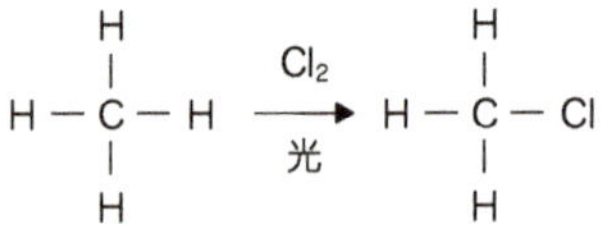

【答】

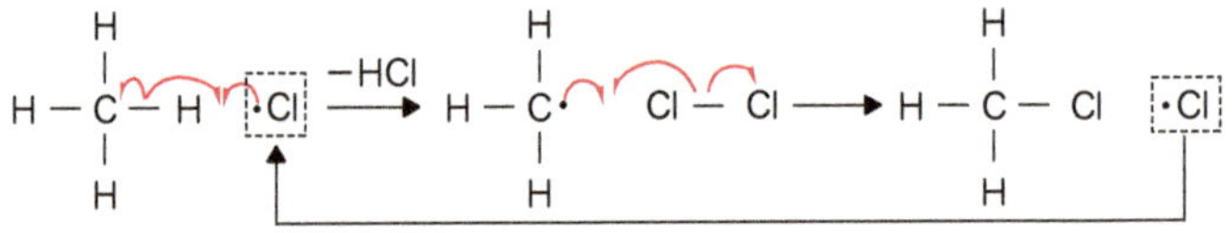

最終段階では，希酸の作用でベンゼン–炭素間の結合が切れ，新しく酸素との結合ができる．式(10.19)のように進む転位反応だと考えてよい．

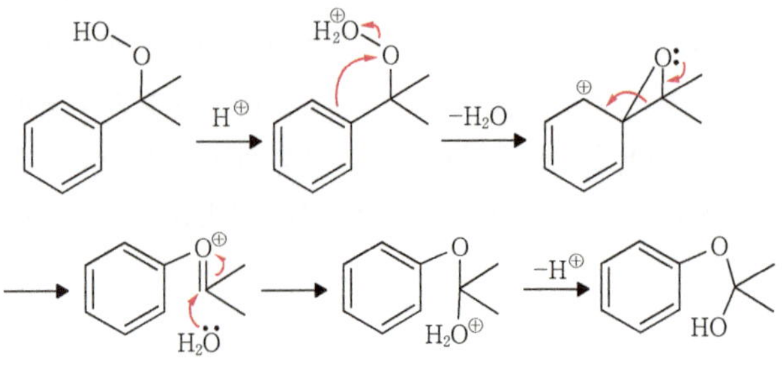

最後の生成物は不安定だから，8.11節に述べたのと同じ理由で，アセトンとフェノールに分解する．

【例題 10.5】 反応 (10.19) の最終産物から希酸の作用でアセトンとフェノールができる機構を，巻き矢印を使って描け．
【答】

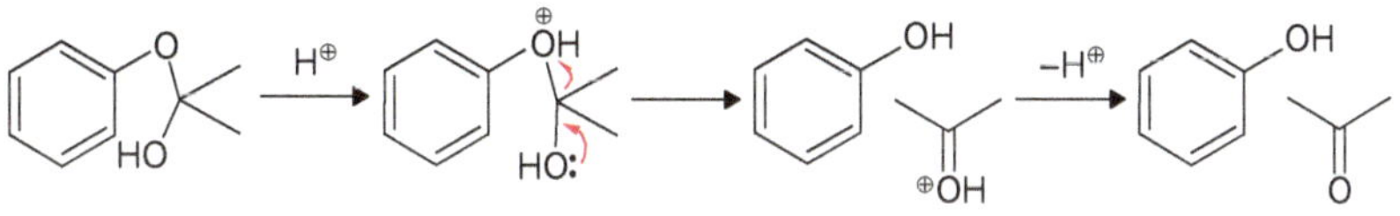

アニリンの合成

アニリンは，塩酸酸性のもと，ニトロベンゼンを鉄やスズで還元してつくる．還元は，金属からニトロベンゼンに電子が1個ずつ移動して進み，スズの場合は下図のイメージになる．酸性条件だから，出発物質はプロトン化ニトロベンゼンにした．

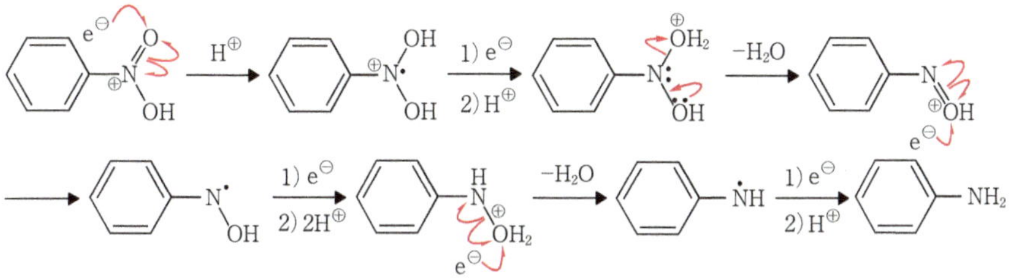

(10.20)

ニトロベンゼンは，分子1個あたり計6個の電子を受けとってアニリンに還元される．

金属の電子を還元に使う反応には，上記のほか，ハロゲン化炭化水素からのグリニャール反応剤の形成，アルコールとナトリウムの反応によるナトリウムアルコキシドの生成，クレメンゼン還元（前述）などがある．

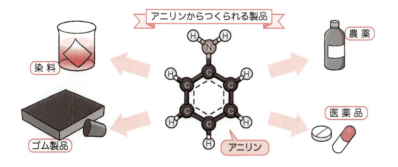

【例題 10.6】 グリニャール反応剤の生成反応（次式）の機構を，巻き矢印を使って描け．Mg からの電子は 1 個ずつ有機分子に移るとする．

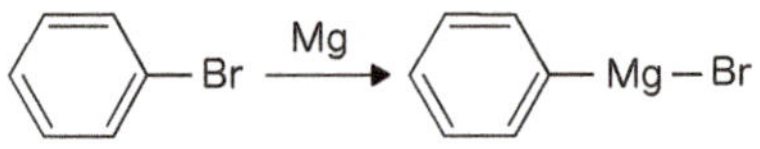

C₆H₅-Br + Mg → C₆H₅-Mg-Br

【答】

$$Mg \longrightarrow Mg^{2\oplus} + 2e^{\ominus}$$

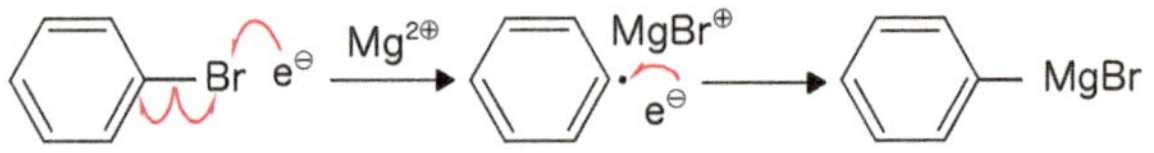

(機構図：PhBr + e⁻ → Ph· + Br⁻，Mg²⁺ と結合して PhMgBr⁺ 中間体，さらに e⁻ が加わって PhMgBr)

10.8 芳香族の側鎖の酸化——ベンジル位の特殊性

以上でわかるとおりベンジル位の炭素は，カチオンやラジカルの状態になりやすい．反応中間体となるカチオンやラジカルができやすいなら，反応性が高いといえる．

高校化学で習う「トルエン → 安息香酸」の酸化も，その特性を使う．トルエンを酸化剤（$KMnO_4$ 水溶液など）とともに熱すると，メチル基がカルボキシ基に変わる．こまかいしくみには不明な部分もあるけれど，メチル基がもつ C–H 結合の 1 本が切れ，式(10.21)のカルボカチオン中間体か，式(10.22)の炭素ラジカル中間体を通って進むのだろう．

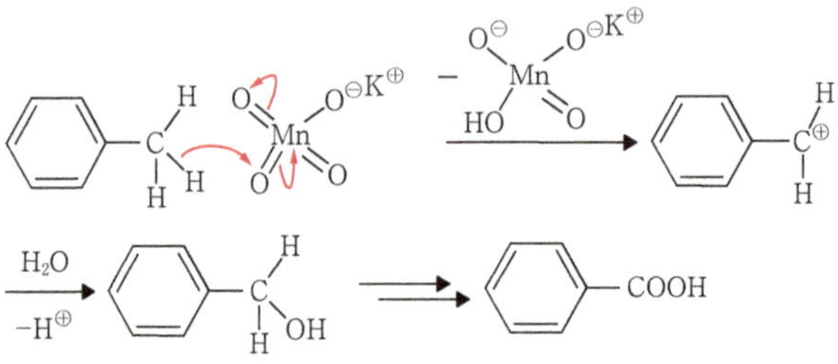

$$\text{(機構図 10.21)} \tag{10.21}$$

$$\text{(機構図 10.22)} \tag{10.22}$$

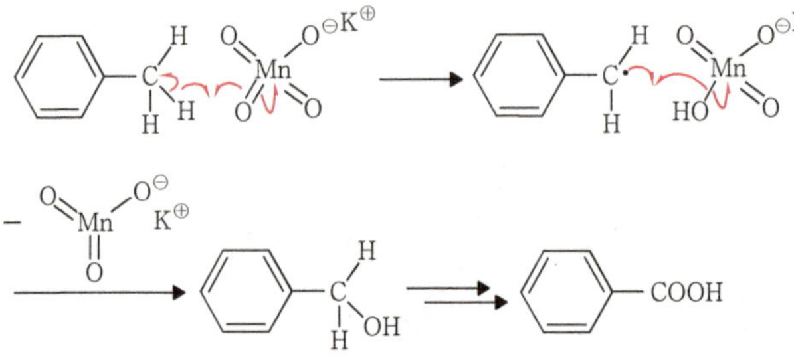

同じ条件でアルカンは酸化されない事実より，反応の進行には中間体の共鳴安定化がカギだとわかる．

10.9 ジアゾ化とアゾカップリング

鮮やかなオレンジ色の色素を生むアゾカップリングは高校化学の花形で，実験をした読者もいよう．教科書には，次のように進むと書いてある．

$$\text{C}_6\text{H}_5\text{-NH}_2 \xrightarrow[\text{HCl}]{\text{NaNO}_2} \text{C}_6\text{H}_5\text{-N}^{\oplus}\equiv\text{N} \ \text{Cl}^{\ominus} \xrightarrow{\text{C}_6\text{H}_5\text{-OH}} \text{C}_6\text{H}_5\text{-N=N-C}_6\text{H}_4\text{-OH} \quad (10.23)$$

反応の前半を解剖しよう．亜硝酸ナトリウムと塩酸から亜硝酸 HNO_2 ができ，塩酸でさらにプロトン化された $H_2O^{\oplus}-N=O$ になる．脱水してできるカチオン性の求電子剤ニトロソニウムイオン $N\equiv O^{\oplus}$ が，アニリンのアミノ基と次のように反応する．

$$\text{Ph-NH}_2 + \text{N}\equiv\text{O}^{\oplus} \xrightarrow{-\text{H}^{\oplus}} \text{Ph-NH-N=O}$$

$$\xrightarrow[\text{2) H}^{\oplus}]{\text{1) 互変異性}} \text{Ph-N=N-OH}_2^{\oplus} \xrightarrow{-\text{H}_2\text{O}} \text{Ph-N}^{\oplus}\equiv\text{N} \quad (10.24)$$

いままでとちがい，求電子剤への攻撃は，ベンゼン環上でなく側鎖のアミノ基で起きている．反応をじっくりたどれば，関与する元素に差はあるものの，ほぼいままで見たような機構で進むのがわかるだろう．

> アゾカップリング！ Ph-N=N-C$_6$H$_4$-OH
> できあがった化合物はオレンジ色の染料

【例題 10.7】 ジアゾニウムイオンとフェノールからアゾ色素ができる反応 (10.23) の機構を，巻き矢印を使って描け．

【答】

（機構図：フェノールのπ電子がジアゾニウムイオンを攻撃し，シクロヘキサジエノン中間体を経て，H_2O によるプロトン引き抜きを受け，Ph-N=N-C$_6$H$_4$-OH を与える．）

10章 ● 芳香族化合物の反応

1. フェノールの臭素化にはルイス酸を要しない．フェノールが Br_2 分子と反応し，OH 基のパラ位が臭素化される反応の機構を描け．

2. 次の反応の機構を描け．

   (a) ベンゼン + $(CH_3)_2C(OH)CH_3$ →(H_2SO_4)→ tert-ブチルベンゼン

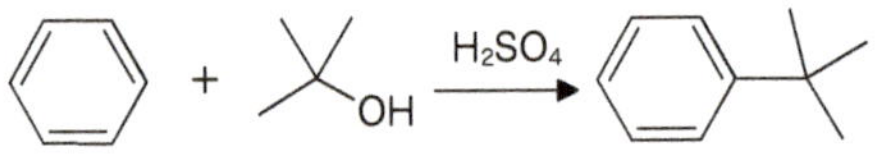

   (b) ベンゼン + 無水コハク酸 →($AlCl_3$)→ 4-オキソ-4-フェニルブタン酸

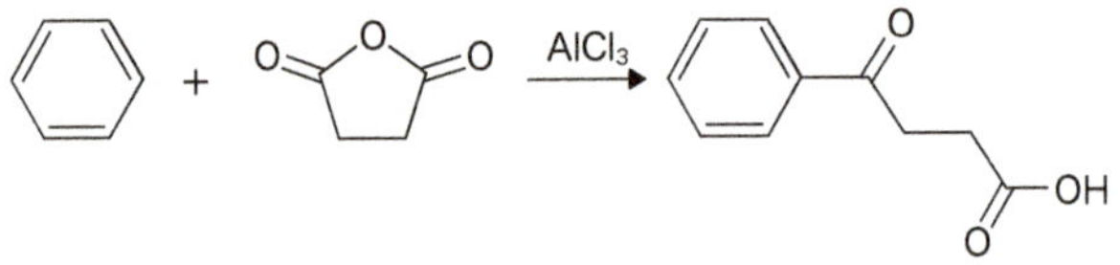

3. 次の (a), (b) のそれぞれについて，左の化合物から右の化合物をつくる経路を考えてみよ．

   (a) トルエン → 4-ブロモ安息香酸

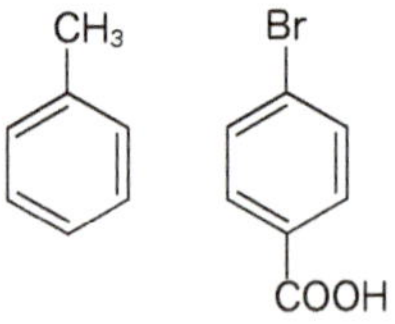

   (b) ベンゼン → 2-フェニル-2-プロパノール

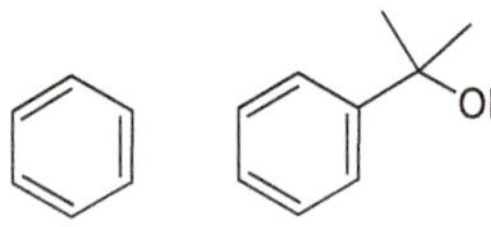

4. ナトリウムフェノキシドと二酸化炭素を反応させたあと，希硫酸で処理すればサリチル酸ができる，と高校化学で習う．反応の機構を考えてみよ．

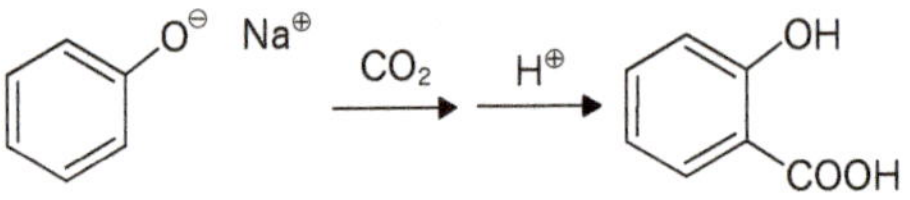

   フェノキシドナトリウム + CO_2 → (H^+) → サリチル酸

5. **X** と **Y** から出発し，カルボカチオンを経る反応の速さを測ったところ，**X** は **Y** の 3000 倍ほど速かった．その理由を説明せよ．

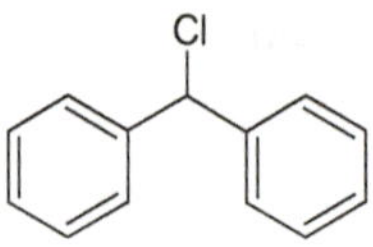

   X: ジフェニルクロロメタン (Ph$_2$CHCl)
   Y: 1-クロロ-1-フェニルエタン (PhCHClCH$_3$)

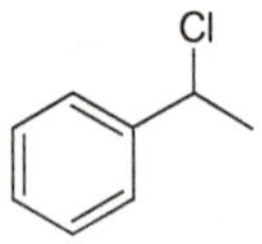

11章 立体化学

- 鏡像異性体(エナンチオマー)どうしは，性質が同じなのか？
- 不斉炭素を複数もつ化合物に，立体異性体はいくつある？
- 分子はどんな形をとりたがるのか？
- 分子の立体構造は，反応の進みにどうからむのか？
- 光学活性体はどうやって手に入れる？

　いままで有機分子の構造と性質，反応を眺めてきた．現実世界は三次元空間だし，分子も三次元世界にいるから，有機反応をこまかくつかむには，分子の立体構造(立体化学)にも注目しなければいけない．10章まで折々に紹介した分子や分子軌道の形を，さらにくわしく調べていこう．

11.1　立体配置と立体配座

　立体化学の話は，立体配置と立体配座に大別できる．高校化学ではアミノ酸を例に，鏡像異性体[*1](エナンチオマー)を学ぶ(図 11.1)．エナンチオマーとは，右手と左手のような，鏡像関係にある分子のペアを意味する．

　エナンチオマーのように，同じ平面構造式でも別の分子，つまり立体異性体どうしを，「**立体配置の異なる分子**」という．立体配置とは，おおよそ「ある炭素原子に結合した原子の種類と向き」を意味する．立体配置のちがう異性体どうしは，結合をどう回転させても重なりあわない．重ねあわせるには，いったん結合を切って原子をつなぎ直すしかない．

　かたや，自由回転する単結合をもつ分子は，回転角に応じた複数のエネル

*1　高校化学で使う用語「光学異性体」を，IUPAC は推奨していない．

図 11.1　鏡像異性体の例(アラニン)

*2 英語名をカタカナ化した「コンホメーション」もよく使う.

*3 読者が立っているときと座っているときでは，体の立体配座がちがう．一方，読者がどんな姿勢をとろうとも立体配置は変わらない（右腕は右肩から伸び，首は両肩に乗っている）．

*4 キラルはギリシャ語 *kheir*（手のひら）にちなむ.

*5 カルボン酸の α 位炭素にアミノ基が結合しているため，α-アミノ酸という．

*6 アミノ酸のうち，不斉炭素をもたないグリシン H_2NCH_2COOH だけはキラルではない．

ギー極小値をもち，極小値ごとに姿が変わる（3章）．極小値にあたる分子の形を**立体配座**[*2]という．ふつう有機分子は複数の立体配座をとれて，配座どうしは結合の回転により行き来できる．

なお，立体配置と立体配座は，互いに無関係ではない．ふつう立体配座は立体配置の影響を受けるし，反応が進むときは，反応物の立体配座が生成物の立体配置を左右したりもする[*3]．

11.2 エナンチオマー

まずは立体配置を考えよう．エナンチオマー対があるアラニン（図11.1）のような分子を「キラル分子」[*4]や「キラリティーをもつ分子」，そうでない分子を「アキラル分子」という．同じ発想を身近なものに当てはめると，ネジやグローブ，ゴルフのクラブはキラルだが，釘や軍手，野球のバットはアキラルだといえる．

キラル分子は，どんな性質をもつのだろう？ キラル分子の片方（エナンチオマー）だけからなる物質は旋光性（コラム）を示し，光学活性体とよぶ．光学活性体どうしは，旋光度の符号から(+)-体，(−)-体と区別する．エナンチオマーどうしは旋光度の符号だけがちがい，沸点や融点，密度，溶解度，屈折率など物理的性質に差はない．そのため，両方の混合物から片方のエナンチオマーだけを単離するのはむずかしい．

キラル化合物の例に，アラニン（図11.1）など約20種のアミノ酸[*5]（タンパク質の構成単位）がある．アラニンの α 位炭素など，4個の異種原子（団）が結合した炭素を**不斉炭素（原子）**という[*6]．アミノ酸にかぎらず，不斉炭素を

Column! 旋光性と旋光度

進行方向と垂直な面内で電場が振動する「平面偏光」をエナンチオマーの溶液に通すと，出口では振動面の向きが変わっている．光の進行方向から見ると振動面が回転したことになるため，そんな性質を旋光性という．

旋光性の強さ（旋光度）は物質ごとにちがう．透過光の振動面が入射振動面から時計回りに回転した場合に，符号を正とする．あるエナンチオマー溶液の旋光度が $+\theta$ なら，他方のエナンチオマー溶液（同濃度）は旋光度が $-\theta$ になる．両エナンチオマーの等量混合物（ラセミ体）の溶液に旋光性はない．当量でないと，旋光度は量比に応じた値を示す（旋光度が $+\theta$ と $-\theta$ の分子をそれぞれ 75% と 25% 含む溶液は，$+0.5\theta$ の旋光度を示す．アキラルな物質の溶液は旋光性がない．

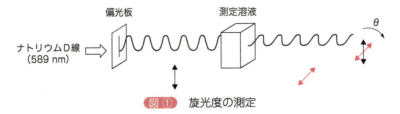

図① 旋光度の測定

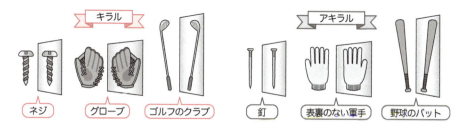

1個もつ分子は必ずキラルになる.

図11.1では,不斉炭素がもつ結合のうち2本を,趣のちがう楔(くさび)形に描いた.塗りつぶした楔形は紙面から手前に伸び,破線の楔形は紙面の奥へと向かう.楔形を使ったエナンチオマーの描きかたは何通りもあるので注意しよう.たとえば,図11.2の二つは同じ分子(L-アラニン)を表す.

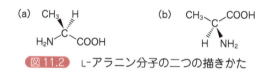

図11.2 L-アラニン分子の二つの描きかた

【例題 11.1】 次のうち L-アラニンはどれか.また,その鏡像(D-アラニン)はどれか.

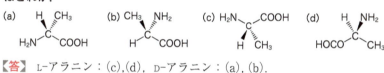

【答】 L-アラニン:(c),(d),D-アラニン:(a),(b).

上記の記号「L-」や「D-」は,もっぱらアミノ酸や糖の立体構造を表すのに使う.アミノ酸は欄外の一般形で示せ,R = CH$_3$ がアラニンにあたる.

この姿を L体,鏡像体のほうを D体とよぶ[*7].天然のアミノ酸はほとんどが L体で,D体のアミノ酸は珍しい.また,天然の糖には D体しかない.天然のキラル分子は大部分が光学活性を示す.

エナンチオマーどうしの物理的性質は同じでも,生体作用はおおいにちがう.たとえば,L-アラニンは少し甘いだけだが,D-アラニンは甘みが強い.下図のサリドマイドともなれば,一方が薬で他方が催奇形性をもつ,と極端な差を示す.だからとりわけ医薬の分野では,エナンチオマーを慎重に区別し,薬効のあるほう(サリドマイドなら下図の分子)だけを使う.

*7 D と L はラテン語 *dextro*(右)と *levo*(左)にちなむ.図11.2 の分子をなぜ「左」としたのかの説明は省く(調べてみよう).

(+)-サリドマイド

COLUMN! 分子の立体構造を描くときの注意

分子の立体構造は，正四面体を平面に投影した姿で描く．正四面体の重心と2頂点を紙面に置き，残る2頂点を眺めると，ちょうど重なって見える．重なるとわかりにくいため，頂点を少しずらして描く（下図 a）．すると，紙面に投影した際，2本の楔形結合は両方とも，折れ曲がった主鎖のとがっている側に出ることになる．だから図(b)や図(c)の表記は正しくない．

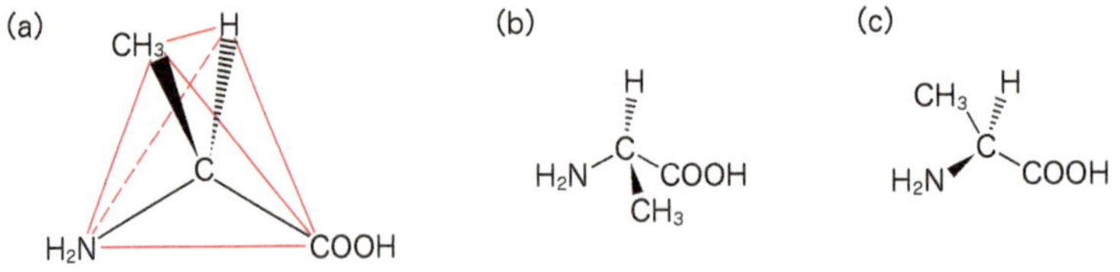

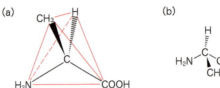

ひとつ注意をしておこう．旋光度の符号と，L-やD-など立体化学の記号は，いっさい関係がない．DLは分子の「構造」，(+)(−)は分子の「性質」を表す（だから「L-(+)-アラニン」のように表記する）．科学が進んだ現在も，分子構造から旋光度の符号を推定できる段階にはなっていない．

11.3 ジアステレオマー

ある分子内の不斉炭素は，1個とはかぎらない．不斉炭素が複数あれば，図11.3(a)のように主鎖をジグザグに描き，不斉炭素から伸びる結合を楔形で表す．Cに結合したHを省けば図11.3(b)になる．図11.3(b)のようにヒドロキシ基が紙面の手前に出ているなら，残るHは紙面の背後に向かう．

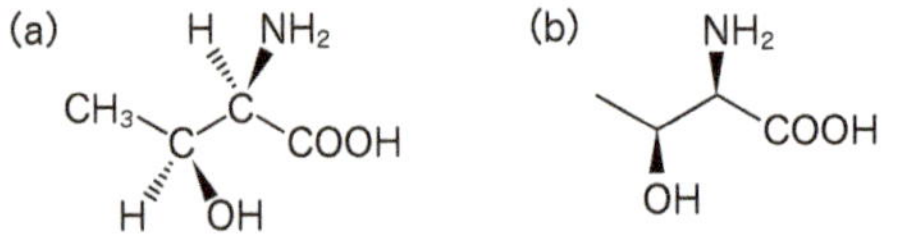

図 11.3 複数の不斉炭素をもつトレオニン分子の図示

図11.3の分子には，立体異性体がいくつあるのか？ じっくりにらんで書き出せば，次の四つだとわかる．

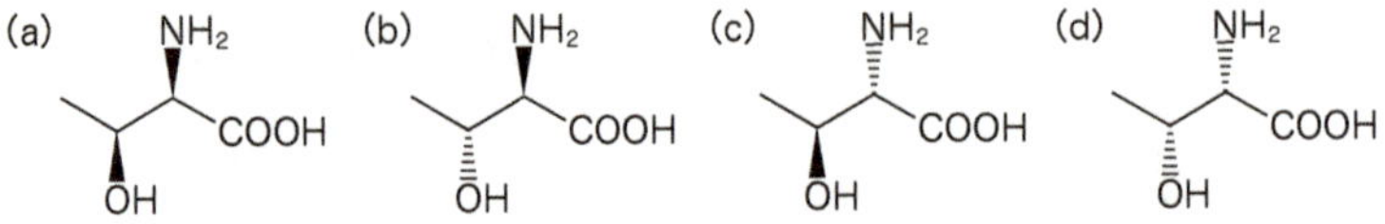

図 11.4 トレオニンの立体異性体4種

不斉炭素まわりの立体配置が2通りずつあるため，合計 $2^2 = 4$ 種の立体異性体ができる[*8]．

*8 不斉炭素が n 個の分子には，最多で 2^n 種の立体異性体がある．

図11.4に描いた構造のうち，(a)と(d)，(b)と(c)が，互いにエナンチオマーの関係にある[*9]．

(a)と(b)のように，エナンチオマー（鏡像異性体）ではない一般の立体異性体どうしを，**ジアステレオマー**という．(a)と(c)，(b)と(d)もジアステレオマーの関係にある．ジアステレオマーどうしは物理的性質(沸点，融点，溶解度など)がちがうため，たとえば溶解度の差を使い，混合物の溶液から片方だけを結晶化させるなどの方法で分離できる．

[*9] 図11.4(d)を裏返して，下図のように描くと，(a)のエナンチオマーになっていることがわかりやすい．

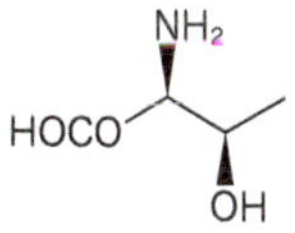

11.4　RS命名法とEZ命名法

アミノ酸分子の区別に使うDL命名法も，適用できる化合物群は多くない．そこで，幅広い化合物に使えるRS命名法ができた．R体とS体は，次の手順に従って区別する．

① 不斉炭素に直結した原子4個を，「原子番号の大きいほうを上位」として順位づけする．原子番号が同じなら，直結原子の先にある原子を比べる．図11.2のL-アラニンなら，優先順位は$NH_2>COOH>CH_3>H$となる．

② 次に，最下位の置換基を紙面の向こう側に置き（隠し），残る3個の置換基を眺める．順位の「高 → 低」が時計回りならR体，反時計回りならS体とよぶ．L-アラニンだと，Hを紙面の向こうに隠せば次ページの図のように

Column！　分子モデリング用ソフト

分子の立体構造は，単結合の回転のほか，分子内水素結合などでも変わる．そのため大きい分子だと，分子模型でつくった立体配座と，真のエネルギー極小にあたる立体配座は必ずしも一致しない．そんなとき分子モデリング用ソフトが役立つ．

多彩なソフトの大半は，分子の初期構造を入力すると，そばにできるエネルギー極小の構造（ありそうな立体配座）を探す計算機能をもつ．ありうる相互作用をみな考えた計算なので，結果は「確からしい」と思ってよい．

ただし，溶媒分子などに囲まれた現実の分子ではなく，「真空中の孤立分子」を計算した結果だから，近似的なものだと心得よう．

たとえば，図11.4に描いた化合物4種の立体構造はどうか．見やすくするため，右図ではそれぞれのエナンチオマーを横に並べた．一見しただけでも，① エナンチオマー間では立体構造も鏡像体になり，② ジアステレオマー間では（置換基1個の向きだけではなく）分子全体の構造がちがうとわかる．つまりジアステレオマーどうしは，立体構造に大差があるため，物理的性質が異なるといえる．

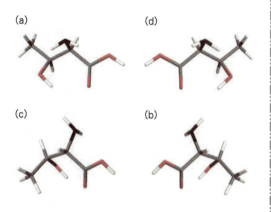

なる.

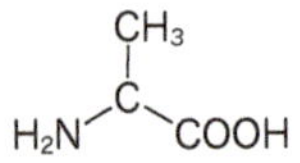

$$\text{H}_2\text{N}-\overset{\text{CH}_3}{\underset{}{\text{C}}}-\text{COOH}$$

優先順位の「高 → 低」つまり NH_2 → COOH → CH_3 が反時計回りだから S 体だと決まり, (S)-アラニンとよぶ.

同じ分子内に不斉炭素が複数あれば, それぞれの RS 表記をする. 図11.4(a) の分子なら, OH基が結合した炭素は S 型, NH_2 基が結合した炭素は R 型 だとわかるため, 分子の名は $(2R, 3S)$-2-アミノ-3-ヒドロキシブタン酸になる. 残る(b),(c),(d)は, それぞれ$(2R, 3R)$-, $(2S, 3S)$-, $(2S, 3R)$-2-アミノ-3-ヒドロキシブタン酸と命名する. エナンチオマーどうしは, RとSの命名も完全に逆になる. かたやジアステレオマーどうしは, 一部の不斉炭素で RとSが逆転する.

置換基の優先順位をもとにした命名は, アルケンにも使える. 直観的でわかりやすいシス–トランス命名法 (4章) は, 置換基が多くなると使いにくい. そこで, C＝C 結合の炭素それぞれにつき, 結合した置換基に順位ルールを当てはめ, 優位の置換基が同じ側なら Z 体(起源はドイツ語 zusammen = 同じ), 逆側なら E 体 (entgegen = 逆) とよぶ.

たとえば下図の化合物は, シス体およびトランス体の区別はできないけれど, 左側が $CH_2CH_3 > CH_3$, 右側が $CH_2OH > CH_2CH_3$ なので, EZ命名法で (Z)-2-エチル-3-メチル-2-ペンテン-1-オールとなる.

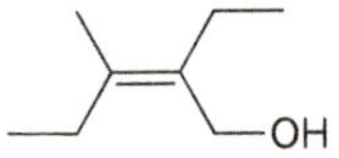

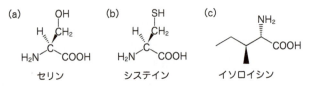

【例題 11.2】 下記の天然アミノ酸(どれもL体)を, RS法で命名せよ.

(a) セリン (b) システイン (c) イソロイシン

【答】 (a) (S)-セリン, (b) (R)-システイン, (c) $(2S, 3S)$-イソロイシン. (a)ではCOOHとCH_2OHの順位を比べる. 命名のとき二重結合は2回カウントし, COOHの炭素は(O, O, O)の3原子に結合しているとみる. CH_2OHの炭素が結合しているのは(O, H, H)の3原子だ. これらを1番目 → (同じなら) → 2番目 → (同じなら) → (3番目) という要領で比較する. 2番目の原子の比較により, COOHのほうが上位にくるとわかる. (b)では, CH_2SHのCに結合した(S,H,H)が, (O,O,O)より上位にある.

11.5 置換シクロヘキサンの立体配座

次に立体配座を考えよう．シクロヘキサンの構造と環反転は 3.7 節で眺めたが，置換基をもつシクロヘキサンは，どんな形になるのだろう？ シクロヘキサンのいす形は安定性が高く，置換基がついても形は変わらない．ただし環反転が起こるため，置換基の向きが 2 通りできる．メチルシクロヘキサンを例に考えよう．1 個の H 原子をメチル基に変え，図 3.11 を描き直せば図 11.5 になる．

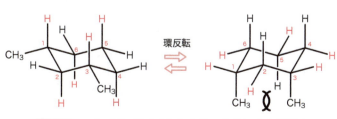

図 11.5 メチルシクロヘキサンの立体配座

メチル基は，左の構造だとエクアトリアル方向，右の構造だとアキシアル方向を向き，両構造は明らかにちがう．ただし，互いに行き来できるため，立体異性体どうしの関係ではない[*10]．

形がちがえばエネルギーにも差があり，メチル基がアキシアル方向に出たもののほうが $7.6\ \mathrm{kJ\ mol^{-1}}$ だけエネルギーが高い．エネルギー差 ΔE を化学熱力学の基本式 $\Delta E = -RT \ln K$（3 章）に入れれば，室温では $K = 0.046$ つまり「エクアトリアル：アキシアル $\fallingdotseq$ 96：4」となり，エクアトリアル形が大半だとわかる．アキシアル形は，メチル基と隣の H（アキシアル方向）が立体反発する分だけエネルギーが高い[*11]．

モノ置換シクロヘキサンでは通常，置換基がエクアトリアル方向を向くと安定性が上がる．安定性の度合いは置換基の大きさによるが，かさ高い *tert*-ブチル基 $\mathrm{C(CH_3)_3}$ なら，アキシアルになると立体反発がたいへん大きいため，事実上エクアトリアル形しか存在しない．

次に，置換基を 2 個もつ 1,3-ジメチルシクロヘキサンの立体配座を考えよう．この場合，2 種の立体異性体（図 11.6）を別べつに扱う必要がある．

まずシス体を考え，さっきと同様の図にこのように描く（図 11.7）.

[*10] このように立体配座が異なるものどうしを配座異性体という．

[*11] 図 11.5 中の記号 ⋈ は，立体反発があることを表す．

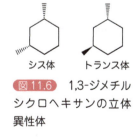

図 11.6 1,3-ジメチルシクロヘキサンの立体異性体

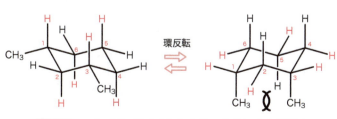

図 11.7 *cis*-1,3-ジメチルシクロヘキサンの立体配座

メチル基2個は，ともにエクアトリアル方向か，ともにアキシアル方向を向く．後者ではメチル基どうしの立体反発がたいへん大きく，立体配座間のエネルギー差は 20 kJ mol^{-1} 以上にもなるから，室温でジアキシアル体はほとんどない．

かたやトランス体では次のようになる（図11.8）．

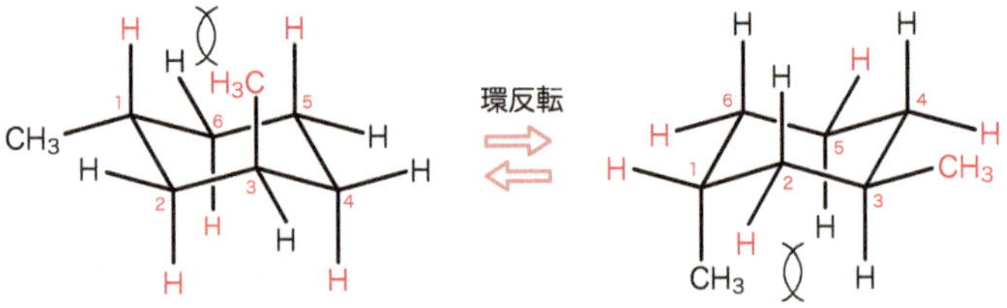

図 11.8 *trans*-1,3-ジメチルシクロヘキサンの立体配座

一方のメチルがエクアトリアル方向，他方がアキシアル方向を向き，互いの立体反発はない．また，環反転で両方とも向きを変えるから，反転前後で分子全体のエネルギーは変わらない[*12]．

＊12 分子全体の姿も，環反転で変わらない．

【例題 11.3】 *cis* および *trans*-1,3-ジメチルシクロヘキサンは不斉炭素をもつか．また，それぞれの分子はキラルかアキラルか．

【答】 *cis*-1,3-ジメチルシクロヘキサン：不斉炭素はあるがアキラル，
trans-1,3-ジメチルシクロヘキサン：不斉炭素があってキラル．

COLUMN！ メソ化合物

cis-1,3-ジメチルシクロヘキサンは，不斉炭素をもつのにキラルではない（例題11.2）．なぜか？ この分子には，図11.6のほか，下記の鏡像体もありうる．

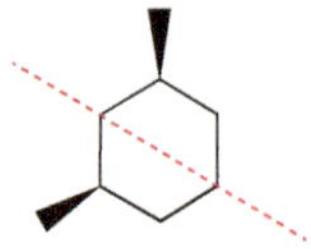

ただし，橙色の破線を軸にして180°回せば，図11.6のシス体と同じものになる．鏡像どうしが同じだからキラル分子ではない．橙色の破線を鏡に見立てると，分子は線対称（鏡面対称）だとわかる．一般に，不斉炭素があっても鏡面対称な分子はキラルではなく，そうした化合物をメソ化合物と総称する．虫歯になりにくいガムに加えられているキシリトール（下図）もメソ化合物の例となる．

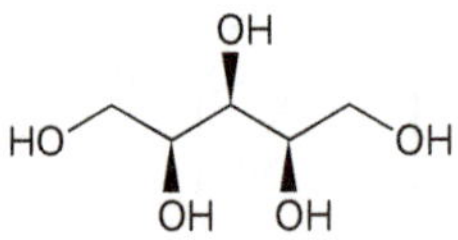

11.6 エステルとアミドの立体配座

エステルとアミドは,図 11.9 のような構造をしている.

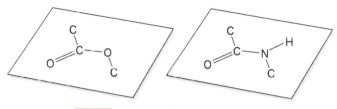

図 11.9　エステルとアミドの部分構造

図 11.9 から,次の 2 点が読みとれる.

① 官能基と隣接炭素は(アミドの H も),みな同じ平面上にある.
② 主鎖がジグザグ構造をとる.

まず①の理由を考える.カルボキシラートイオンの共鳴構造(5.6 節)を思い起こすと,O 上に局在化した非共有電子対(ローンペア)と C＝O 基の π 電子が,キャッチボールのように行き来している.その行き来は,酸素アニオンの $2p_z$ 軌道と C＝O 基の π 軌道の重なりに由来していた(図 5.2).共鳴構造の本質が「軌道の重なり」なら,共鳴はアニオンにかぎらない.事実,中性のフェノール分子やアニリン分子の共鳴構造も描けた(6 章).エステルやアミドでも,図 11.10 のような構造が共鳴に寄与すると考えればよい.

つまり,中央部分の二重結合性に注目すれば,描いてある原子がみな同じ平面上にくるとわかる.主鎖中の C や N は sp^2 混成にあり,C＝O 基のほうへ $2p_z$ 軌道の電子対を差し出している.

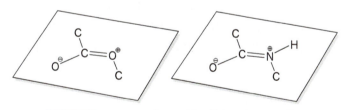

図 11.10　エステルとアミドの共鳴に寄与する構造

次に②を考えよう.図 11.10 中央の二重結合をアルケンに見立てると,適度な大きさの炭素鎖がトランス配置にある構造とみてよい.アルケンのトランス体はシス体よりエネルギーが低いため,図 11.10 の構造が有利だとわかる.

11.7 置換反応とカルボニルへの付加反応の立体化学

いままで出合った反応いくつかを,立体化学の視点で見直そう.
まず置換反応(8 章)はどうか.置換反応は,脱離基の逆側から求核剤が攻撃して起こるのだった(8.3 節,8.4 節).反応物が光学活性体なら,式(11.1)

*13 傘が「おちょこ」になる状況は右図のように描ける．

のように，反応が進むと求電子剤の立体配置は反転する．強風にあおられた傘が「おちょこ」になる状況と似ている[*13]．

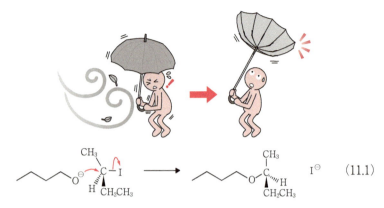

(11.1)

同じ置換反応でも，カルボカチオンを経る反応（10章）は少々ちがう．カルボカチオンは sp^2 混成した平面構造をもつ．生成物の立体配置は，平面のどちら側から求核剤が攻撃するかで決まるけれど，求核剤の接近確率は両側とも同じだろう．そのためカルボカチオンを経る反応なら，たとえ基質が光学活性体だったとしても，生成物はラセミ体になる．

次に，求核剤がカルボニル化合物を攻撃する反応の立体化学を考えよう．そんな反応（下記）は例題 8.3(a) で扱った．

(11.2)

求核剤も求電子剤もキラルではないが，不斉炭素を1個もつキラル分子が生じる．反応 (11.2) では，図 11.11 のとおり，C=O 基の平面に対し 107° の角度で求核剤が近づくのだった（8.7節）．求核剤は平面の上下から同じ確率で近づき，それが生成物の立体配置を決める結果，ラセミ体ができる．sp^2 混成した炭素原子への攻撃がラセミ体を生む点は，カルボカチオンの反応と共通している．

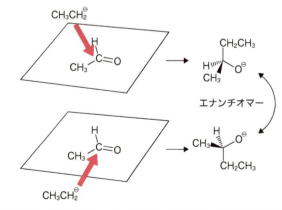

図 11.11　エチルアニオンがアセトアルデヒドを攻撃する状況

11.8 脱離反応の立体化学

 脱離反応も見直そう．脱離反応は，塩基が引き抜くプロトンと脱離基がそれぞれ逆側にある立体配座のとき進むのだった．そうした制約が，たとえば脱離反応生成物（アルケン）の E/Z 性を左右する．

 図11.12(a)の化合物を塩基で処理するとしよう．そのとき，p-トルエンスルホニルオキシ基（略称トシルオキシ基[*14]）TsO と，隣接 C 上の H が抜ける．

 反応が起こる際，TsO と H はちょうど逆側を向く．図11.12(a)の分子をそのままニューマン投影図に描けば図11.12(b)になるが，この立体配座だと，TsO と H が逆側にないので反応は起こらない．手前の炭素が120°回転すると，図11.12(c)の姿になって反応が起こる．

[*14] トシルオキシ基（下図）は，ハロゲンと同様，よい脱離基になる．

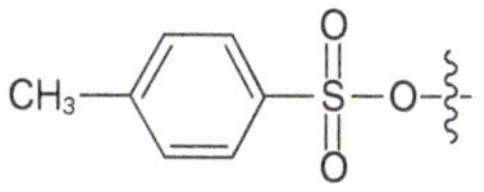

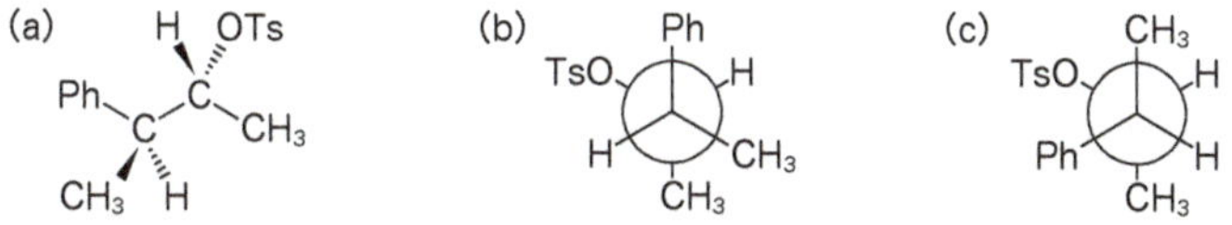

図11.12 （2R, 3S）-2-トシルオキシ-3-フェニルブタンの構造

 脱離反応では，塩基がプロトンを引き抜いて生じる非共有電子対が C–OTs 結合の背後から流れこみ，π結合をつくる．残る置換基が相対的な位置を保ったまま，分子はアルケンになる（図11.13のイメージ）．結果として，この化合物の脱離反応なら Z 体だけが生じる．

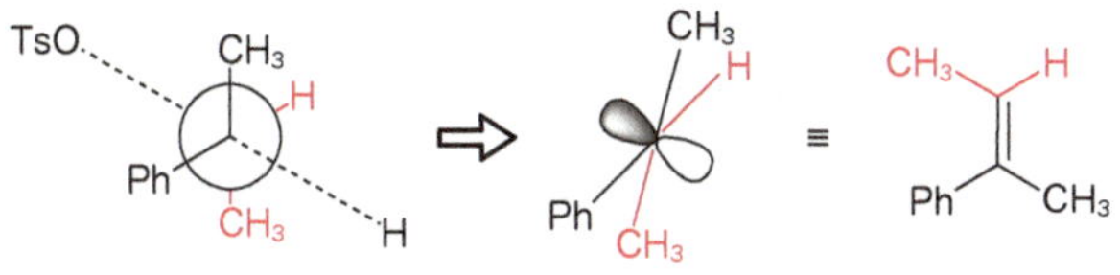

図11.13 脱離反応によるアルケン生成の立体化学

【例題11.4】 次の化合物を塩基で処理したときの脱離生成物は何か．
(1) （2R, 3R）-2-トシルオキシ-3-フェニルブタン
(2) （2S, 3R）-2-トシルオキシ-3-フェニルブタン
【答】 (1) （E）-2-フェニル-2-ブテン　(2) （Z）-2-フェニル-2-ブテン．

11.9 光学活性体の調製

 薬剤の生体作用は分子の立体構造が左右するため（11.2節），光学活性体の調製は大きな意義をもつ．光学活性体はどんな方法でつくるのだろう？　大別すれば，ラセミ体から片方のエナンチオマーだけをとり出す**光学分割**と，アキラルな化合物（反応物）から片方のエナンチオマーだけをつくる**不斉合成**

の二つがある．

光学分割

アキラルな化合物からキラルな化合物をつくれば，ふつうはラセミ体ができる（11.7節）．エナンチオマーどうしは性質が同じだから，ラセミ体から片方だけをとり出すのはむずかしい．そこで，「ジアステレオマーどうしは性質がちがう」事実に注目する．ラセミ体（エナンチオマー対）をジアステレオマー対に変えれば，互いに分離できるだろう．

キラルなアミンのラセミ体があるとしよう．光学活性なカルボン酸（たとえば R 体）とアミンの塩をつくれば，(R)-アミン／(R)-カルボン酸塩と，(S)-アミン／(R)-カルボン酸塩の2種類ができる．互いにジアステレオマーだから，図11.14の方法でアミンの光学活性体が得られる．逆に，キラルなカルボン酸のラセミ体なら，光学活性アミンを使って光学分割できる．操作が簡単な方法なので，製薬の現場ではよく使う．

図 11.14　ジアステレオマー塩法による光学分割

いま使ったカルボン酸のように，エナンチオマーの分離を助ける光学活性体を**分割剤**とよぶ．前述のとおり，天然のキラル化合物は大半が光学活性体なので，天然のカルボン酸やアミン（図11.15）は分割剤に使える．

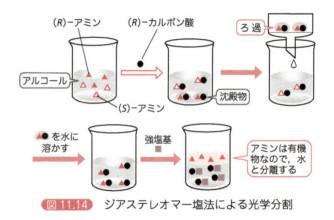

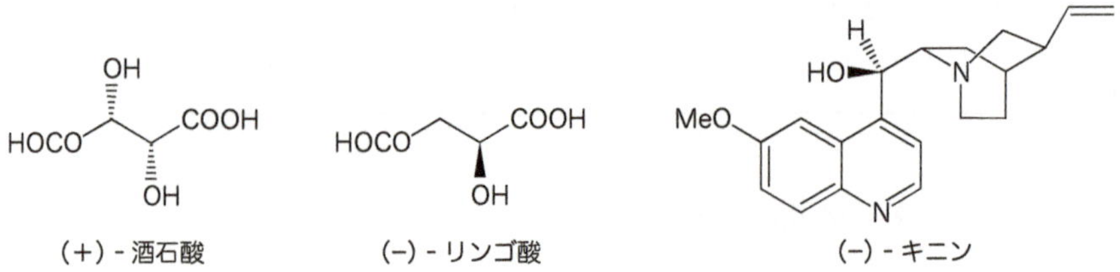

図 11.15　分割剤になる天然分子の例

不斉合成

光学分割は簡便な方法だけれど，原料はラセミ体だから，不要なエナンチオマーが廃棄物になってしまう．廃棄物をなくすには，片方のエナンチオマーだけができるような化学合成をすればよい．そうした合成法を**不斉合成**という．

不斉合成には，平面構造の基質を求核剤が攻撃するとき，面の表と裏を区別するしかけがあるとよい．そこで，またも光学活性分子の助けを借りよう．反応(11.3)が一例になる．

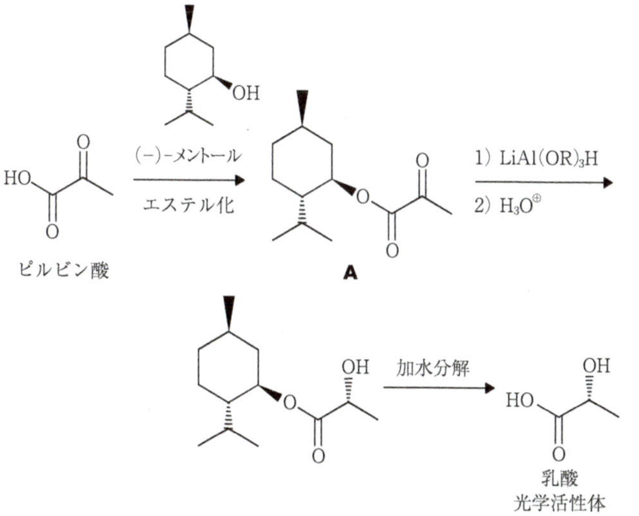

全体はピルビン酸の還元反応となり，ただ還元するだけだとラセミ体の乳酸ができてしまう．そうではなく，ピルビン酸をいったん(−)-メントール（光学活性アルコール）のエステルにする．次に還元剤を作用させ，そのあとエステルを加水分解すれば，ピルビン酸の還元体つまり乳酸が光学活性体の形で得られる．

化合物 **A** の平面構造式を見ただけでは，「面選択的反応」が進むようには思えないけれど，立体構造まで考えると納得できよう．図 11.16 のように，ケトン部分にあるカルボニル基の片側を 2-プロピル基がふさぐため，一方の面からだけ反応が進む*15．

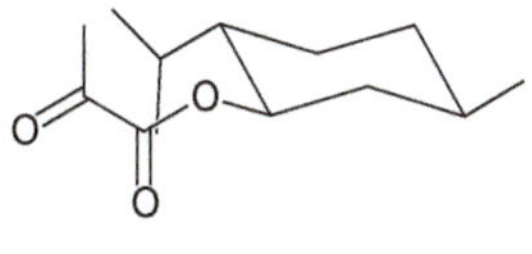

図 11.16 化合物 **A** が求核剤と反応する際の推定構造

*15　還元剤 LiAl(OR)$_3$H を作用させた際，C=O 基の O がルイス塩基として Li$^⊕$ に配位し，下記の構造になるから，ケトンとエステルのカルボニル基が同じ側を向く．

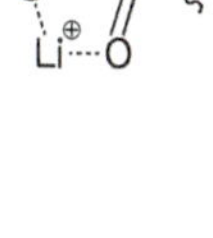

図 11.16 の構造は，シクロヘキサン環やエステルの立体配座など，いままで見た立体化学の知見を集大成している．反応 (11.3) で使うメントールのよ

うに，面選択性を出そうとして過渡的に導入する光学活性化合物を，**キラル補助基**とよぶ．最後に除いたキラル補助基は再利用できる．

上記の方法は，キラル補助基を一度くっつけて最後に切り離す操作が必要なので，反応段階を増やすのが欠点となる．光学活性な反応剤や触媒を使って直接的な不斉合成ができれば，その問題は解消する．ただし，遠くから近づいてくる反応基質の面を反応剤や触媒が分子レベルできちんと識別する必要があるため，不斉合成としての難度は高い．

実際に不斉合成をしたとき，いきなり好結果が得られることは珍しい．目に見えない分子の立体構造や動きを想像しつつ，反応剤や触媒分子の構造を改良していくのが欠かせない．

章末問題

1. 1,4-ジメチルシクロヘキサンの立体配座を描け．

2. 直鎖アルカンの炭素すべてを OH 基で置換し，うち 1 個の OH 基を C＝O 基に酸化した化合物を糖という．つまり以下はどれも糖だといえる．

D-グリセルアルデヒド　　D-リボース　　D-フルクトース

糖の立体配置は，DL 命名法で表せる．上記のように C＝O 基が右側にくるよう分子を描いたとき，左から二番目の C の立体配置が R 型なら D 体（S 型なら L 体）の糖とよぶ．天然の糖はみな D 体で，D 体と L 体は互いにエナンチオマーの関係にある．次の問いに答えよ．

　① L-グリセルアルデヒドの構造を描け．
　② L-フルクトースの構造を描け．
　③ D-リボースは RS 命名法でどうよぶか．

3. 糖の分子は，前問で示した鎖状構造のほか五員環や六員環構造にもなれて，溶液中では環状構造が主体になる．たとえば六員環は，下記の分子内反応で生じ，生成物は立体異性体 2 種の混合物になる（8.11 節に述べた「X－C－OH 型の化合物は不安定」の例外）．

　① 六員環の立体配座をいす形として，生成物の立体異性体 2 種を描け．
　② D-リボース（問題 2）の六員環構造を，いす形の立体配座で描け．

4. 脱離反応の立体化学は，反応速度にも影響する．強塩基を使う脱離反応の速度は，下図 **A** の化合物が **B** の化合物より 500 倍ほど速い．なぜか．

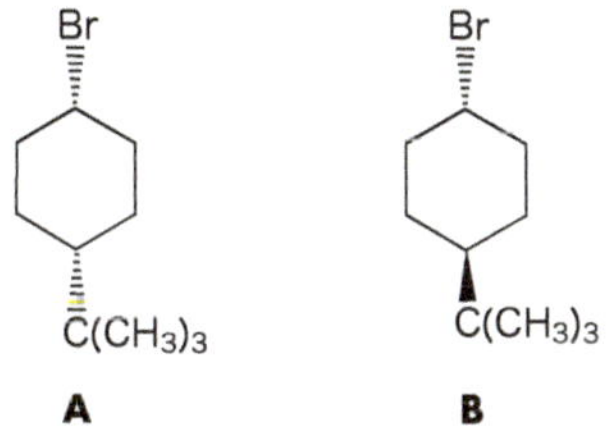

5. 下記の反応につき，次の問いに答えよ．

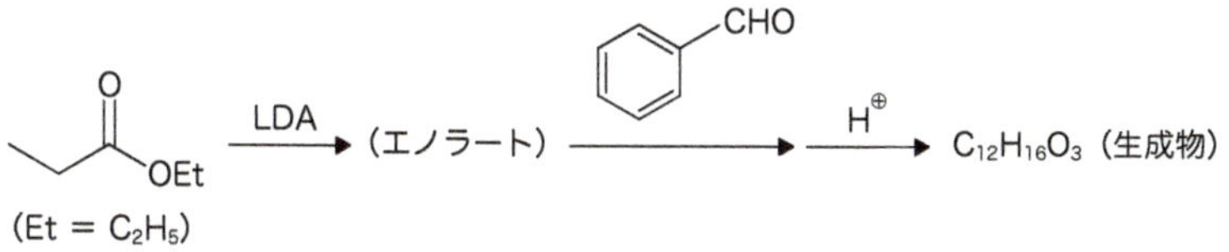

(Et = C_2H_5)

プロピオン酸エチル → LDA → (エノラート) → ベンズアルデヒド → $H^{\oplus}$ → $C_{12}H_{16}O_3$ （生成物）

① 中間体となるエノラートの異性体 2 種を描け．
② 生成物の立体異性体をすべて描け．どんな種類の異性体だといえるか．

終章 暮らしと有機化学

　有機化学は暮らしも生命もしっかりと支える．11章までの内容からは，暮らしや生命と有機化学との接点が見えにくかったかもしれない．本章ではそこに焦点を当てる．有機化学の知識がいかに役立つか…それを実感していただきたい．

1. 消化の化学

　私たちにいちばんなじみ深い有機化合物は，日ごろお世話になる食物だろう．たとえば米やパンの主成分といえるデンプンは，体のエネルギー源として欠かせない．以下，デンプンの消化（代謝）を例に，体内で進む目覚ましい有機反応の一端を眺めよう．

米やパン

　デンプンは，糖のひとつグルコース（ブドウ糖）が脱水縮合によりつながった天然高分子で，図①の構造をもつ．

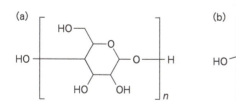

デンプン

図① デンプンの平面構造式(a)と立体的な構造式(b)

　摂取したデンプンは少しずつ分解され，最後は小腸でグルコースになって腸壁から吸収される．ふつうは「分解される」といわれても，まず見当はつかない．けれど，本書をここまでたどった読者なら，どんな反応が「分解」なのか興味をもつだろう．答えは「酸性条件下の加水分解」になる．

　8章の式(8.20)や10章の例題10.5で，次のような反応に出合った．

$$\text{HO-CH}_2\text{-O}^{\oplus}\text{H-R} \longrightarrow \text{HO}^{\oplus}=\text{CH}_2 \quad \text{HO-R} \tag{1}$$

このあと右辺の左側に書いた化合物からプロトン $H^{\oplus}$ が抜け，カルボニル化合物になるのだった．それを覚えていると，デンプンに酸が作用したとき，次の反応が進みそうだと見当がつくだろう．

$$\tag{2}$$

生成物のうち右側の $\text{HO-R}'$ は，短くなったデンプン分子を表す．左側のカチオンは式(1)の生成物と似ているけれど，正電荷を帯びた O 原子に H は結合していない．そこに水が作用する．反応(8.19)を思い起こせば，次のように変化すると類推できる．

$$\tag{3}$$

右辺の生成物から $H^{\oplus}$ が外れると，これもまた短いデンプン分子になる．以上のくり返しで，デンプンはグルコースに分解される．

このように，基本となる反応のしくみをつかんでいれば，はじめて出合った反応の機構も推定できる．それが「有機化学の力」にほかならない．

ところで，分解に働く酸は，どこからくるのだろう？ 胃液の主成分はpHがほぼ1.5の希塩酸だとみてよいけれど，体温のもと，pH 1.5 の酸が作用しても，デンプンの加水分解は進まない[*1]．

デンプンの結合切断は，(胃ではなく)口腔内と十二指腸，小腸で進み，必要な酸は，専用の酵素(触媒機能をもつタンパク質)が供給する．タンパク質をつくるアミノ酸には，側鎖にカルボキシ基をもつものがあり(図②)，そこがプロトン $H^{\oplus}$ の供給元になる．

カルボン酸は塩酸より弱い酸のはず…と首をひねった読者は鋭い．なるほどカルボン酸の酸性は弱い．しかし酵素が触媒作用を発揮するときは，塩酸とちがい，カルボキシ基2個が絶妙な連係プレーをする(図③)．

カルボキシラートイオンは，脱離基の抜ける裏側から攻撃をかける．高エネルギーのカルボカチオン中間体ができないため，反応の活性化エネルギーがぐっと下がる．だから弱酸のカルボン酸も触媒反応をスムースに進めるのだ．

酵素反応にはもうひとつ，酵素分子の活性部位(いまの場合はカルボキシ

[*1] タンパク質は，胃液が含む酵素(ペプシン)により分解される．

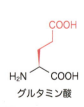

図② 側鎖にカルボキシ基をもつアミノ酸

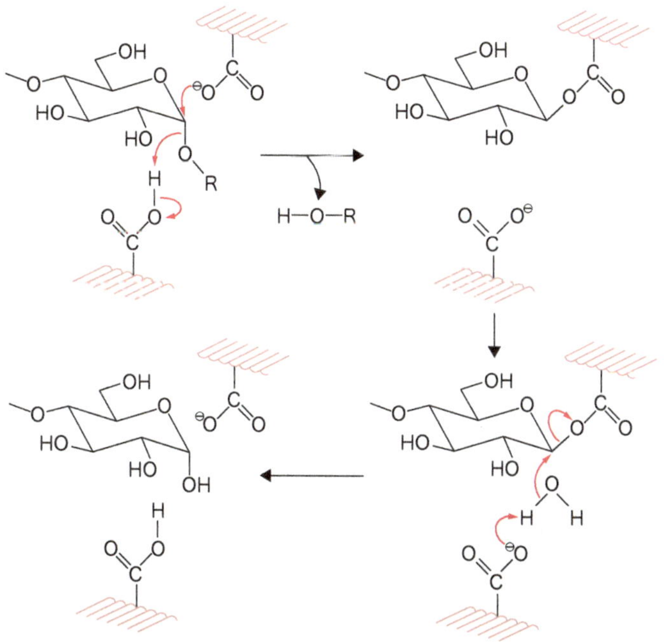

図 ③ 酵素がデンプン分子の結合を切るしくみ

基）のそばに基質（反応物＝デンプン）の反応部位がくるよう，基質をきちんと固定してから反応が進むという特徴がある．魚をさばくとき，まな板の上で暴れまわる魚をやみくもに切ろうとするのではなく，左手で押さえた魚を右手の包丁で切るのに似ている．

基質の「固定」には，水素結合やファンデルワールス力，イオン性相互作用などを多重的に動員する．OH 基の多いデンプン分子なら，OH 基と水素結

COLUMN！　酵素分子の構造

解析技術が進むおかげで，タンパク質の分子構造も日進月歩の勢いでわかってきた．たとえばアミラーゼ分子は次のような構造をもつ（アミノ酸側鎖を省いてタンパク質分子の鎖だけを描いた図）．

橙色の部分は，基質（デンプン）のモデル分子を表す（デンプン自体だと触媒反応が進み，酵素分子の構造解析を妨げる）．基質は，タンパク質分子の特定箇所に固定される．基質のそばにある構造を調べると，アスパラギン酸およびグルタミン酸のほかグルタミンやヒスチジンなど水素結合性の残基が多く，基質の OH 基とうまく水素結合して基質を固定しているとわかる．

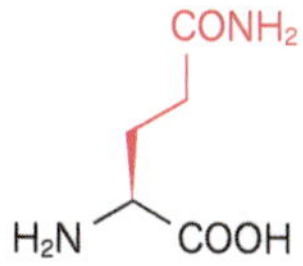

アミラーゼ分子

グルタミン 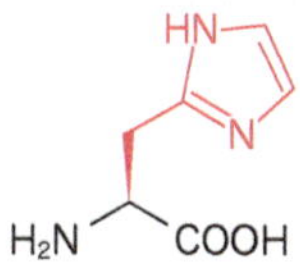　　　ヒスチジン

*2 こんなふうに書くと，酵素反応は「慎重にのんびり進む」イメージになるのだが，じつは途方もなく速い．たとえば，有害な過酸化水素 H_2O_2 を酸素 O_2 と水 H_2O に分解する酵素カタラーゼ1分子は，毎秒10〜20万個もの H_2O_2 を始末する．

合できるような場所で，酵素のアミノ酸側鎖が「待ちかまえて」いる*2．

デンプンは，口腔内と十二指腸で酵素アミラーゼが麦芽糖（グルコースの二量体）まで分解したあと，小腸にある酵素α-グルコシダーゼが麦芽糖をグルコースに分解する．酵素はヒトの体内に5000種以上もあり，それぞれ「専門」の反応を進める．酸を出す酵素，塩基の作用をする酵素など，反応のタイプもおびただしい．

どの基質をどう固定するかは，タンパク質（酵素）の立体構造がピシリと決め，反応にぴったりの形で分子間相互作用をする．だから，多種多様な分子が往来する細胞内でも，まちがった相手を反応させたりはしない（酵素の基質特異性）．基質特異性があるため，麦芽糖と出合ったアミラーゼも，デンプンと出合ったα-グルコシダーゼも，まったく「関心」を示さない．

なお，デンプンの分解産物グルコースは，小腸で吸収されたあと血流に乗ってあちこちの細胞に運ばれ，細胞内では段階的な分解を受けて，最後は水分子6個と CO_2 分子6個になる．その反応熱をエネルギー源に使い，ヒトのほか，たいていの動植物も生命活動を営む．

グルコースの代謝は長い道をたどり，最初の CO_2 分子が出るまでに10段階も経る．段階それぞれは生化学の本にゆずるけれど，適当な本を開いた読者なら，どの段階も「あぁ，なるほど」と納得できる反応だろう．

なお，体内でグルコースがたどる多段階反応から出る熱の総和は，グルコースの燃焼熱に一致する．道筋がちがっても反応熱は，始状態（グルコース）と終状態（$CO_2 + H_2O$）だけで決まる．つまり私たちは，グルコースを体内でゆっくり燃やしていると考えてよい．

以上からわかるとおり，生命活動を理解するカギは，有機化学の習得にあるといえよう．

2. 薬の化学

病気になったときは薬を飲む．どんな化合物が医薬になるのか？　また，医薬はなぜ病気を治すのだろう？

生命活動は，タンパク質など多彩な物質たちの共同作業で成り立つ．ある

物質が異常に増えたり減ったりすれば，作業のバランスがくずれて病気になる．生体にはバランスのくずれを修復するしくみが備わっているが，くずれすぎると修復もしにくい．そんなとき薬が助っ人になる．

たとえば，グルコースが体細胞に運ばれる過程を眺めよう．グルコースはまず小腸の上皮細胞を通って毛細血管に入る．細胞膜は疎水性だから（7章の練習問題），極性のグルコース分子そのものは細胞に入れず，グルコーストランスポーターという膜タンパク質*3の助けを借りる．

トランスポーターはグルコース分子にぴったり合う形とサイズ，極性の細孔をもち，グルコースだけを通す．このように，単純な拡散ではない形で物質が移動するしくみを能動輸送という．

以後グルコースは血流に乗り，まず脾臓の「β細胞」に入る．β細胞内のグルコース濃度が高まるとインスリンが分泌され，血液中を運ばれる．インスリンは各細胞表面のインスリン受容体（膜タンパク質）に結合し，細胞内のグルコーストランスポーターを活性化する結果，グルコースが細胞内に能動輸送される．グルコース分子の吸収および運搬だけでも，背後にはこうした複雑なしくみがひそむ．

以上のどこかが狂えば，グルコースが体細胞に吸収されにくくなり，血中グルコースの濃度が上がって糖尿病になる．インスリンの分泌不足なら，インスリンを（薬として）投与すればいい．ただしインスリンはペプチド*4で，経口投与だと胃で消化（加水分解）されやすいため，痛い注射で血液に入れる．

別の面から見てみよう．血中グルコース濃度を低く抑えたいなら，グルコースの生産を減らしてもいい．グルコースはデンプンの段階的な分解で生じ，最後は「麦芽糖 → グルコース」の反応だった．すると，麦芽糖の分解に働く酵素 α-グルコシダーゼの働きを邪魔すればいいだろう．

それにはこうする．麦芽糖と似ているが加水分解はされない分子 X を，食前に飲む．すると，小腸で X に出合った α-グルコシダーゼは，X を「まちがえて」とりこむ*5．

α-グルコシダーゼは，「つかまえた」X を分解できない．また，食物起源の麦芽糖がやってきても，α-グルコシダーゼの肝心な場所を X がふさいでいるから結合できず，加水分解を受けずに素通りする*6．つまりグルコースは生じないため，たとえインスリン不足でも，食後に血中グルコース濃度が大きく増えはしない．

医薬には，分子 X のような酵素の阻害剤が多い．実際に使う α-グルコシダーゼ阻害剤を図④に示す．麦芽糖によく似ていても，むろん麦芽糖そのものではない．麦芽糖でプロトン化される酸素原子を，阻害剤では NH 基に変えてある．(a)の化合物の N は，プロトン化して $-N^{\oplus}H_2-$ 形になるが，それ以上の反応は起こらない．しかもプロトン化の結果，$-N^{\oplus}H_2-$ と酵素のカルボキシラートイオンが静電的に引きあうから，酵素との結合力がさらに強まる，というしくみになっている．

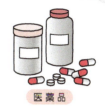
医薬品

*3 細胞膜を貫通する姿のタンパク質を膜タンパク質という．

*4 おおよそ50個以下のアミノ酸分子がアミド結合でつながりあった分子（いわば小さなタンパク質）．

*5 酵素は通常，本来の生体分子はこまかく見分けるが，外来の分子には眼力が弱いため，「うっかり」結合したりする．

*6 酵素の働きを妨げる X のような物質を阻害剤という．p.177の「コラム」で触れた「基質のモデル分子」も阻害剤にあたる．

COLUMN! 薬の量

図④のα-グルコシダーゼ阻害剤は，食前に0.2 mgとれば効果が出る．そんな微量でなぜ効くのだろう？ 阻害剤の分子量267より，0.2 mgは約7.5×10^{-7} molとなる．ドンブリ1杯のご飯からできる麦芽糖（約0.25 mol）の300万分の1にすぎない．

けれど阻害剤は，いち早く出合ったα-グルコシダーゼに「フタ」をするから，やってくる麦芽糖の量は大きな問題ではない．肝心なのは，α-グルコシダーゼと比べた量．小腸の上皮細胞は数百万〜数千万個あり，細胞あたりのα-グルコシダーゼ分子はせいぜい100万個なので，総数は10^{14}個くらいになる．かたや阻害剤0.2 mgは分子数にして10^{17}個もあるため，十分に多いといえる．

なお，1回分の服用量が0.2 mgだと扱いにくいから，セルロースなど生体作用のない物質を増量剤に使い，扱いやすくしてある．

医薬の開発では，生体内の出来事を分子レベルでつかみ，そこに参加できるような分子を設計・合成する．つまりは，有機化学の知恵を総動員する作業だといえる．

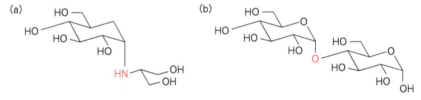

図④ α-グルコシダーゼ阻害剤(a)と麦芽糖(b)の分子

3. ヒトの化学

分子レベルでみたとき，ほかの生物と比べてヒトは，どこが同じで，どこがちがうのだろう？ どんな生物でも生命活動（エネルギーの利用，環境への適応，繁殖）は，おもにタンパク質の働きが支えている．タンパク質の種類と量，分布が，生物どうしの差を決める．

植物は種や胞子から育ち，動物は受精卵から発達する．成体になったとき使うタンパク質がそっくり種や卵のなかに入っているとは，とうてい考えられない．

その謎を追求した人たちは，タンパク質の設計図ともいうべき分子が細胞内にあり，タンパク質は設計図に従ってつくられるのを突き止めた．設計図

の総体を遺伝子(ゲノム)とよぶ．遺伝子は，アデニン(略号 A)，チミン(T)，グアニン(G)，シトシン(C)という分子(核酸塩基)のどれかを含む「ヌクレオチド」単位からなる．ヌクレオチドは，核酸塩基と糖(デオキシリボース)，リン酸*7 が結合してできる(図⑤)．

*7 リン酸 H_3PO_4 は P=O 結合1個と P–OH 結合3個をもつ．後者がアルコールと脱水縮合したものをリン酸エステルという．

図⑤ ヌクレオチド(A の場合)(a)とデオキシリボース(b)の分子

ヌクレオチドのリン酸は，他分子の OH とリン酸エステルをつくる．そのくり返しでできる長い分子を DNA(デオキシリボ核酸)という(図⑥)．

ヒトの DNA は，約31億のヌクレオチドからなる．細胞核のなかでは23対(46本)の分冊(特別な色素に染まる性質から「染色体」という)に分かれ，全部をつなげて伸ばしたとすれば，長さは約 2 m にもなる*8．

2003年に完了したヒトゲノム計画で，DNA 分子のうち遺伝子(タンパク質合成と遺伝に働く部分)は約 2 万 2000 個だとわかった．遺伝子1個の平均長さから，DNA のうち遺伝子部分は2%だということになる．

DNA 分子のつくりは微生物も動植物も共通だが，核酸塩基の並び順(塩基配列)は生物ごとにちがい，それが生物種を決めている．また，ヒトどうしの個人差も，塩基配列のわずかな差が生む*9．

DNA は，互いに逆向きの鎖2本が対になった二本鎖の姿をもつ(図⑦)．A と T，C と G が必ずペアをつくり，それぞれ2本，3本の水素結合で寄り添う．ヒトの場合，短い DNA でも 5500 万単位のヌクレオチドからなる．二本鎖は直線状ではなくらせんを巻くため(二重らせん：図⑧)，たいへん長い分子がうまく折りたたまれる．

遺伝子がタンパク質の「設計図」だというのは，塩基配列に従ってタンパク質がつくられることを意味する．だがアミノ酸は 20 種あるのに，核酸塩基は4種しかない．4種でアミノ酸 20 種をどう表現するのだろう？

自然に抜かりはない．核酸塩基の連続3個を，1個のアミノ酸に対応させる．遺伝子の上でたとえば AGCTTGTAG と続くなら，AGC がセリン，TTG がフェニルアラニン，TAG がチロシンにあたる．つまり $4^3=64$ 通りの組合せができるため，20 種のアミノ酸に対応できる*10．

タンパク質の合成では，核酸塩基を3個ずつ読み，対応するアミノ酸を順

*8 サイズが約 0.01 mm しかない細胞の一部を占める核内に，総延長約 2 m の DNA 分子が納まっているという，精妙なミクロ世界を想像しよう．

*9 塩基配列でみると，ヒトとチンパンジーの差は約2%，ヒトどうしの個人差は約0.1%だといわれる．

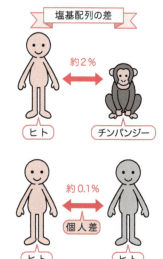

*10 実際は，GCC も GCA もアラニン…というふうに，塩基3個の配列とアミノ酸は「多対一対応」の関係にある．

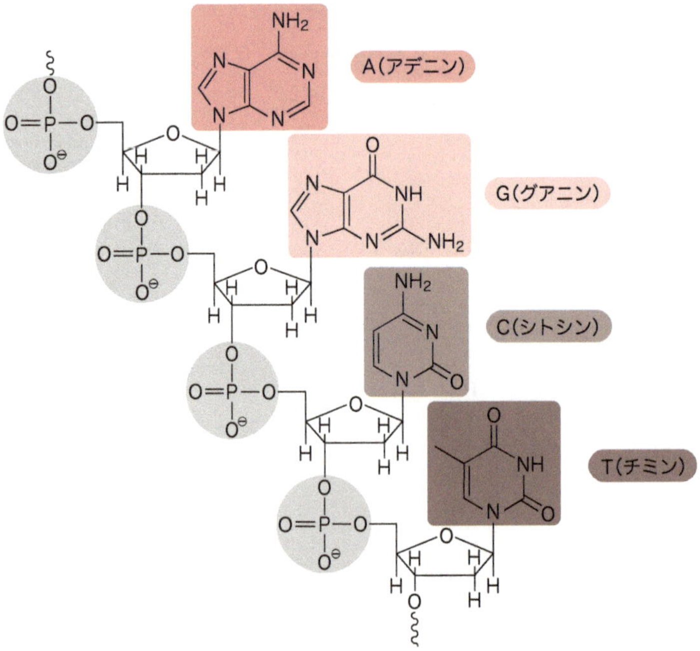

終章 ● 暮らしと有機化学

図⑥ DNA の部分構造

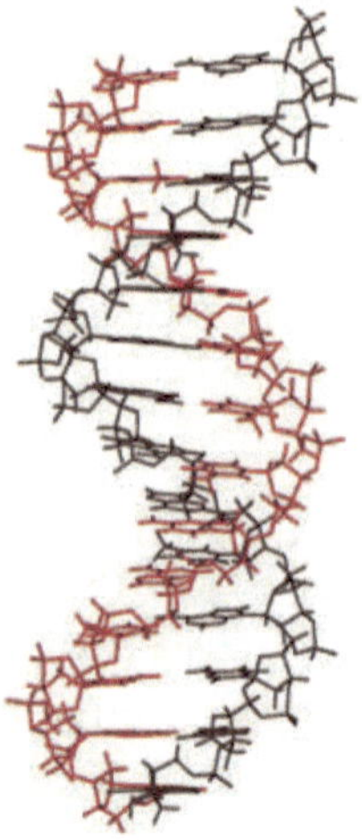

A（アデニン）
G（グアニン）
C（シトシン）
T（チミン）

図⑧ DNA の二重らせん構造

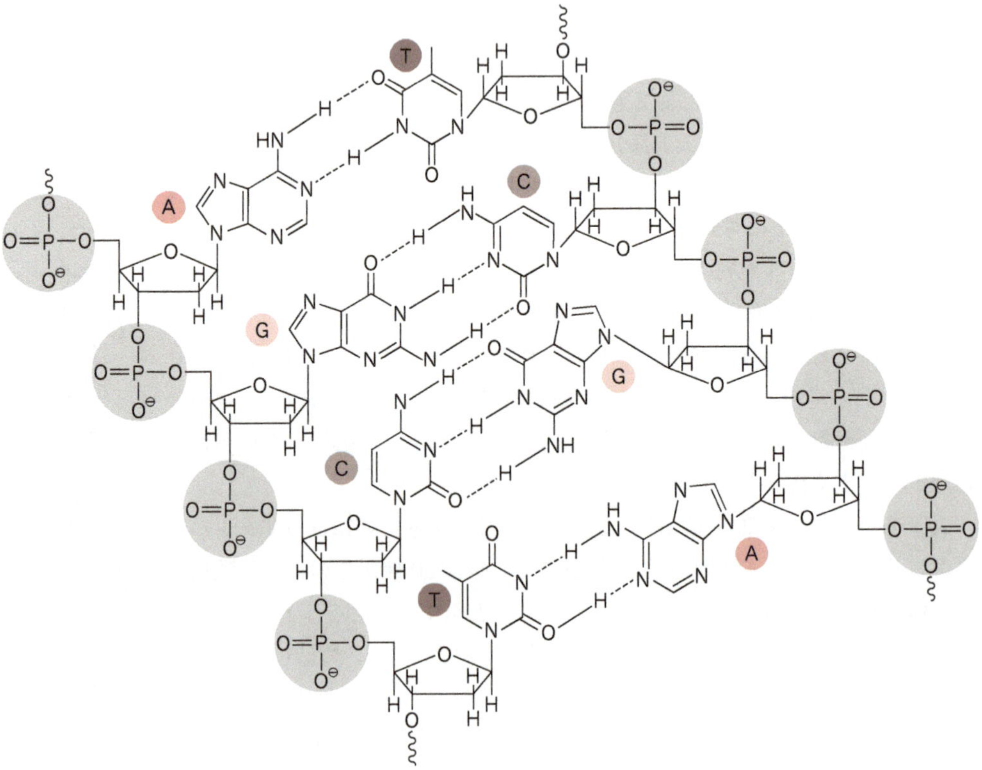

図⑦ 二本鎖 DNA の部分構造
2 本の鎖は互いに逆向きに「走る」．

COLUMN! DNAの情報を読む

遺伝子の解読は生命の謎を解くのにつながるが，それだけではない．塩基配列からタンパク質のアミノ酸配列がわかると，タンパク質の構造や働きも推定できる．タンパク質の働きの制御は，病気の治療につながり，創薬に大きなヒントを恵む．現在，ヒトゲノム計画の成果を利用する研究が各国で進む．

特別な酵素を使うと，決まった箇所でDNAを切り，断片にできる．断片のできかたは，生物種間はむろんのこと，ヒトでも個人で少しずつちがう．そのため，別べつの体内部位からとった2種類のDNA試料を調べて結果が一致すれば，塩基配列の全部を読まなくても，同じ人物のものだといえる．また，別人のDNAを解析し，断片化の相違をくわしくみれば，血縁関係の有無がわかる．その手法（DNA型鑑定）は犯罪捜査などに活用される．

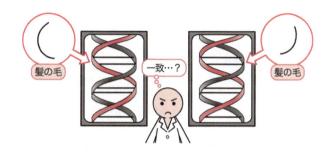

につなげていく[*11]．そういう離れ業を単細胞生物でさえ楽々こなすわけだから，生命のしくみには驚くしかない．

*11 ヒトの場合，1秒間に約20個のアミノ酸を（順序をまちがえずに）つなげていく．

4. 機能性有機分子

ここからは，暮らしを支える有機化合物を眺めよう．たとえば，日ごろ使う携帯電話やテレビ，パソコンは，ほとんどが液晶ディスプレイに画像を映す．なぜ画像が映るのだろう？

白く光る画面に黒いカバーをかぶせたと想像しよう．そのままなら真っ暗だが，カバーの一部に穴をあければ，穴の部分だけ光って見える．画面全体をこまかく区切り，「一部に穴をあける」作業をすれば，点の集まりとして画像や字が表示でき，穴が開閉可能なら動画など多彩な情報が表示できる．つまり，小さな「シャッター」の集まりがあればよい．

個々の「シャッター」は目に見えないほど小さいため，モーターでは開閉できない．そこで「シャッター」の役を液晶にさせる．液晶は双極子モーメントの大きい棒状の分子で（図⑨a），その集合体は白く濁った液体に見えるが，液体と結晶の中間的な性質をもつ．分子レベルだと，棒が向きをほぼそろえて集まった状態にある（図⑨b）．

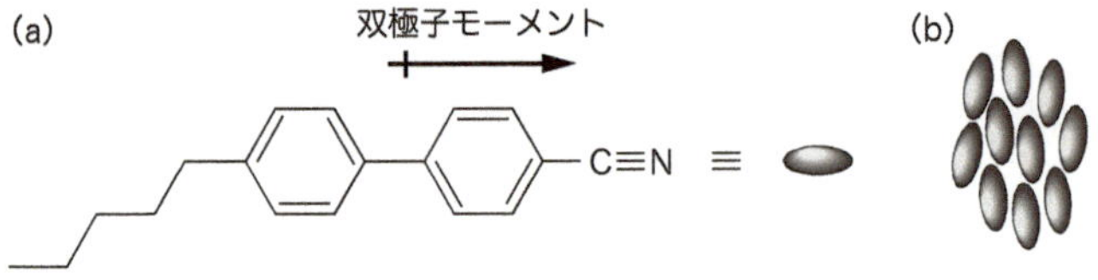

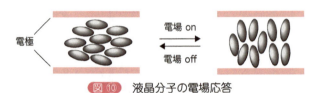

図⑨ 液晶分子の例(a)とその集合体(b)

あらかじめ表面処理した電極で液晶をはさむと，分子は電極面と平行に並ぶ（図⑩左）．そこに電場をかければ，双極子モーメントと電場の相互作用を通じ，分子は電場の方向を向く（図⑩右）．電場を切ると，液晶分子は「緊張状態」から解放されて，また横を向く．そうした電場応答と，液晶分子がもつ「複屈折性」を利用し，電場のオン・オフを「シャッター」のオン・オフに変える．

図⑩ 液晶分子の電場応答

いま説明した原理だけなら，白黒表示しかできない．カラー化には，「光の三原色＝赤(R)・緑(G)・青(B)を混ぜればどんな色もつくれる」という原理を使う．RGBの三つが1セットになるよう，先ほどの「シャッター集合体」をディスプレイ上に並べれば，シャッターそれぞれの開き具合で，さまざまな色に見える[*12]．

*12 液晶画面を虫眼鏡で拡大すると，RGBの3色が見える．

各シャッターにはR・G・Bのうち1種の光だけ通すカラーフィルターがついている．カラーフィルターに使う色素も有機分子で，構造の例を図⑪に描いた．どれも共役π電子系（4.10節）をもつ．

図⑪にあげた青い色素は銅フタロシアニンといい，東海道新幹線の車体に塗ってある[*13]．中心のCu原子はN原子2個と共有結合し，あと2個のN原子とは配位結合している．こうした分子を金属錯体と総称する．

*13 ふつう有機分子は光エネルギーを吸収して分解（退色）しやすいが，フタロシアニン類は何年も強い日射を受け続けながら退色しない．

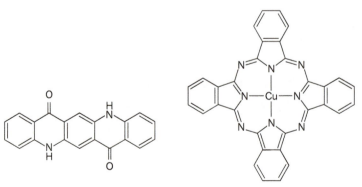

図⑪ カラーフィルター用色素の例
左が赤色を，右が青色を示す．

5. 洗濯の化学

次に，7章でも触れた界面活性剤を眺める．エマルション形成（7.5節）に加え，日ごろお世話になる洗濯のとき，界面活性剤などの有機分子が何をするのか調べてみよう．

洗　浄

洗剤は，次のような働きで油汚れを落とす．

① 油汚れ（皮脂など）がついた衣類を洗剤（陰イオン界面活性剤）入りの水につけると，水と衣類の界面や，水と油汚れの界面に界面活性剤分子が集まってくる（図⑫ a）.

② 界面活性剤の分子が吸着した界面では，分子のもつ同符号の電荷どうしが反発する結果，横方向の分子間相互作用（界面張力）が弱まる．かたや油汚れと衣類間の界面張力は，界面活性剤の影響を受けない．そのため，汚れと衣類の接触面積を減らそうとする力が打ち勝って，油汚れが衣類からはがされ，エマルションができる（図⑫ b）.

③ 衣類の表面は，界面活性剤の親水基におおわれる．界面活性剤に囲まれた油汚れがまた衣類に近づいても，電荷どうしが反発しあうため，汚れが再び付着することはない（図⑫ c）.

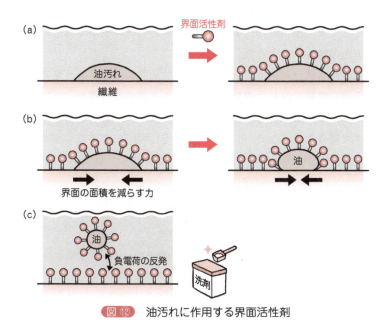

図 ⑫　油汚れに作用する界面活性剤

柔 軟 剤

洗ったあとの繊維表面は，イオン性部位を表面に向けた界面活性剤がお

おっている．乾いてから衣類の表面どうしが触れあうと，繊維間にクーロン力が働いて引きあう（洗濯物の「ごわごわ」状態）．

洗濯後のすすぎに柔軟剤を使うと，乾いた洗濯物がフワフワになる．柔軟剤は，表面どうしに働く力を弱め，繊維間のすべりをよくする．柔軟剤の成分（陽イオン界面活性剤）が洗濯後の繊維表面を図⑬のようにおおうので，表面には長鎖アルキル基が並ぶ．アルキル基間に働くファンデルワールス力がクーロン力よりずっと弱いから，繊維はからみあわない．

なお，洗剤（陰イオン）と柔軟剤（陽イオン）を最初から混ぜると，塩をつくって洗浄力も柔軟作用も消える．だから柔軟剤は，必ずすすぎのときに入れる*14．

*14 シャンプー（陰イオン界面活性剤）とリンス（陽イオン界面活性剤）も同じ関係にある．

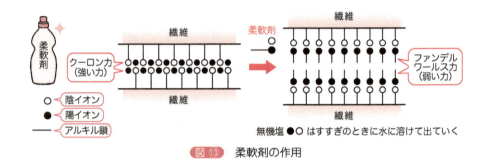

図⑬ 柔軟剤の作用

蛍光増白剤

木綿やポリエステルの繊維は少しずつ黄ばむ．黄ばみの正体は，皮脂などの成分が酸化されて繊維にからまったものだから，ただ洗うだけでは落ちにくい．そこで蛍光増白剤の出番になる（図⑭）．蛍光増白剤とは，紫外線を吸収して青色の蛍光を出す有機化合物をいう．

白色光のうち黄色の補色（青）の光を吸収する物質は，黄色く見える．蛍光増白剤を含む洗剤で洗った衣類は，増白剤が太陽の紫外線を吸って青い光を出すため，ヒトの目は「黄＋青」つまり白と認識する．吸収された青い光を，青の発光で補うことになる．つまり黄ばみを「消す」のではなく「隠す」．図⑭の分子は，水に溶け繊維によくしみこむよう，スルホン酸塩の形にしてある．

図⑭ 蛍光増白剤の例

6. 香りの化学

香料と消臭剤

　植物の花や果実は，いい香り（におい）がする．香り分子を集めれば香料になるけれど，それには大量の植物を要する．天然物から抽出しなくてすむよう，香り分子の構造を突き止め，有機合成で人工香料をつくる．合成できる香料の例を図⑮に示す．

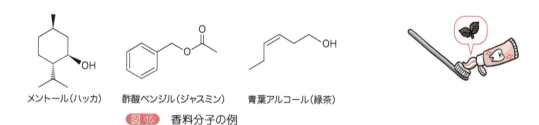

図⑮　香料分子の例

　空気中を漂う香り分子が鼻腔に入り，嗅細胞表面の受容体タンパク質に結合したとき，それを引き金にして脳に信号が生じるから，私たちは香りを感じる．受容体は 300 種以上が知られ，結合する受容体と結合強度が化合物ごとにちがう事実が，香りの差を生み出す．

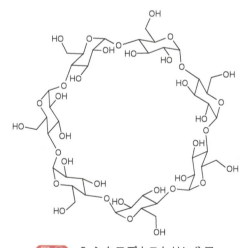

図⑯　β-シクロデキストリン分子

　芳香発生と消臭を兼ねた賢い製品には，シクロデキストリン（環状オリゴ糖：図⑯）という化合物を使う．シクロデキストリンはグルコースがドーナツ状につながりあってでき，真ん中の穴には，ぴったり合うサイズの分子が入りこめる．

まず，ドーナツの穴に香り分子を入れたシクロデキストリンの水溶液を用意しておく．それを衣類などにスプレーすると，飛ぶ水と一緒に香り分子も外に出てくる．次に，残った穴が悪臭分子をとりこむ．シクロデキストリン自体は揮発性がなく，スプレーした衣類の上に留まる．つまりシクロデキストリンは，空気中の悪臭成分をくっつけて消臭効果を発揮する．

7. 金属錯体触媒

以上で見た化合物の大半は，有機反応を使って石油からつくる．有機合成の現場は，まず私たちの目に触れる機会はないが，暮らしを支える「縁の下の力持ち」だといえよう．有機合成では，なるべく低コスト・低エネルギーで，廃棄物をなるべく出さずに有用物質をつくりたい．それには，酵素のような，少量で反応を巧みに進める触媒の開発が欠かせない．

かつて触媒に使った単純な酸や塩基では，反応の種類がかぎられる．そこで1950年ごろ，金属錯体触媒が登場した．金属錯体は有機溶媒に溶け，水中で不安定なものが多いため，ふつう反応は有機溶媒中で進める．

錯体中の金属原子は，酵素のように基質と過渡的な結合をつくるほか，基質が行う反応の触媒ともなる．金属は，とりわけC＝C結合のπ電子に配位する性質をもち，配位を足がかりとする置換アルケン類や置換ベンゼン類の反応がいくつも見つかった．

本書で扱った反応の多くは，C＝O結合をもつ化合物に酸や塩基が作用するものだった．金属錯体触媒が起こす反応の主役はC＝C結合をもつ化合物だから，酸・塩基と金属錯体は，互いに補い合いながら，有機合成の分野を大きく進化させ，物質の工業生産にも貢献してきた．

金属錯体触媒が進める反応のひとつ，異種分子間にC−C結合をつくるクロスカップリング反応を紹介しよう．反応(4)では，ブロモベンゼンとアクリル酸エステルがC−C結合をつくり，そのときHBrが抜ける[15]．

*15 反応(4)中の塩基はHBrと塩をつくるもので，触媒作用はない．

$$\text{C}_6\text{H}_5\text{Br} + \text{CH}_2=\text{CHCOOCH}_3 \xrightarrow[\text{塩基}]{\text{Pd(PPh}_3)_4 \text{(触媒)}} \text{C}_6\text{H}_5\text{CH}=\text{CHCOOCH}_3$$

(4)

9章で見た反応とはちがい，C＝C結合もカルボニル基も，反応後にそのまま保存される．だから，そうした官能基を利用してさらに別の反応を進める余地が残る．クロスカップリングは，単純な酸や塩基を触媒にしてもけっして起こらず，金属錯体触媒に特有の反応だといえる．

COLUMN！ 金属錯体触媒とノーベル賞

2015年現在，日本人のノーベル化学賞受賞者は7名にのぼり，うち3名は金属錯体触媒を使う合成法の研究で受賞している．

2001年には野依良治博士が「不斉触媒による酸化・還元反応の開発」で，アメリカのW. S. ノールズ博士，K. B. シャープレス博士と共同受賞した．触媒を使う不斉合成ができれば，少量の光学活性体（触媒）から大量の光学活性分子を合成でき，医薬・農薬の工業生産に役立つ．野依博士が見つけた触媒は，光学活性体医薬製造のキーステップ反応や，ハッカの香り物質メントール（図⑮）の合成に使われている．

2010年には鈴木章博士と根岸英一博士が，「パラジウム触媒を使うクロスカップリング反応の開発」で，188ページの反応(4)を見つけたアメリカのR. F. ヘック博士と共同受賞．鈴木博士は有機ホウ素化合物，根岸博士は有機ジルコニウム化合物を使う反応を確立した（それぞれ鈴木カップリング，根岸カップリングとよぶ）．ヘック博士の見つけた反応は溝呂木-ヘック反応ともいう．溝呂木勉博士はヘック博士の1年も前に反応を見つけたけれど，あいにく1980年に他界された．日本人の名を冠するクロスカップリング反応はほかにも多い．クロスカップリング反応は，本章で紹介した液晶の工業生産に加え，高血圧の治療薬や農薬の製造にも利用されている．

野依良治
(1938～)

W. S. ノールズ
(1917～2012)

K. B. シャープレス
(1941～)

鈴木　章
(1930～)

根岸英一
(1935～)

R. F. ヘック
(1931～2015)

付録 有機化学の理解のために

1. シュレーディンガー方程式と原子軌道・分子軌道

どんな物体も，粒子と波の二面性をもつ．ミクロ世界の粒子だと波の性質が際立つため，運動は古典力学(ニュートン力学)では表せない．その事実は100年ほど前にはっきりし，ミクロ粒子の運動を解き明かす量子力学という分野が生まれた．

電子の運動を記述する式の完成版は，1926年にオーストリアのシュレーディンガーが発表したため，シュレーディンガー方程式という(次式)．

$$H\Psi = E\Psi$$

Ψ は波動関数とよび，電子が「運動するありさま」を表す．H はハミルトン演算子といい，運動エネルギー(に対応する二次偏微分)とポテンシャルエネルギーの和で，E は偏微分方程式を解いて出る(飛び飛びの＝「量子化」された)エネルギーを意味する(以下の内容についても，くわしくは量子力学の本を参照いただきたい)．

たとえば水素原子のシュレーディンガー方程式を解けば，最初に出てくる解(1s軌道と2s軌道)の波動関数は次の形のようになる．どちらも核からの距離 r だけで値が決まるため，球対称性をもつ(a_0 はボーア半径 ≒ 0.53 Å)．

$$1s 軌道 \quad \Psi_{1s} = 2\left(\frac{1}{a_0}\right)^{3/2} \exp(-r/a_0)$$

$$2s 軌道 \quad \Psi_{2s} = \frac{1}{2\sqrt{2}}\left(\frac{1}{a_0}\right)^{3/2}\left(2-\frac{r}{a_0}\right) \times \exp(-r/2a_0)$$

波動関数 Ψ そのものに物理的な実体はない．ただし，たとえば「ローブ対」の形をしたp軌道なら，一方のローブと他方のローブで，関数の「位相」が逆になっている．

また，Ψ を2乗したものが電子の存在確率を表す．存在確率の値を空間内に描き出せば，「電子雲」ができる(2章参照)．ただし電子雲を描くのは面倒だから，ふつう軌道は曲面で描く．その曲面は，「曲面内部に電子の見つかる確率が(たとえば)90%」となるようなものだと考えよう．本書中にときおり描いた軌道も，そうした曲面を表す．

電子の軌道には，原子それぞれに局在化した「原子軌道」と，分子全体に及ぶ「分子軌道」がある．分子軌道は，「係数をかけて原子軌道を足し引きした関数」だと考えてよく，分子軌道の電子密度は，やはり上記のような曲面で描ける．

分子軌道についても詳細は量子化学の本にゆずるが，「飛び飛びのエネルギーに対応する各軌道に，低エネルギー側から電子が2個ずつ入る」のが，ミクロ世界に住む電子の個性だと考えよう．

E. シュレーディンガー
(1887〜1961)

2. 構造が複雑な化合物の命名例

本文中では扱わなかったやや複雑な化合物いくつかにつき，命名法を紹介しておく．命名は次の原則に従う．

【原則】優先度のいちばん高い官能基を接尾辞にする（ほかは接頭辞に回す）．官能基の優先度は次の順と見なす．

> カルボン酸 → スルホン酸 → エステル → アミド → アルデヒド → ケトン → アルコール → アミン

構造式	化合物名
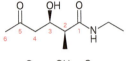	(2S, 3R)-N-エチル-3-ヒドロキシ-2-メチル-5-オキソヘキサンアミド
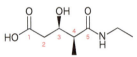	(3R, 4S)-5-(エチルアミノ)-3-ヒドロキシ-4-メチル-5-オキソペンタン酸 ［カルボン酸はアミドよりも優先］
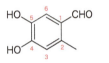	4,5-ジヒドロキシ-2-メチルベンズアルデヒド ［3,4-ジヒドロキシ-6-メチルベンズアルデヒドではない．接頭辞の最小の位置番号がいちばん小さくなる組合せを選ぶ］
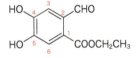	エチル 2-ホルミル-4,5-ジヒドロキシベンゾアート または 2-ホルミル-4,5-ジヒドロキシ安息香酸エチル
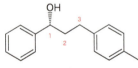	(R)-1-フェニル-3-(p-トリル)プロパン-1-オール ［p-トリルは，トルエンのメチル基に対し p 位で結合していることを意味する］
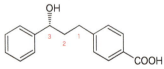	(R)-4-(3-ヒドロキシ-3-フェニルプロピル)安息香酸 または (R)-p-(3-ヒドロキシ-3-フェニルプロピル)安息香酸
	8-メチル-1,6-ナフタレンジオール ［4-メチル-2,5-ナフタレンジオールではない．おもな置換基となる OH 基の位置番号のうち，最小のものがいちばん小さくなるよう番号づけをする］
	(S)-8a-メチル-3,4,8,8a-テトラヒドロナフタレン-1,6(2H, 7H)-ジオン ［ナフタレンの誘導体として命名．2H は，2 位の C が水素化されていることを表す］
	(1S, 4R)-1,7,7-トリメチルビシクロ[2.2.1]ヘプタン-2-オン〔慣用名：(+)-カンファー〕 ［ビシクロは「環が二つ」を意味する．[2.2.1]は環をつなぐ炭素2個（例では1と4）を結ぶ鎖上の炭素数を，多い順に並べたもの．C の位置番号は，最大の環を1周するようにつけたあと，別の環の C に番号づけをする］

3. ディールス-アルダー反応：軌道の位相と有機反応

有機反応には，官能基が主役になるもののほか，官能基がない炭化水素の反応もあり，次式の反応が典型例のひとつとなる（反応物と生成物の関係をつかみやすくするため，炭素Cに番号を振った）．

1-3と2-6のあいだでC-C結合ができ，ジエンの二重結合が場所を移動している．この反応を，発見者の名からディールス-アルダー反応という．

反応のしくみは，日本の福井謙一博士，アメリカのR. B. ウッドワード博士とR. ホフマン博士が突き止めた．福井博士は，ある分子のHOMO（最高被占軌道）と相手分子のLUMO（最低空軌道）の相互作用（分子軌道の位相の一致）に注目するフロンティア軌道理論を提唱し（1952年），ウッドワード博士とホフマン博士は，分子軌道の位相の対称性が保存されるよう反応が進むという理論（ウッドワード-ホフマン則）を提唱した（1965年）．以上により，電子のかたよりがない化合物も反応できるとわかって，新しい反応の発見にもつながった．

反応が進む理由をざっと眺めよう．まず，エチレンとブタジエンのHOMOとLUMOを確かめる（第4章の図4.13をわかりやすく単純化した）．

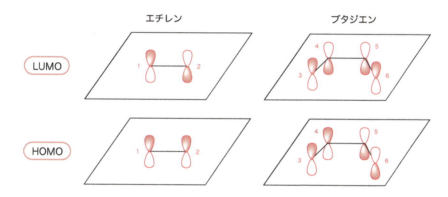

エチレンのHOMOとブタジエンのLUMOを見れば，結合する炭素1と炭素3の軌道が同位相（着色ローブが同じ側）にあるとわかる．炭素2と炭素6も位相が等しい．次にエチレンのLUMOとブタジエンのHOMOを見ると，やはり炭素1と炭素3も，炭素2と炭素6も位相が等しい．そうした場合，「相思相愛」の感じで反応が進む．

かたや，エチレンどうしが反応しないことも，分子軌道の位相をもとに説明がつく．エチレン分子2個のHOMOとLUMOを考えたとき，炭素1どうしは同位相でも，炭素2どうしの位相は逆転している．つまり「相性が悪い」ので反応は進まない．

なお，福井博士とホフマン博士は上記の理論により1981年にノーベル化学賞を受賞した．1979年に他界して同時受賞を逃したウッドワード博士は，ディールス-アルダー反応などを駆使して複雑な構造をもつ天然物（クロロフィルなど）の全合成に次つぎと成功した成果で，1965年にノーベル化学賞を得ている．

福井謙一
(1918〜1998)

R.B. ウッドワード
(1917〜1979)

R. ホフマン
(1937〜)

4. アミノ酸

タンパク質の素材となる20種のアミノ酸は，特有の基をRとして次の一般式に描ける（プロリンだけは異質な分子骨格をもつ）．

天然のアミノ酸には，片方の光学異性体（L体）しかない．なぜ片方しかなく，なぜD体ではなくL体なのかは，いまも明確に答えきれてはいない．

アミノ酸の一般式

アミノ酸	略号 3文字	略号 1文字	R	アミノ酸	略号 3文字	略号 1文字	R
アラニン	Ala	A	$-CH_3$	ロイシン	Leu	L	$-CH_2CH(CH_3)_2$
アルギニン	Arg	R	$-CH_2CH_2CH_2NH-C(=NH)NH_2$	リシン	Lys	K	$-CH_2CH_2CH_2CH_2NH_2$
アスパラギン	Asn	N	$-CH_2CONH_2$	メチオニン	Met	M	$-CH_2CH_2SCH_3$
アスパラギン酸	Asp	D	$-CH_2COOH$	フェニルアラニン	Phe	F	$-CH_2Ph$
システイン	Cys	C	$-CH_2SH$	プロリン	Pro	P	（イミノ酸）[b]
グルタミン	Gln	Q	$-CH_2CH_2CONH_2$	セリン	Ser	S	$-CH_2OH$
グルタミン酸	Glu	E	$-CH_2CH_2COOH$	トレオニン	Thr	T	$-CH(CH_3)OH$
グリシン	Gly	G	$-H$	トリプトファン	Trp	W	$-CH_2Ind$ [c]
ヒスチジン	His	H	$-CH_2Im$ [a]	チロシン	Tyr	Y	$-CH_2C_6H_4\text{-}p\text{-}OH$
イソロイシン	Ile	I	$-CH(CH_3)CH_2CH_3$	バリン	Val	V	$-CH(CH_3)_2$

a) Im= （イミダゾール環） b) （プロリン構造） c) Ind= （インドール環）

5. DNAの塩基配列がコードするアミノ酸の一覧（コドン表）

DNAの連続3塩基がアミノ酸1個に対応する．たとえばGATはアスパラギン酸，AGCはセリンをコードしている．右表の対応関係は，生物の種類によらない．

DNAの塩基配列には，タンパク質をコードしている部分とそうでない部分がある．タンパク質の合成は，DNA上でMetに対応するコドンATG（開始コドン）が現れた場所から始まり，stopと書いたTAA，TAG，TGAのどれか（終止コドン）が出てくるまで続く．

第1文字	第3文字 \ 第2文字	T	C	A	G
T	T	Phe	Ser	Tyr	Cys
	C	Phe		Tyr	Cys
	A	Leu		stop	stop
	G	Leu		stop	Trp
C	T	Leu	Pro	His	Arg
	C			His	
	A			Gln	
	G			Gln	
A	T	Ile	Thr	Asn	Ser
	C	Ile		Asn	Ser
	A	Ile		Lys	Arg
	G	Met		Lys	Arg
G	T	Val	Ala	Asp	Gly
	C			Asp	
	A			Glu	
	G			Glu	

6. 有機化学関連の年表

紀元前 5 世紀　デモクリトス(ギリシア)　不可分の粒子が物質の構成単位だとする原子説を主張

11-17 世紀　錬金術の時代

17-18 世紀　シュタール(英)　有機物は生物のみがつくり出せるとする生気論を提唱

1776　ボルタ(伊)　メタンを発見

1808　ドルトン(伊)　実験結果に基づいて原子説を提唱
1811　アボガドロ(伊)　分子の概念を確立
1825　ファラデー(英)　ベンゼンを発見
1828　ヴェーラー(独)　無機物から有機物(尿素)を合成
1832　ヴェーラー(独)とリービッヒ(独)　官能基とラジカルの概念を提唱

1847　パスツール(仏)　光学異性体(エナンチオマー)を発見

1858　ケクレ(独)　炭素四原子価説を提唱

1865　ケクレ(独)　ベンゼンの分子構造に関する論文を発表
1866　バイヤー(独)　植物染料インジゴを化学合成

1872　ヴュルツ(仏),ボロディン(露)　独立にアルドール反応を発見
1874　**ファント・ホッフ**(蘭)とル・ベル(仏)　炭素原子の四面体構造を提案
1877　フリーデル(仏)とクラフツ(米)　芳香族化合物の求電子置換反応を発見
1884　**フィッシャー**(独)　糖の分子構造を解明
1887　マイケル(米)　共役付加反応の発見

1901　**グリニャール**(仏)　有機マグネシウム反応剤の発見
1907　ベークランド(米)　フェノール樹脂の発明
1907　**フィッシャー**(独)　タンパク質がアミノ酸の連結でできていることを示す

1916　ルイス(米)　化学結合に関するオクテット説の提唱
1919　IUPAC の創設
1923　ブレンステッド(デンマーク)とローリー(英)　酸・塩基をプロトンの供与体・受容体として定義
　　　ルイス(米)　酸・塩基を電子対の受容体・供与体として定義
1926　**シュレーディンガー**(独)　原子内の電子の運動にかかわる波動方程式を提唱
　　　サムナー(米)　酵素(ウレアーゼ)がタンパク質であることを示す
1928　**ディールス**(独)と**アルダー**(独)　ディールス-アルダー反応の発見
1931　**ポーリング**(米)　混成軌道を提唱
1932　フント(独)と**マリケン**(米)　分子軌道理論の提唱
1937　ハメット(米)　ベンゼン誘導体の置換基効果を定量化

1944　ホック(独)　クメン法の発見

1952　**福井謙一**(日)　有機化学反応におけるフロンティア電子理論を提唱
1953　**ワトソン**(米)と**クリック**(英)　DNA の二重らせん構造を解明
　　　ペルーツ(英)と**ケンドルー**(英)　X 線回折によるタンパク質(ヘモグロビン)の分子構造の決定

1965　**ウッドワード**(米)と**ホフマン**(英)　有機化学反応における分子軌道の対称性保存に関する理論を提唱

1972　**ウッドワード**(米)とエッシェンモーゼル(スイス)　ビタミン B_{12} の全合成
1972　ヘック(米)　パラジウム触媒によるクロスカップリング反応の発見
1977　**根岸英一**(日)　ジルコニウム化合物を使うクロスカップリング反応の開発
1979　**鈴木 章**(日)　ホウ素化合物を使うクロスカップリング反応の開発
1987　**野依良治**(日)　触媒的不斉水素化反応の開発

(本書に関連する項目に絞った．ゴチック体はノーベル賞受賞者)

章末問題の略解

1章
1. 略
2. ①0　②1　③4
3. 略

2章
1.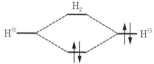
2. ②, ③, ⑤
3. 略
4. ∠H−C−H = θ としたとき，$\sin\dfrac{\theta}{2} = \dfrac{\sqrt{6}}{3}$ より，θ = 109.47°
5. 三角錐構造

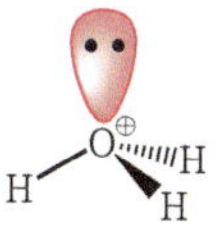

3章
1. 略
2. トランス形：ゴーシュ形 = 63：37
3.
4. 0.66 L

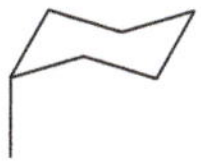

4章
1. 略
2.

トランソイド(s-trans)形　　シソイド(s-cis)形

トランソイド形のほうが安定
3. 二重結合ではさまれた炭素は sp 混成軌道をとる
4. 28 kJ mol⁻¹

5章
1. 2-アミノプロパン酸または2-アミノプロピオン酸
   2,3-ジヒドロキシプロパナール
2. プロピオール酸（カルボキシ基の隣接炭素のs性が高い）
3. 略
4. ① CH₃CH₂CH₂NH₂　② (CH₃CH₂)₂NH

6章
1. ① Cl-C₆H₄-Cl (para)　② 1,3,5-Cl₃C₆H₃　③ 1,2-Br₂-4,5-Cl₂C₆H₂
2. アントラセン，イミダゾール，シクロペンタジエニル型
3. CH₃-C(=O)-　N≡C-
4.
5. 略

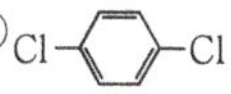

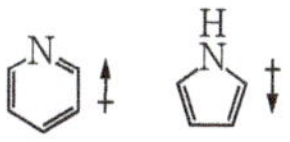

7章
1. 非極性溶媒：②, ⑤　低極性溶媒：①, ③　極性溶媒：④
2. ①ヒドロキシ基の水和　②
3. 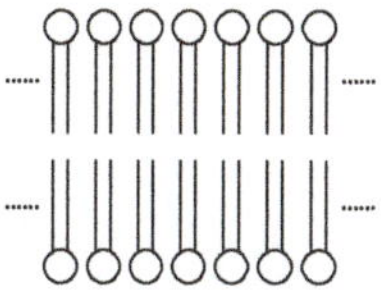 （脂質二重層の図）
4. 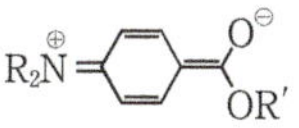 R₂N⁺=C₆H₄=C(O⁻)OR′

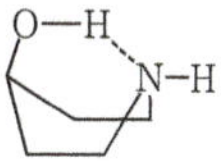

8章
1. (a) 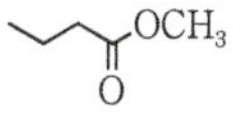 CH₃CH₂C(=O)OCH₃　(b) 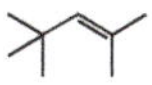 (CH₃)₂C=C(CH₃)₂　(c) HOCH₂CH₂C(CH₃)₂OH
   (d) 進まず
2, 3. 略
4. (a) 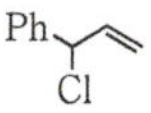  PhCH=CHCl, PhCH=CHCH₂Cl
   (b) 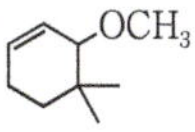 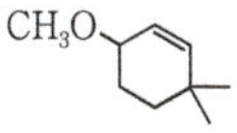 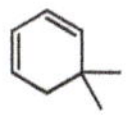 シクロヘキセニル OCH₃ 誘導体，CH₃O-シクロヘキサジエニル誘導体

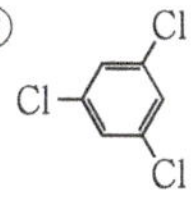

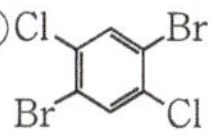

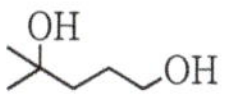

9章

1. (a) 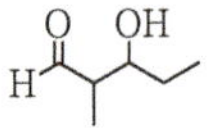 [aldehyde with OH] (b) 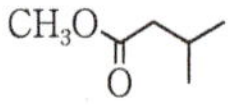 CH₃ ester
   (c) 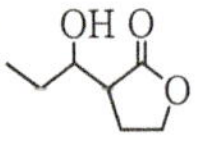 [lactone with OH] (d) 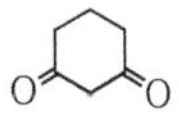 [cyclohexane-1,3-dione]

2. (a) 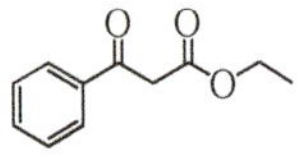 [ethyl benzoylacetate structure]
   (b) 目的生成物が 50％の収率で得られる．

3〜5, 7. 略

6. 酸化反応：(b),(c)　　還元反応：(d)
   酸化でも還元でもない：(a),(e)

10章

1〜4. 略

5. 中間体カチオンの寄与構造の数の違い

11章

1. トランス体 　　シス体
   [chair]　　　[chair]

2. ① HO-CH(OH)-CHO ② [sugar structure]

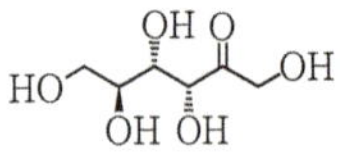

③ (2R,3R,4R)-2,3,4,5-テトラヒドロキシペンタナール

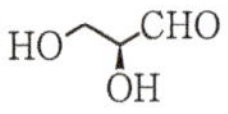

3. ①

②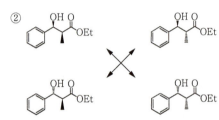

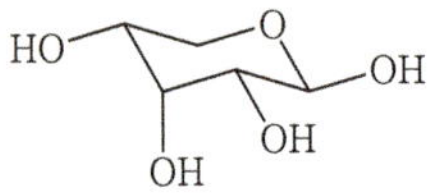

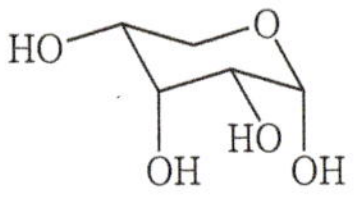

4. 略

5. ① [two enolate structures with OEt]

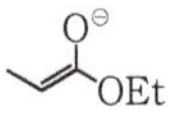

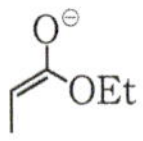

② [four stereoisomers of ethyl 3-hydroxy-3-phenyl-2-methylpropanoate arranged in 2×2]

⟷ は互いにエナンチオマー，他の組合せはすべて互いにジアステレオマー

索　引

●欧文・数字

C–C 結合生成	145
cis 体	53
D（デバイ）	66
DL 命名法	172
DNA	181
——型鑑定	183
D 体	161
EZ 命名法	164
E 体	164
HOMO	52, 111, 112, 121, 193
IUPAC	53
LDA	133, 141
London の分散力	43
LUMO	52, 111, 112, 115, 121, 193
L 体	161
pK_a 値	73, 114
RS 命名法	163
R 体	163
sp 混成軌道	55
sp^2 混成軌道	50
sp^3 混成軌道	31
s 性	76
S 体	163
tert-ブチル基	165
tert-ブトキシカリウム	113
trans 体	53
UVA	105
UVB	105
Z 体	164
α-グルコシダーゼ	178
α, β-不飽和カルボニル化合物	128
α, β-不飽和ケトン	128, 134
α 位の水素引き抜き	125
β-カロテン	60
β-ケトエステル	132
β-ジケトン	134
β-ヒドロキシエステル	132
β 細胞	179
π 軌道	50
$π^*$ 軌道	52, 115
π 共役系	58
π 結合	50
π 電子	50, 112
σ 軌道	28
$σ^*$ 軌道	29, 112, 115, 116
σ 結合	28
σ 電子	28, 112
(−)-体	160
(+)-体	160
1-ブテン	112
1,2-ジブロモエタン	136
1,3-ジメチルシクロヘキサン	165
1,3-ブタジエン	57
1s 軌道	24
2-ブロモエタノール	136
2p 軌道	24
2s 軌道	24

●あ

亜鉛アマルガム	150
アキシアル	46, 165
アキラル	160
アズレン	88
アセタール	122
アセチレン	54, 56, 61
アセトアルデヒド	62, 64
アセトフェノン	102
アセトン	64, 132
アゾカップリング	157
アゾ色素	157
アゾベンゼン	147
アデニン	181
アニオン	69
アニソール	101
アニリン	80, 104, 155
アミド	65, 95, 167
アミノ酸	96, 160, 194
アミラーゼ	178
アミン	64, 71
L-アラニン	161
アリルカチオン	150
アルカン	37
アルキニル基	56
アルキル基	38, 97
アルキン	55
アルケニル基	53
アルケン	53
アルコール	64, 118, 138
アルデヒド	64, 138, 139
アルドール縮合	127
アルドール反応	127

索引

安息香酸	80, 100, 156
イオン–双極子相互作用	93
イオン化エネルギー	23, 104
イオン結合	27
イオン対	107
異種原子	63
いす形	46
異性体	13
位相	24, 193
イソプロピル基	38
位置異性体	53, 56
遺伝子	181
インスリン	179
ウェーラー	1
ウッドワード–ホフマン則	193
エーテル	64, 117
液化石油ガス	48
液晶	183
液晶ディスプレイ	183
液体燃料	47
エクアトリアル	46, 165
エステル	65, 95, 118, 130, 138, 167
——化	119
エタノール	64, 117, 136
エタン	39, 56
エチル基	38
エチレン	49, 56, 60, 118, 136
エテニル基	53
エナンチオマー	159
エネルギー準位	51, 121
エノラート	126, 131, 132
——イオン	125
エノール	121, 134
エマルション	97, 185
オクテット則	26, 135
オルト	80

●か

回転障壁	57
界面	98
界面活性剤	98, 99, 185
界面張力	185
核酸塩基	181
核電荷	66
重なり形	40
可視光	60
加水分解	120
ガソリン	48
空軌道	28, 52, 111
カラーフィルター	184
カルベニウムイオン	135
カルボアニオン	114, 126
カルボカチオン	135, 137, 150, 176
カルボキシラートイオン	69, 176, 179
カルボニル化合物	123
カルボニル基	68
カルボン酸	65, 69, 118, 139
還元	138, 140, 155
環式化合物	15
環状π共役系	78
官能基	63, 73
含ハロゲン化合物	64
環反転	46
環ひずみ	45
貴ガス	26
基質特異性	178
キシリトール	166
キシレン	81
気体燃料	47
黄ばみ	186
逆位相	30
求核剤	108, 111, 121, 134
求核性	126
求電子剤	108, 121, 134
共役塩基	73, 110, 114, 118
共役酸	75
凝集力	43
鏡像異性体	159
共鳴安定化	69, 83
——エネルギー	58
共鳴効果	85, 101
共鳴構造	70, 95
共役酸	110
共役二重結合	58
共役付加	128
共有結合	27
極限構造	70
極性	66, 94
——溶媒	94
キラリティー	160
キラル	160
キラル補助基	172
金属錯体触媒	188
グアニン	181
空間充填モデル	11
クーロンの法則	16
クーロン力	186
クエン酸	1
クメン	153
——法	153
クメンヒドロペルオキシド	153
クライゼン縮合	131
グリニャール反応剤	114, 155
グルコース	3, 106, 175, 178, 179
——トランスポーター	179
クレメンゼン還元	150, 155
クロスカップリング反応	188, 189
クロマトグラフィー	5

クロロフィル	3
クロロホルム	64
蛍光増白剤	186
軽油	48
結合解離エネルギー	7, 29
結合性軌道	28
結合モーメント	66
ケト-エノール互変異性	121, 135
ケトン	64, 138
ゲノム	181
ゲベルス	1
原子軌道	24, 191
原子番号	22
元素分析	6
原油	47
光学活性体	160, 169, 189
光学分割	169
攻撃	108
光合成	3
高選択的反応	128
構造異性体	13, 41, 53
構造式	8
光電効果	23
香料	187
ゴーシュ型	40
コルベ	2
コンホメーション	160

● さ

最外殻電子	26
細胞膜	106
酢酸	1
──エチル	132
鎖式化合物	15
サリチル酸	80, 102, 147, 158
サリドマイド	161
酸塩基反応	69, 107, 140
酸化	104, 138, 140
──還元反応	139
──度	139, 140
──防止剤	105
酸解離	73, 102
──定数	73
酸クロリド	130, 146
三重結合	8, 54
酸触媒	122
──反応	117
酸ハロゲン化物	65
ジアステレオマー	163, 170
ジエチルエーテル	64, 117
紫外線吸収剤	105
ジグザグ型	41
シグマ軌道	28
シクロアルカン	44

シクロオクテン	54
シクロデキストリン	187
シクロヘキサン	45
シス体	53
シトシン	181
脂肪族化合物	15
脂肪族飽和炭化水素	37
ジメチル銅リチウム	128
臭化エチル	118
臭素化	147
柔軟剤	186
重油	48
縮合	119
酒石酸	1
シュレーディンガー方程式	24, 191
消化	175
硝酸	144
消臭剤	187
衝突	110
蒸発エンタルピー	43
蒸留	48
水素化熱	54, 58, 78
水素化ホウ素ナトリウム	124
水素化リチウムアルミニウム	124
水素結合	44, 91, 96, 102
水素分子	27
水和物	139
スチレン	80
スティックモデル	10
スピン	24
スペクトル	6
スペクトロスコピー	6
スルフィド	64
スルホン酸	65, 144
──エステル	65
生気説	1
正四面体型モデル	21
静電反発	111
石炭	61
石油化学工業	60
旋光性	160
旋光度	162
洗剤	185
洗浄	185
選択性	128
双極子	89
──モーメント	66, 74
双性イオン	84, 95
──性化合物	96
阻害剤	179

● た

第一級カチオン	148
代謝	175

第二級アルコール	138
第二級カチオン	148
第四級炭素	134
互い違い形	40
脱離基	108, 113
脱離反応	112, 169
単結合	8
炭素求核剤	126
炭素の循環	18
タンパク質	11, 96, 181
チオエーテル	64
チオール	64
置換基	73
——効果	100
——定数	102
置換反応	47, 108, 110, 167
チミン	181
中性	109
中性子	22
超共役	87
直鎖アルカン	37
直鎖化合物	15
ディールス-アルダー反応	193
低極性溶媒	94
デオキシリボース	181
デオキシリボ核酸	181
テトラポッド型モデル	21
デバイ	66
テフロン	93
テレフタル酸	80
転位反応	149, 154
電気陰性度	31, 66, 114, 139
電子	22
——雲	22, 50, 191
——殻	22
——求引性	74, 85, 147
——供与性	74, 85, 137, 147
天然ガス	47, 62
デンプン	175, 176
糖	3, 172
同位相	28, 30
銅フタロシアニン	184
灯油	48
トランス型	40
トランス体	53
トルエン	80, 156

●な

ナトリウムアルコキシド	155
ナトリウムエトキシド	133
ナフサ	48
ナフタレン	80
二酸化炭素	3
二重結合	8, 49
ニトロ化	143
——合物	64
ニトロ基	75
ニトロソニウムイオン	157
ニトロニウムイオン	144
ニトロベンゼン	155
乳化	97
乳酸	171
ニューマン投影図	39
尿素	1
ヌクレオチド	181
燃焼	47
——熱	56, 178
粘性率	43

●は

パーキン	2
配位結合	34
配向力	89, 91
パイスター軌道	52
麦芽糖	178
波長	60
発煙硫酸	144
波動関数	24, 31, 191
パラ	80
ハロゲン化	145
——アルキル	148
ハロゲン化鉄	145
反結合性軌道	29, 112
反転	168
反応中間体	115
光の三原色	184
非共有電子対	33, 70
非局在化	58, 69, 77, 82
——エネルギー	58, 59
非極性	68
——溶媒	94
被占軌道	28, 52, 111
ヒトゲノム計画	183
ヒドリド	124, 148
——イオン	138
——シフト	149
ヒドロニウムイオン	72
ビニル基	53
ヒュッケル則	78
標準生成ギブズエネルギー	3, 51
表面張力	43, 99
ビラジカル	153
ピリジン	86
ピルビン酸	171
ピロール	86
ファンデルワールス力	43, 89, 186
フェニル基	81
フェノール	80, 82, 147, 153

付加反応	136
副殻	24
複屈折性	184
不斉原子	160
不斉合成	169
不斉触媒	189
不斉炭素	160
ブタン	40
ブチル基	38
不対電子	27
フッ素樹脂	93
沸点	42
沸騰	42
ブドウ糖	175
ブトキシドイオン	108
部分電荷	74
部分負電荷	111
不飽和化合物	15
不飽和度	19
フリーデル–クラフツアシル化	149
フリーデル–クラフツアルキル化	148
フリーデル–クラフツ反応	146
ブレンステッド酸・塩基	72
プロトン	69, 71, 107
——移動	72
プロピル基	38
プロピレン	60
プロペン	136
ブロモニウムイオン	136
フロンティア軌道理論	193
分割剤	170
分岐アルカン	37
分岐化合物	15
分極	66
分子間力	42
分子軌道	28, 151, 191
分子模型	12
分子モデリングソフトウェア	12
フントの規則	26
平衡	117, 119
ペーパークロマトグラフィー	5
ヘテロ原子	63
ペプシン	176
ペプチド	179
——結合	96
ベンジルカチオン	151
ベンジル基	81
ベンゼン	77, 80
——スルホン酸	145
芳香族安定化エネルギー	86
芳香族化合物	15, 79
芳香族求電子置換	144
芳香族性	79, 143
棒球モデル	10
飽和化合物	15
ボーア半径	23
ポーリング	66
ボール・アンド・スティック・モデル	10
ポリアセチレン	61
ポリエチレン	60
ポリ塩化ビニル	61
ポリスチレン	61
ポリプロピレン	60
ホルムアルデヒド	64, 115

●ま

マイケル付加	128
巻き矢印	70
水	92
ミセル	97
密度	42
メソ化合物	166
メタ	80
メタノール	64
メタン	21
メチル基	38
メチルシクロヘキサン	165
メチルリチウム	128
メトキシドイオン	112
面選択的反応	171
メントール	171, 189
モデル	
空間充填——	11
スティック——	10
棒球——	10
ボール・アンド・スティック・——	10
正四面体型——	21
テトラポッド型——	21
モーブ	104
モーベイン	2

●や・ら・わ

融解	43
有機金属化合物	114
誘起効果	85
誘起力	89
融点	42, 43
誘電率	90
ヨウ化ブチル	112
ヨウ化メチル	108
陽子	22
溶接	56
ヨードホルム反応	126
ラジカル	153
ラセミ体	168, 170
リチウムジイソプロピルアミド	133
立体配座	160
立体配置	159

立体反発	40	ルイス酸	145, 146
量子化学計算	28	ルシャトリエの原理	117
量子力学	24	レナード・ジョーンズ型ポテンシャル	43
両親媒性分子	97	連鎖反応	153
リン酸エステル	181	ローブ	32, 151
リン脂質	106	ローンペア	33, 70, 107, 135
ルイス構造	28	ワイヤーフレームモデル	10

工藤　一秋（くどう　かずあき）
東京大学生産技術研究所教授．博士（工学）
1963年　岩手県生まれ．
1993年　東京大学大学院工学系研究科博士課程修了．
東京工業大学助手，東京大学講師，カリフォルニア工科大学客員研究員，東京大学助教授を経て，2007年より現職．
専門は有機合成化学，有機材料化学．

渡辺　正（わたなべ　ただし）
東京理科大学大学院科学教育研究科嘱託教授．工学博士
1948年　鳥取県生まれ．
1976年　東京大学大学院工学系研究科博士課程修了．
東京大学助手，講師，助教授を経て，1992年より同大学生産技術研究所教授，2012年より名誉教授．
専門は生体機能化学，光化学，電気化学，環境科学．

化学はじめの一歩シリーズ4　有機化学

第1版　第1刷　2016年 1月15日	著　者　　工藤一秋
第9刷　2024年 9月10日	渡辺　正
	発行者　　曽根良介
検印廃止	発行所　　㈱化学同人

JCOPY〈出版者著作権管理機構委託出版物〉
本書の無断複写は著作権法上での例外を除き禁じられています．複写される場合は，そのつど事前に，出版者著作権管理機構（電話 03-5244-5088，FAX 03-5244-5089，e-mail: info@jcopy.or.jp）の許諾を得てください．

本書のコピー，スキャン，デジタル化などの無断複製は著作権法上での例外を除き禁じられています．本書を代行業者などの第三者に依頼してスキャンやデジタル化することは，たとえ個人や家庭内の利用でも著作権法違反です．

〒600-8074　京都市下京区仏光寺通柳馬場西入ル
編集部　Tel 075-352-3711　Fax 075-352-0371
企画販売　Tel 075-352-3373　Fax 075-351-8301
振替　01010-7-5702
e-mail webmaster@kagakudojin.co.jp
URL https://www.kagakudojin.co.jp
印刷・製本　㈱ウイル・コーポレーション

Printed in Japan©Kazuaki Kudo, Tadashi Watanabe　2016　　ISBN978-4-7598-1634-1
乱丁・落丁本は送料小社負担にてお取りかえします．無断転載・複製を禁ず

古代ギリシア語とラテン語の数を表す接頭辞の例

	古代ギリシア語		ラテン語	
1	**モノ**	mono-	ユニ	uni-
2	**ジ**/ドゥオ	di-/duo-	ビ/ドゥオ	bi-/duo-
3	**トリ**	tri-	**トリ**/テル	tri-/ter-
4	**テトラ**	tetra-	クワルト	quart-
5	**ペンタ**	penta-	クイント	quint-
6	**ヘキサ**	hexa-	セクス	sex-
7	**ヘプタ**	hepta-	セプト	sept-
8	**オクタ**	octa-	**オクト**	oct-
9	**ノナ**/エンネア	nona-/ennea-	**ノナ**/ノヴェム	nona-/novem-
10	**デカ**	deca-	デシ	deci-
11	**ヘンデカ**	hendeca-	**ウンデク**	undec-
12	**ドデカ**	dodeca-	ドゥオデク	duodec-
13	**トリデカ**	trideca-	トレデク	tredec-
14	**テトラデカ**	tetradeca-	クァトルデク	quatordec-
15	**ペンタデカ**	pentadeca-	クィンデ(ク)	quinde(c)-
20	**イコサ**	icosa-	ヴィゲ	vige-

化合物名などにはゴチック体のものを使う.

アルカンとアルキル基の名称

炭素数	化合物名	基名
1	メタン(methane)	メチル(methyl)
2	エタン(ethane)	エチル(ethyl)
3	プロパン(propane)	プロピル(propyl)
4	ブタン(butane)	ブチル(butyl)
5	ペンタン(pentane)	ペンチル(pentyl)
6	ヘキサン(hexane)	ヘキシル(hexyl)
7	ヘプタン(heptane)	ヘプチル(heptyl)
8	オクタン(octane)	オクチル(octyl)
9	ノナン(nonane)	ノニル(nonyl)
10	デカン(decane)	デシル(decyl)
11	ウンデカン(undecane)	ウンデシル(undecyl)
12	ドデカン(dodecane)	ドデシル(dodecyl)
13	トリデカン(tridecane)	トリデシル(tridecyl)
14	テトラデカン(tetradecane)	テトラデシル(tetradecyl)
15	ペンタデカン(pentadecane)	ペンタデシル(pentadecyl)
16	ヘキサデカン(hexadecane)	ヘキサデシル(hexadecyl)
20	イコサン(icosane)	イコシル(icosyl)

エネルギーの単位の換算表

単 位	kJ mol^{-1}	kcal mol^{-1}	eV
1 kJ mol^{-1}	1	0.239006	1.03643×10^{-2}
1 kcal mol^{-1}	4.184	1	4.33641×10^{-2}
1 eV	96.4853	23.0605	1

圧力の単位の換算表

単 位	Pa	atm	Torr
1 Pa	1	0.98692×10^{-5}	7.5006×10^{-3}
1 atm	101325	1	760
1 Torr	133.322	1.31579×10^{-3}	1

1 Pa = 1 N m^{-2} = 1 J m^{-3} = 10^{-5} bar

SI 接頭語

大きさ	SI 接頭語	記号	大きさ	SI 接頭語	記号
10^{-1}	デ シ(deci)	d	10	デ カ(deca)	da
10^{-2}	セ ン チ(centi)	c	10^{2}	ヘ ク ト(hecto)	h
10^{-3}	ミ リ(milli)	m	10^{3}	キ ロ(kilo)	k
10^{-6}	マイクロ(micro)	μ	10^{6}	メ ガ(mega)	M
10^{-9}	ナ ノ(nano)	n	10^{9}	ギ ガ(giga)	G
10^{-12}	ピ コ(pico)	p	10^{12}	テ ラ(tera)	T
10^{-15}	フェムト(femto)	f	10^{15}	ペ タ(peta)	P
10^{-18}	ア ト(atto)	a	10^{18}	エ ク サ(exa)	E

ギリシャ文字

ギリシャ文字	読み方	ギリシャ文字	読み方	ギリシャ文字	読み方
A α	アルファ	I ι	イオタ	P ρ	ロー
B β	ベータ	K κ	カッパ	Σ σ	シグマ
Γ γ	ガンマ	Λ λ	ラムダ	T τ	タウ
Δ δ	デルタ	M μ	ミュー	Y υ	ウプシロン
E ε	イプシロン	N ν	ニュー	Φ φ	ファイ
Z ζ	ゼータ	Ξ ξ	グザイ	X χ	カイ
H η	イータ	O o	オミクロン	Ψ ψ	プサイ
Θ θ	シータ	Π π	パイ	Ω ω	オメガ